水产动物组织胚胎学实验

郭恩棉　主编

中国农业大学出版社
·北京·

内容简介

本书是以全国高等农林院校规划教材《水产动物组织胚胎学》为基础编写的实验指导书，包括上皮组织、结缔组织、肌组织和神经组织四大基本组织，生殖器官、循环器官、呼吸器官、排泄器官、内分泌器官、免疫器官、感觉器官和消化器官八大器官，以及水产动物发育一般规律和软体动物、甲壳动物、棘皮动物、硬骨鱼类等重要水产动物发生过程共十四章内容。

本书除了作为高等院校水产养殖专业组织胚胎学实验教材外，还可以供生物学、动物科学等相关专业人员参考。

图书在版编目(CIP)数据

水产动物组织胚胎学实验/郭恩棉主编. —北京：中国农业大学出版社，2016.3(2023.1重印)

ISBN 978-7-5655-1519-4

Ⅰ.①水… Ⅱ.①郭…… Ⅲ.①水产动物-动物胚胎学-组织（动物学）-实验-高等学校-教材 Ⅳ.①S917.4-33

中国版本图书馆 CIP 数据核字(2016)第 030413 号

书　名　水产动物组织胚胎学实验

作　者　郭恩棉　主编

策划编辑　赵　中　申　鑫　　**责任编辑**　王艳欣
封面设计　郑　川　　**责任校对**　王晓凤
出版发行　中国农业大学出版社
社　址　北京市海淀区圆明园西路 2 号　　**邮政编码**　100193
电　话　发行部 010-62818525，8625　　读者服务部 010-62732336
编辑部 010-62732617，2618　　出　版　部 010-62733440
网　址　http://www.cau.edu.cn/caup　　**E-mail** cbsszs@cau.edu.cn
经　销　新华书店
印　刷　北京时代华都印刷有限公司
版　次　2016 年 4 月第 1 版　　2023 年 1 月第 3 次印刷
规　格　787×1 092　　16 开本　　13 印张　　320 千字
定　价　40.00 元

编 写 人 员

主　编　郭恩棉(青岛农业大学)

参　编　(按姓氏拼音排序)

靳晓敏(河北科技师范学院)
李文姬(辽宁省海洋水产科学研究院)
刘　博(青岛农业大学)
滕炜鸣(辽宁省海洋水产科学研究院)
王春德(青岛农业大学)
许星鸿(淮海工学院)
张成松(中国科学院海洋研究所)
周朝生(浙江省海洋水产养殖研究所)
周　顺(青岛农业大学)

前　言

水产动物组织胚胎学是研究水产动物机体微细结构、机能关系和发育规律的科学，与其他学科，尤其是生理学、病理学、养殖学等关系密切。作为一门微观形态学科，水产动物组织胚胎学实验是很重要的教学环节，是理论联系实际的纽带，在提高学生观察能力、分析能力和充分发挥学生主观能动性等方面起着举足轻重的作用。

本书是以全国高等农林院校规划教材《水产动物组织胚胎学》为基础编写的实验指导书，包括上皮组织、结缔组织、肌组织和神经组织四大基本组织，生殖器官、循环器官、呼吸器官、排泄器官、内分泌器官、免疫器官、感觉器官和消化器官八大器官，以及水产动物发育一般规律和软体动物、甲壳动物、棘皮动物、硬骨鱼类等重要水产动物发生过程共十四章内容。

本书编写分工如下：郭恩棉编写第二章第一节、第四节第一和二部分、第五节第一部分，第四章第二节，第一、三、八、九、十、十四章和附录；郭恩棉、刘博编写第十二章；郭恩棉、王春德编写第十一章；靳晓敏编写第四章第一节；李文姬、滕炜鸣编写第二章第四节第三部分；许星鸿编写第二章第三节；张成松编写第二章第二节；周朝生编写第十三章和第二章第五节第二部分；周顺编写第五、六、七章。

作者在编写过程中，既重视基本知识的掌握和基本技能的培养，又不脱离生产和科研实践，选入部分与当前科研、生产密切相关的实验内容，配有大量形态结构图，并附有必要的文字介绍，有利于拓展学生的知识面，提高学生综合思维和勇于创新的能力。除附录外，书中每张图片都配有二维码，扫描即可看到相应的原始图片，在降低印刷成本的同时，保证了读者可以看到清晰的高质量图片。

本书除了作为高等院校水产养殖专业组织胚胎学实验教材外，还可以供生物学、动物科学等相关专业人员参考。

由于编者水平有限，书中存在错误与不足之处，敬请广大读者批评指正。

编　者

2015 年 9 月 15 日

前言

目　录

第一篇　组　织　学

第二篇　胚胎学

第一篇

组　织　学

第一章

基本组织学

第一节　上皮组织

目的与要求：

1. 掌握各种类型上皮组织形态结构特点，了解上皮组织结构与机能的关系。

2. 了解上皮细胞的特化结构。

上皮组织可以处于身体的边界部位，如体表，器官外表面，体腔、管道内腔表面等；也可以分布在感觉器官承受感觉的部位形成感觉上皮，或许多以分泌为主的上皮细胞集中在一起形成腺体。

一、单层扁平上皮

单层扁平上皮仅由一层扁平如鳞的上皮细胞构成(图 1-1-1)。覆盖于心脏、血管和淋巴管腔内面的单层扁平上皮称内皮。内皮薄而表面光滑，有利于血液和淋巴的流动以及细胞内外物质的交换。覆盖于胸膜、腹膜和心包膜的单层扁平上皮称间皮。间皮表面湿润光滑，便于内脏活动。单层扁平上皮也分布于肾小囊壁层及肺泡壁等处。

实验案例：

1. 单层扁平上皮表面观(肠系膜铺片，银染法)

单层扁平上皮细胞为不规则的扁平多角形，边缘多呈锯齿状或波纹状。相邻细胞彼此镶嵌，连接紧密，形成网格样结构。每个细胞具一个圆形或椭圆形细胞核，位于细胞中央，颜色发白。细胞间质被硝酸银镀成棕黑色。(图 1-1-2)

2. 单层扁平上皮侧面观(H·E 染色)

(1)内皮(大静脉切片)：低倍镜下，找到管腔内壁，转换到高倍镜观察。可见单层扁平上皮分布在管壁最内层，细胞间界限不清晰，细胞核所在处细胞较厚，向两面突出，从而使细胞大体呈纺锤形或扁平的梭形(图 1-1-3)。

(2)间皮(肾脏切片):低倍镜下,找到器官外表面,转换到高倍镜,可见器官外表面覆盖一层单层扁平上皮,即间皮。上皮细胞界限不清,细胞核长椭圆形或梭形(图 1-1-4)。

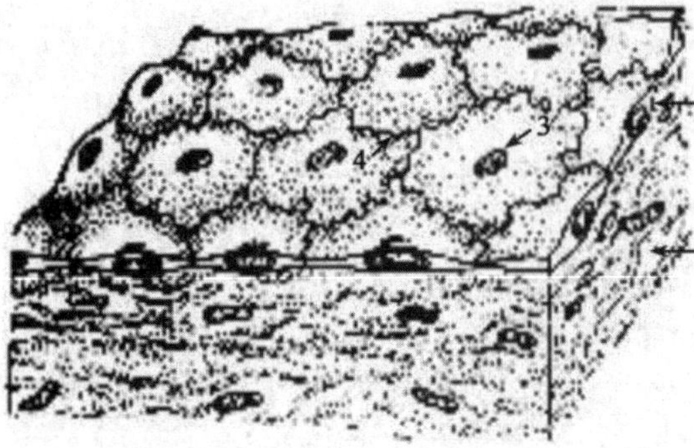

图 1-1-1 单层扁平上皮模式图(周美娟,1999)

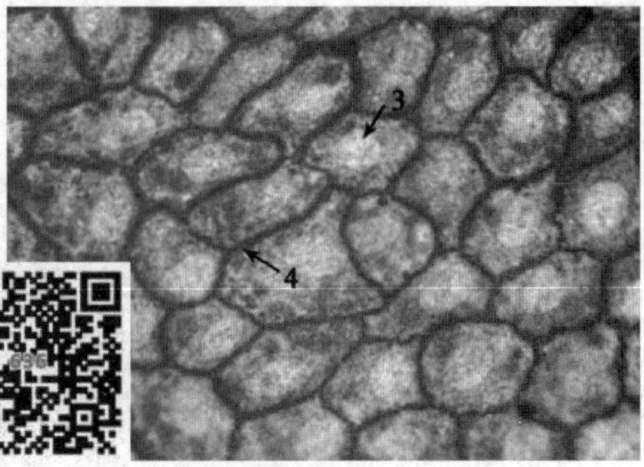

图 1-1-2 单层扁平上皮表面观

1.扁平细胞;2.结缔组织;3.上皮细胞核;4.细胞间质

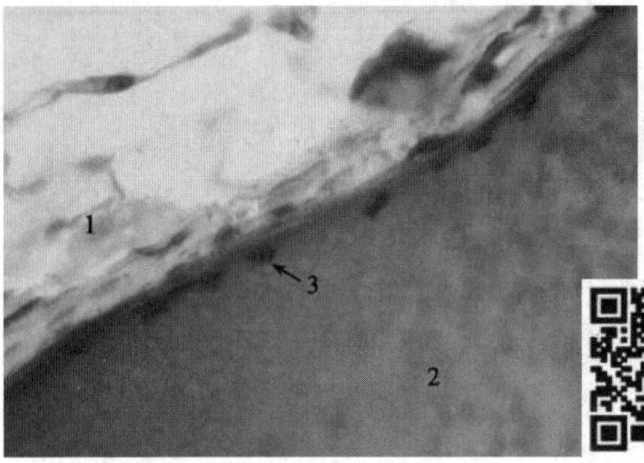

图 1-1-3 内皮(大静脉切片)

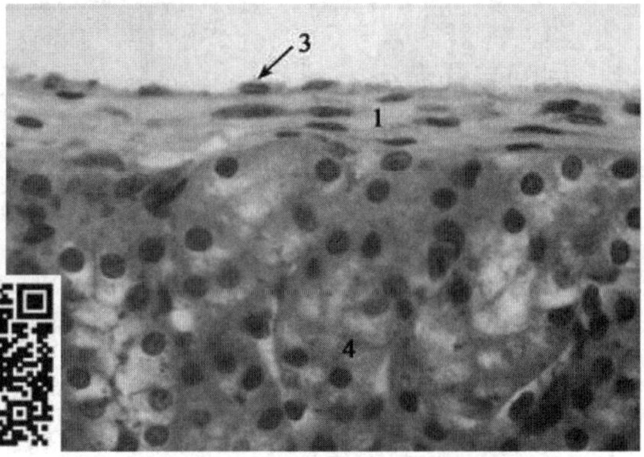

图 1-1-4 间皮(肾脏切片)

1.结缔组织;2.血液;3.上皮细胞核;4.肾小管

二、单层立方上皮

单层立方上皮由一层立方细胞组成。表面观察,每个细胞呈六角形或多角形;侧面观察,细胞呈近立方形,细胞核圆形,位于细胞中央(图 1-1-5)。这种上皮见于肾小管、甲状腺滤泡等处。

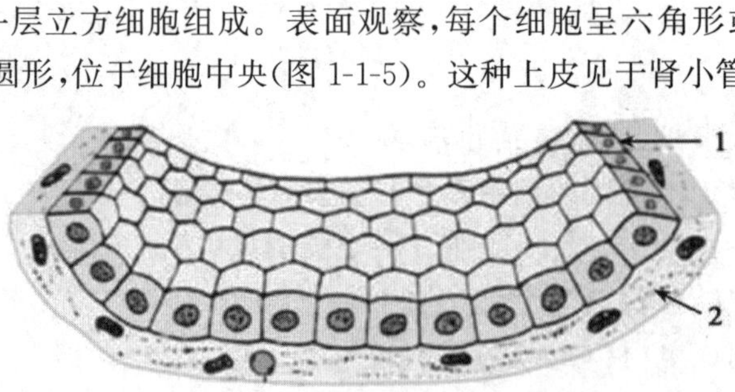

图 1-1-5 单层立方上皮模式图(周美娟,1999)

1.立方细胞;2.结缔组织

实验案例:单层立方上皮侧面观(甲状腺切片,H·E染色)

低倍镜观察:切片上有许多含致密嗜酸性物质的红色团块,为甲状腺滤泡(图1-1-6)。

高倍镜观察:滤泡壁由单层立方上皮细胞构成,可见细胞的高度和宽度大致相等,细胞核圆,较大,位于细胞中央(图1-1-7)。

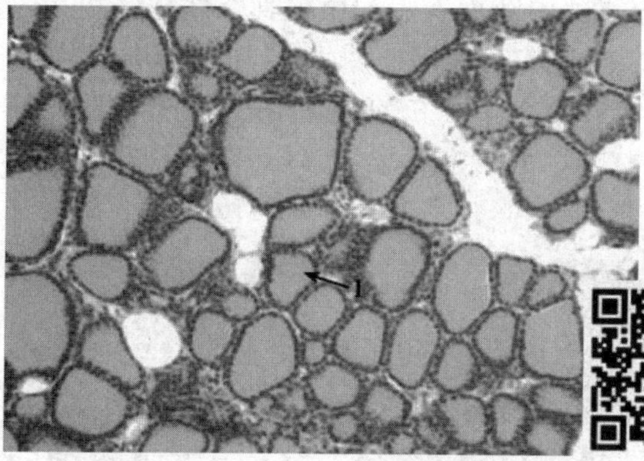

图1-1-6　单层立方上皮侧面观(低倍)

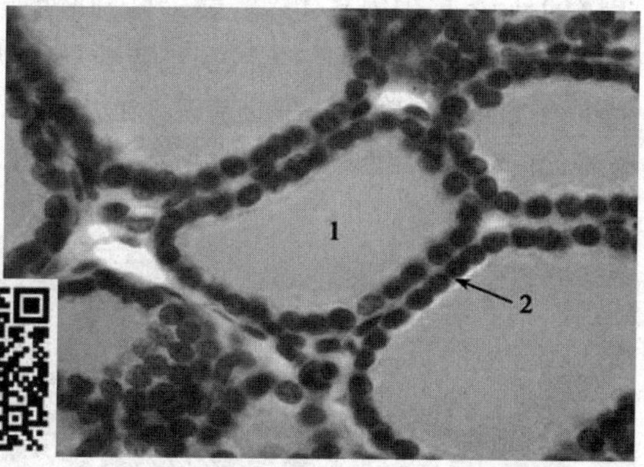

图1-1-7　单层立方上皮侧面观(高倍)

1.甲状腺滤泡;2.单层立方上皮

三、单层柱状上皮

单层柱状上皮由一层棱柱状细胞组成,有吸收或分泌功能。表面观察同单层立方上皮,细胞呈六角形或多角形;侧面观察,细胞呈长方形,核长圆形,多位于细胞基底端。肠道腔面的柱状上皮细胞游离端还有发达的微绒毛(图1-1-8),光镜下称纹状缘,可以扩大消化吸收表面积。柱状细胞间散布有许多杯状细胞,可分泌黏液,有润滑和保护上皮的作用。杯状细胞胞体高脚酒杯状,顶部膨大,充满黏原颗粒,基底部较细窄;胞核位于基底部,常为较小的三角形或扁圆形,染色质浓密,着色较深(图1-1-9)。被覆在子宫和输卵管、输精管等腔面的单层柱状上皮,细胞游离面具有纤毛,称单层纤毛柱状上皮。

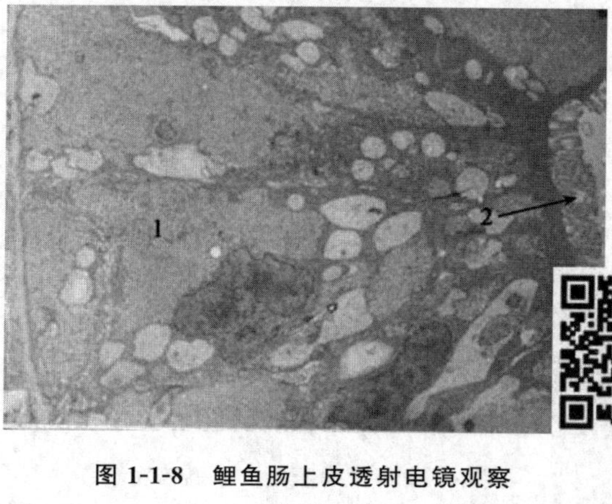

图1-1-8　鲤鱼肠上皮透射电镜观察

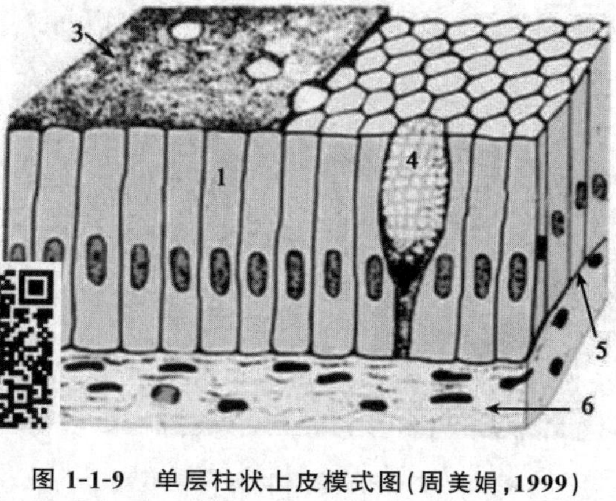

图1-1-9　单层柱状上皮模式图(周美娟,1999)

1.柱状细胞;2.微绒毛;3.纹状缘;4.杯状细胞;5.基膜;6.结缔组织

实验案例:

1. 单层柱状上皮侧面观(十二指肠切片,H·E染色)

低倍镜观察:可见肠壁腔面有许多突起的肠绒毛(图1-1-10)。

高倍镜观察:肠绒毛表面由单层柱状上皮构成。上皮细胞胞质嗜酸性;细胞核长椭圆形,强嗜碱性,位于细胞基底端。转动细调节器可见上皮的游离面有一层嗜酸性粗线样结构为纹状缘,是由细胞游离端细胞膜和细胞质向外伸出的微小突起密集排列而成。上皮基底面与结缔组织交界处有着色较深的基膜。上皮细胞之间分布有单个存在的杯状细胞,由于黏原颗粒不着色(或着淡蓝色)而使细胞顶端呈空泡状。杯状细胞的基部较窄,内含1个不规则或新月状细胞核。(图1-1-11)

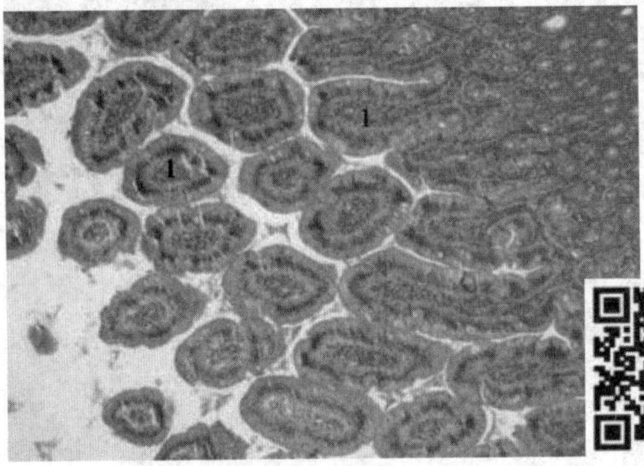

图 1-1-10　十二指肠切片低倍观察

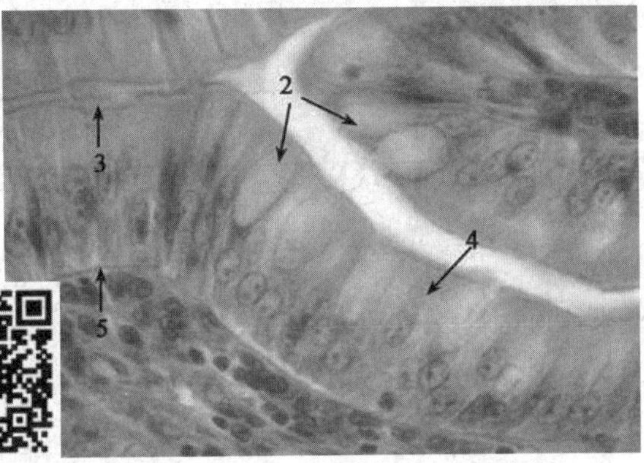

图 1-1-11　十二指肠切片高倍观察

1. 小肠绒毛;2. 杯状细胞;3. 纹状缘;4. 柱状细胞;5. 基膜

2. 单层纤毛柱状上皮侧面观(孔雀鱼输卵管切片,囊螺腹足切片,H·E染色)

孔雀鱼输卵管上皮和囊螺腹足表皮为典型的单层纤毛柱状上皮,上皮细胞长柱状,排列紧密,顶端有密集的纤毛。由于黏液的黏附作用,显微镜下观察,纤毛常聚集成束(图1-1-12,图1-1-13)。

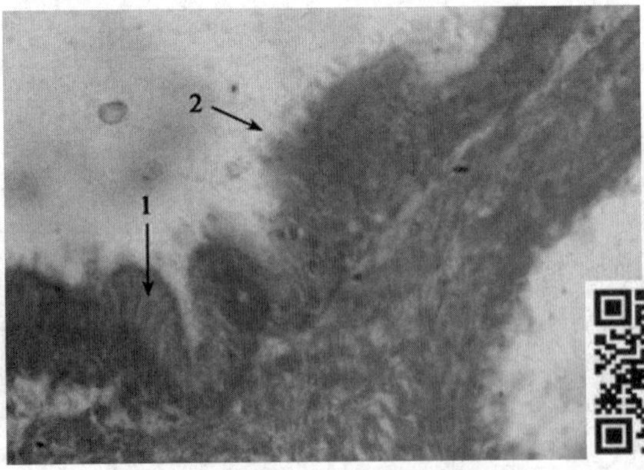

图 1-1-12　孔雀鱼输卵管高倍观察

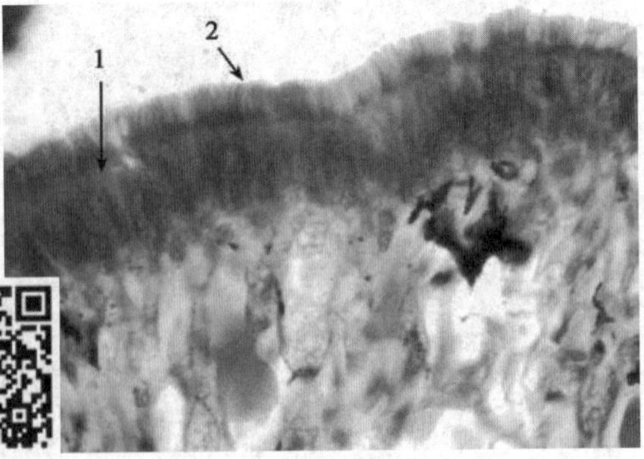

图 1-1-13　囊螺腹足皮肤高倍观察

1. 柱状上皮;2. 纤毛

四、假复层纤毛柱状上皮

假复层纤毛柱状上皮主要分布在呼吸管道内腔面，由柱状细胞、杯状细胞、梭形细胞和锥体形细胞组成。柱状细胞游离面具有纤毛。由于几种细胞高矮不等，细胞核的位置深浅不一，故从上皮垂直切面看像复层上皮。实际上虽说只有柱状细胞和杯状细胞的顶端伸到上皮游离面，但所有类型细胞的基底端都附在基膜上，所以仍为单层上皮。（图 1-1-14）

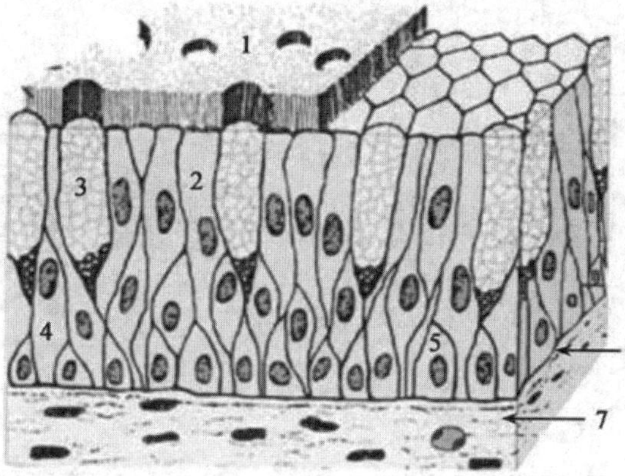

图 1-1-14　假复层纤毛柱状上皮模式图(周美娟,1999)

1. 纤毛；2. 柱状细胞；3. 杯状细胞；4. 梭形细胞；5. 锥体形细胞；6. 基膜；7. 结缔组织

实验案例：假复层纤毛柱状上皮侧面观（气管横切片，H・E 染色）

低倍镜观察：气管的黏膜层较薄，被覆假复层纤毛柱状上皮（图 1-1-15）。

高倍镜观察：由于构成上皮的四种细胞高低不一，故上皮中细胞核的位置亦高低不平。位置较高的细胞核有两种形态：体积稍大，呈椭圆形或圆形，着色较淡的是柱状细胞的核，柱状细胞游离面着生有纤毛。体积稍小，呈椭圆形或梭形，着色较深的是梭形细胞的核。最深层的核呈圆形，有一明显核仁，是锥体形细胞的核；杯状细胞的核位于杯体底部，体积较小，着色同锥体形细胞核或略深。（图 1-1-16）

图 1-1-15　假复层纤毛柱状上皮低倍观察

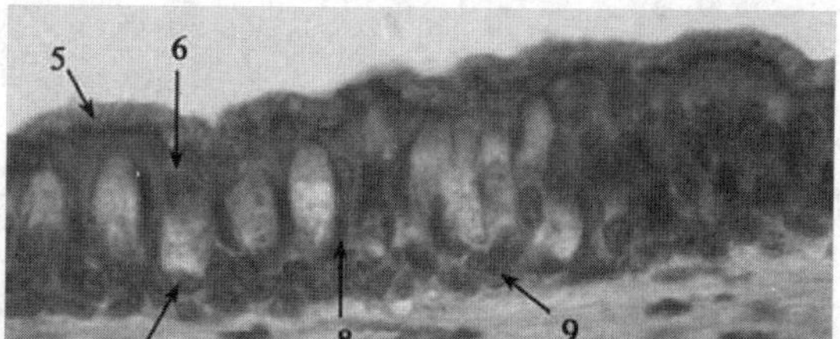

图 1-1-16　假复层纤毛柱状上皮高倍观察

1. 假复层纤毛柱状上皮；2. 结缔组织；3. 气管腺；4. 支持软骨；5. 纤毛；
6. 柱状细胞核；7. 杯状细胞核；8. 梭形细胞核；9. 锥体形细胞核

五、变移上皮

变移上皮又名移行上皮，由于其细胞形状和层数可随所在器官的收缩与扩张发生变化而得名，分布在排尿管道（肾盏、肾盂、输尿管和膀胱）内腔面。当器官处于空虚状态时，上皮变厚，细胞层数较多（图 1-1-17）。当器官处于扩张状态时，上皮变薄，细胞层数减少，细胞形状也变扁（图 1-1-18）。

图 1-1-17　变移上皮模式图（空虚状态）

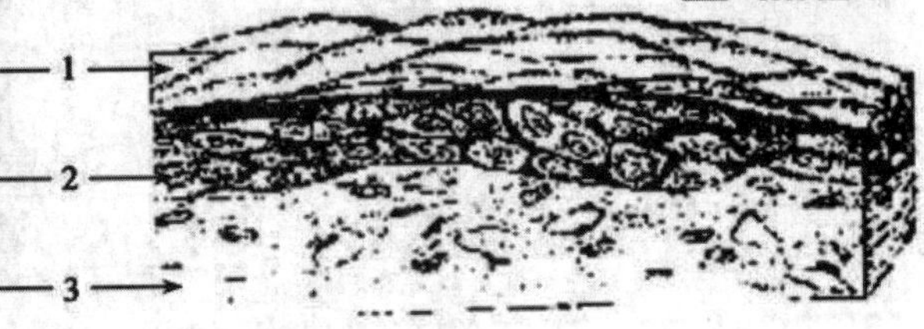

图 1-1-18　变移上皮模式图（扩张状态）

1. 表层细胞；2. 深层细胞；3. 结缔组织

（王瑞霞，1993）

实验案例：

1. 变移上皮空虚状态（膀胱切片，H・E 染色）

低倍镜观察：膀胱壁皱褶较多，黏膜上皮厚，由不同形态的 4～6 层细胞组成（图 1-1-19）。

高倍镜观察：表层细胞体积大，呈立方形、倒锥形，核圆，有的具有双核，称盖细胞；细胞顶端胞质浓缩而呈紫红色，称壳层。中间层细胞稍小，多为梭形或倒梨形，中央有一个圆形核，胞质染色淡。基底层细胞小，呈不规则立方形或矮柱状，排列较密，核圆色深。（图 1-1-20）

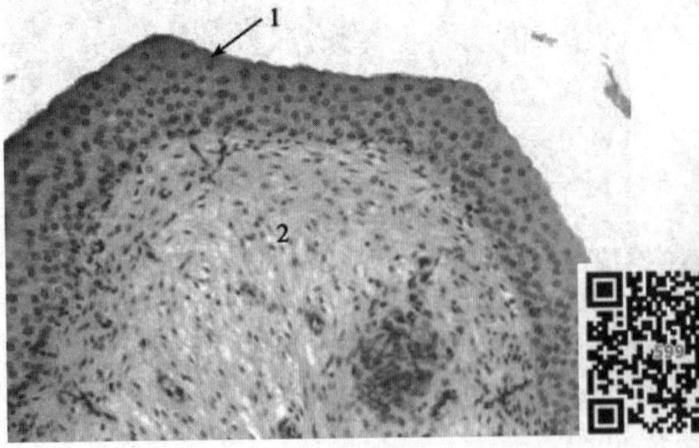

图 1-1-19　变移上皮空虚状态低倍观察

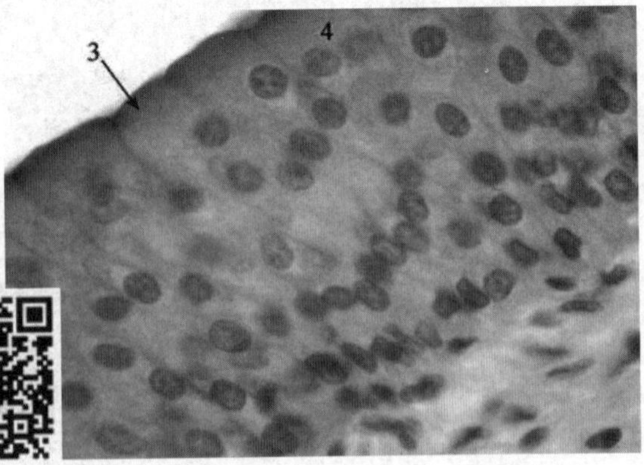

图 1-1-20　变移上皮空虚状态高倍观察

1. 变移上皮；2. 结缔组织；3. 壳层；4. 双核盖细胞

2. 变移上皮扩张状态(膀胱切片,H·E 染色)

膀胱壁皱褶变少或消失,上皮薄,层数少,1～3 层,各层细胞高度较空虚状态时变矮(图 1-1-21,图 1-1-22)。

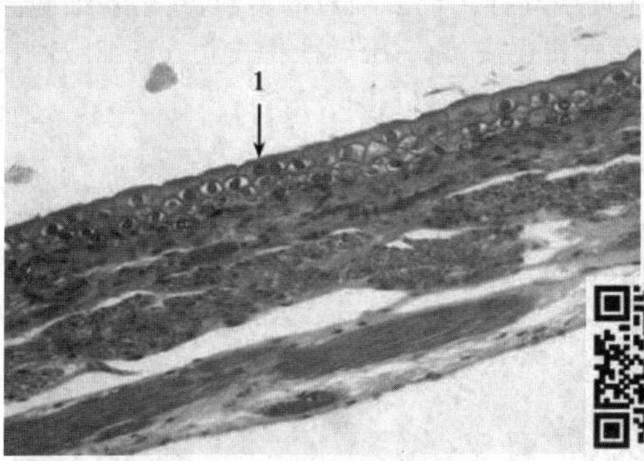

图 1-1-21　变移上皮扩张状态低倍观察

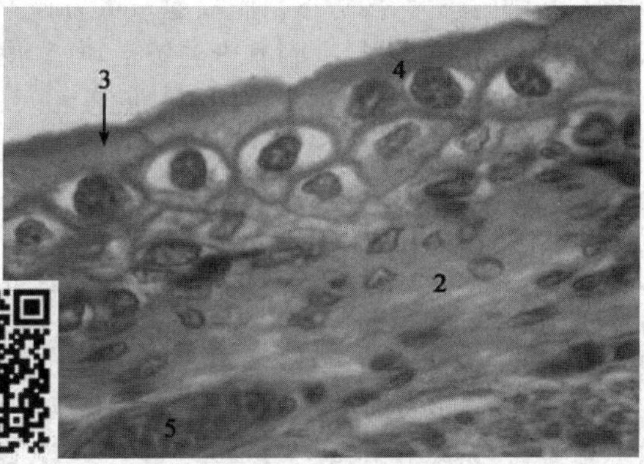

图 1-1-22　变移上皮扩张状态高倍观察

1. 变移上皮;2. 结缔组织;3. 壳层;4. 双核盖细胞;5. 血管

六、复层扁平上皮

复层扁平(鳞状)上皮分布于容易受摩擦的部位,如口腔、食管等的腔面和皮肤表面,具有很强的机械性保护作用。复层扁平上皮由多层细胞组成,是最厚的一种上皮。纵切面观察,细胞的形状和厚薄不一。基底层细胞紧靠基膜,是一层立方形或矮柱状、分裂能力旺盛的细胞,新生细胞向上移动以补充表层脱落的细胞。中间层细胞为多边形,越往表面越扁平,逐渐转变成梭形。浅层细胞为扁平细胞。(图 1-1-23)

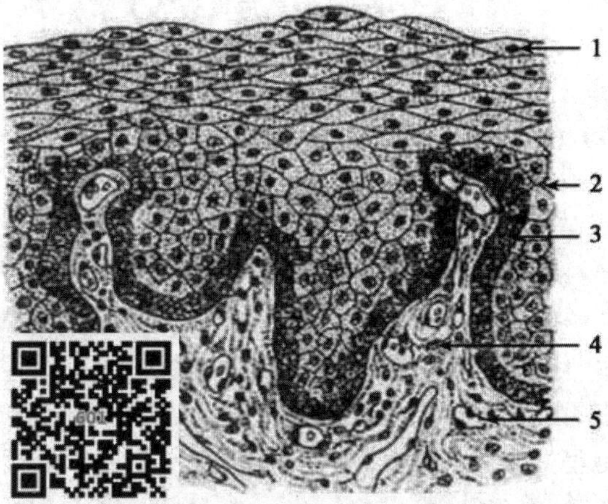

图 1-1-23　复层扁平上皮模式图(周美娟,1999)

1. 扁平细胞;2. 多边形细胞;3. 基底层细胞;4. 结缔组织;5. 血管

位于皮肤表面的复层扁平上皮,浅层细胞已死亡,无胞核,胞质中充满角蛋白,发生角质化,具有更强的保护作用,这种上皮称角化的复层扁平上皮。口腔和食管等腔面的复层扁平上皮,浅层细胞是有核的活细胞,含角蛋白少,称未角化的复层扁平上皮。

实验案例:

1. 角化的复层扁平上皮(人皮肤切片,H·E 染色)

低倍镜观察:皮肤表皮与真皮交界处呈波浪状,表皮表面呈较厚的嗜酸性板层状结构,为角质层(图 1-1-24)。

高倍镜观察:从皮肤表面向下观察,上皮细胞可分五个层次:①角质层。位于皮肤最表层,由角化细胞组成,细胞已死亡,无胞核和细胞器,强嗜酸性。②透明层。在角质层之下,由 1～2

层扁平细胞构成，细胞呈透明均质状，细胞界限不明显，被伊红染成红色，胞核和细胞器已消失。③颗粒层。在透明层之下，由 2～4 层扁平细胞构成，胞核和细胞器已退化，胞质内含有许多透明角质颗粒，强嗜碱性，形状不规则，大小不等。④棘层。在颗粒层之下，由 5～10 层排列致密的细胞构成，细胞较大，多边形。胞核也较大，圆形。细胞向四周伸出许多细短的突起，故名棘细胞。⑤基底层，又叫生发层。附着于基膜上，与真皮呈波浪式相连接，为一层矮柱状或立方形细胞，胞质 H·E 染色嗜碱性，称基底细胞。胞核相对较大，圆形，染色较浅。（图 1-1-25）

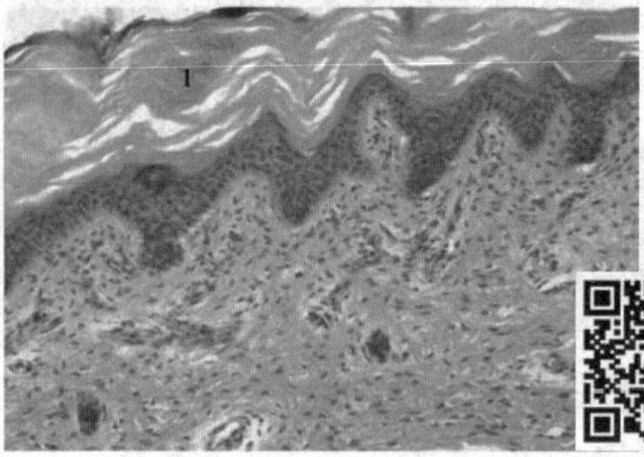

图 1-1-24　人皮肤低倍观察

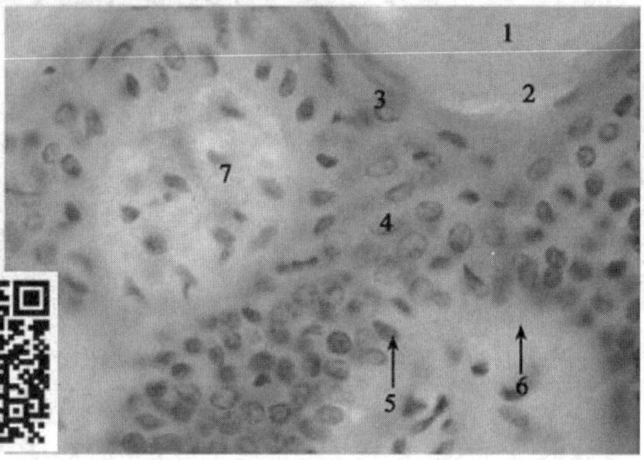

图 1-1-25　人皮肤复层扁平上皮高倍观察

1. 角质层；2. 透明层；3. 颗粒层；4. 棘层；5. 基底层；6. 基膜；7. 真皮乳头

2. *未角化的复层扁平上皮*

(1)食道切片（H·E 染色）

低倍镜观察：找到紧靠腔面的复层扁平上皮，可见上皮厚，层数多，选择一清晰部位换高倍镜观察（图 1-1-26）。

高倍镜观察：从腔面向外观察，上皮细胞可分三个层次：表层由数层扁平细胞构成，胞质嗜酸性，表层死亡细胞的核固缩而浓染变小以至消失，最后呈鳞片状脱落。中间层细胞大，层数多，由多边形或梭形细胞构成，细胞核呈圆形或椭圆形，着色较浅，细胞质亦嗜酸性。基底层细胞呈立方形或矮柱状，附于基膜上，排列紧密，胞质嗜碱性；胞核椭圆形，着色深。（图 1-1-27）

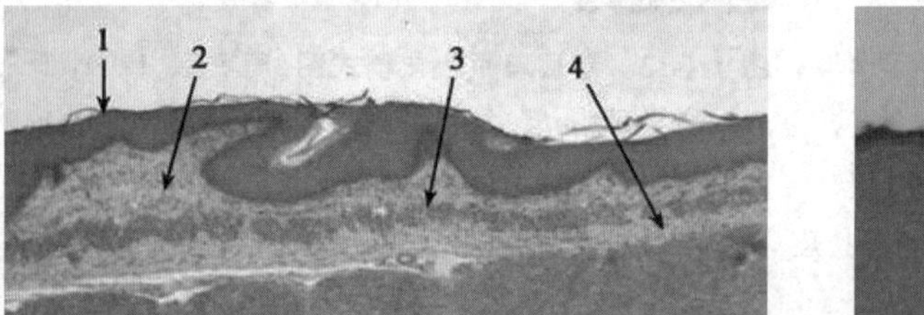

图 1-1-26　食道纵切低倍观察

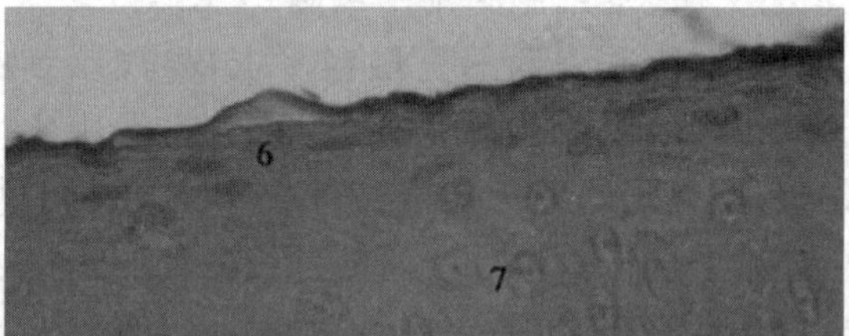

图 1-1-27　食道复层扁平上皮高倍观察

1. 复层扁平上皮；2. 固有层；3. 黏膜肌层；4. 黏膜下层；5. 肌层；6. 扁平细胞；7. 多边形细胞；8. 基底层细胞；9. 结缔组织

（2）鱼皮切片（H・E染色）：鱼类表皮无角质化现象，内含黏液细胞（图1-1-28，图1-1-29）。黏液细胞呈圆形，因为分泌的黏原颗粒不易染上颜色而使细胞呈空泡状，细胞核被挤到细胞边缘胞膜之下。

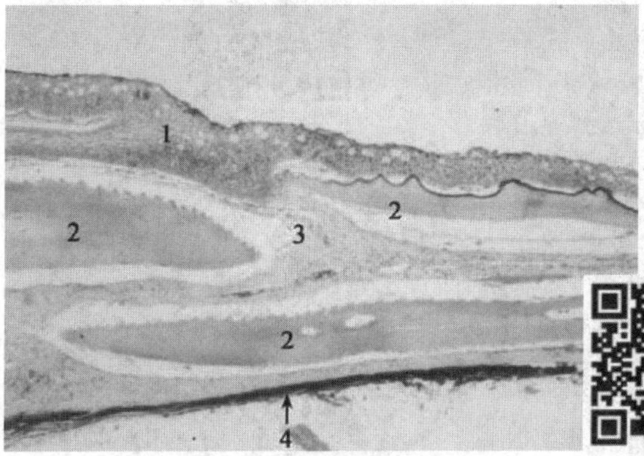

图1-1-28　鱼皮切片低倍观察

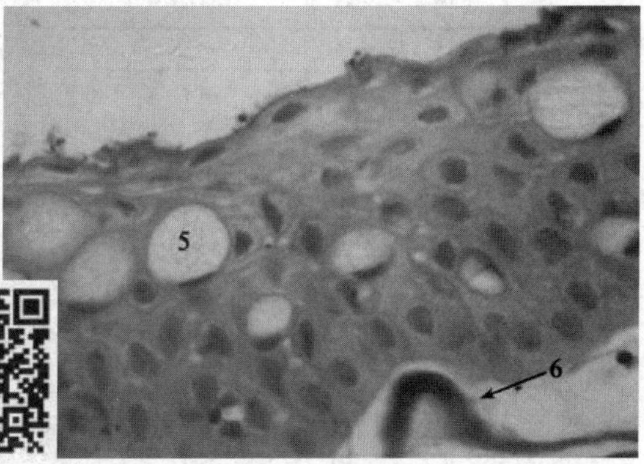

图1-1-29　鱼皮肤表皮高倍观察

1.复层扁平上皮；2.鳞片；3.皮下结缔组织；4.色素层；5.黏液细胞；6.鳞嵴

七、复层柱状上皮

复层柱状上皮的表面为一层排列较整齐的柱状细胞，深层为一层或几层多边形细胞（图1-1-30）。此种上皮只见于眼睑结膜和男性尿道等处。

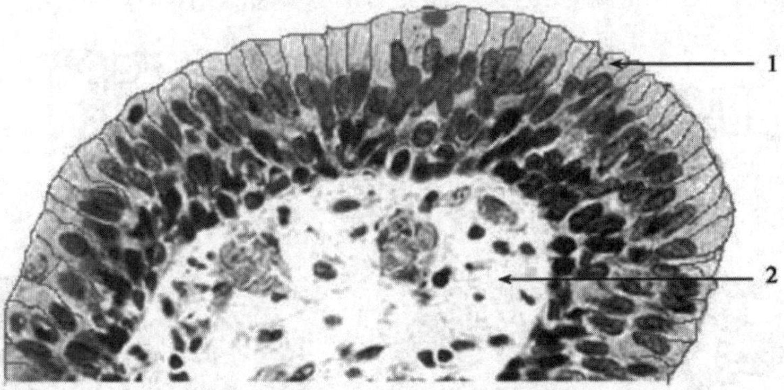

图1-1-30　复层柱状上皮模式图

1.表层细胞；2.结缔组织

八、腺上皮

腺上皮是以分泌为主要功能的上皮，以腺上皮为主要成分所构成的器官为腺体。分泌腺一般可分为无导管的内分泌腺和有导管的外分泌腺两大类，都是从原始上皮层向结缔组织内生长分化增殖而成（图1-1-31）。

外分泌腺根据腺细胞的数量有单细胞腺和多细胞腺之分。多细胞腺大小不等，由分泌部和导管两部分组成（图1-1-32）。根据分泌部的形状，多细胞腺有管状腺、泡状腺和管泡状腺。

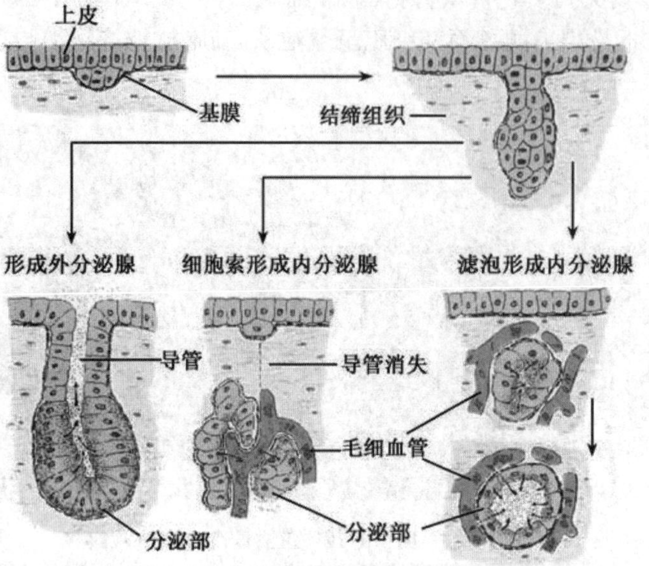

图 1-1-31 腺体发生模式图(成令忠,2003)

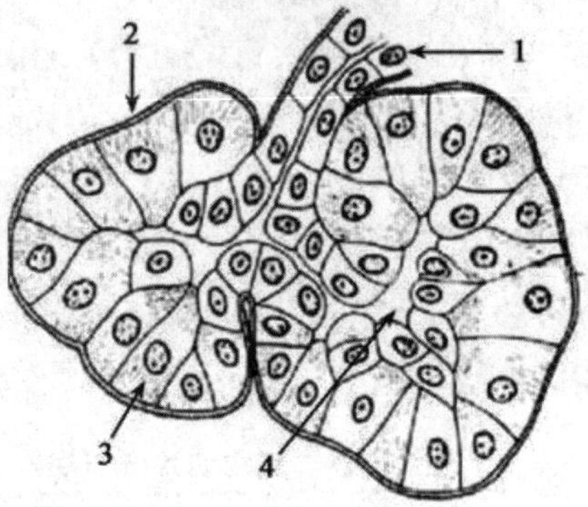

图 1-1-32 多细胞腺结构模式图

1. 导管;2. 腺末房;3. 腺细胞;4. 腺腔

根据分泌部是否分支,多细胞腺包括单腺和复腺。另外多细胞腺导管还有分支与不分支,管状腺还有直管状腺和曲管状腺等,因此多细胞腺分为单直管状腺、单曲管状腺、单分支管状腺、单泡状腺、单分支泡状腺、复管状腺、复泡状腺及复管泡状腺等。(图 1-1-33)

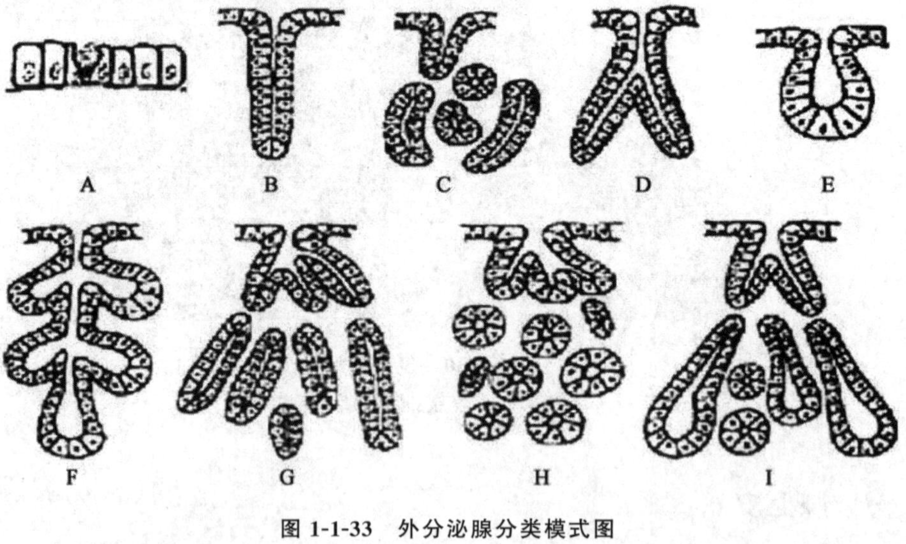

图 1-1-33 外分泌腺分类模式图

A. 单细胞腺;B. 单直管状腺;C. 单曲管状腺;D. 单分支管状腺;E. 单泡状腺;F. 单分支泡状腺;G. 复管状腺;H. 复泡状腺;I. 复管泡状腺

根据分泌物的性质,腺体可分为浆液腺、黏液腺及混合腺。浆液腺由浆液细胞构成腺泡,分泌蛋白质类腺液。浆液细胞呈锥体形;基部细胞质嗜碱性,细胞顶部充满嗜酸性酶原颗粒;

核圆形，位于细胞中央或基底部(图 1-1-34)。黏液腺由黏液细胞构成腺泡，分泌糖蛋白。黏液细胞亦呈锥体形；核扁色深，位于细胞基底部；胞质内充满较大的黏原颗粒，H・E 染色切片中，颗粒不易被保存，故染色浅，呈空泡状(图 1-1-35)。混合腺，两种腺泡均有，或者两种细胞共同组成一个腺泡(图 1-1-36)。

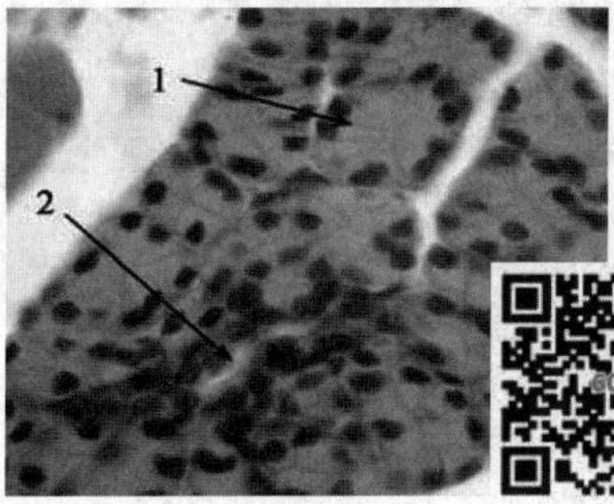

图 1-1-34　浆液腺

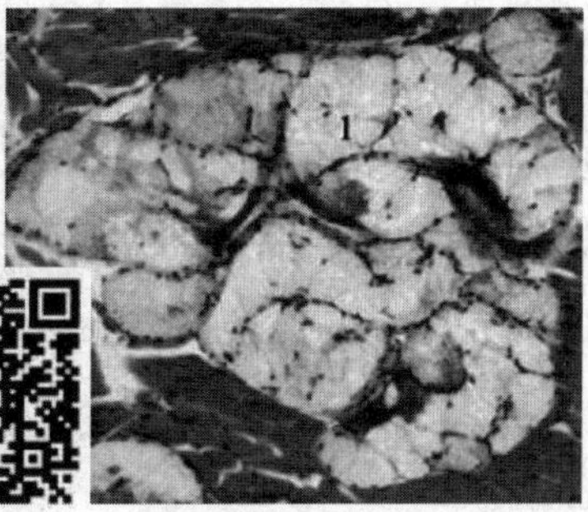

图 1-1-35　黏液腺

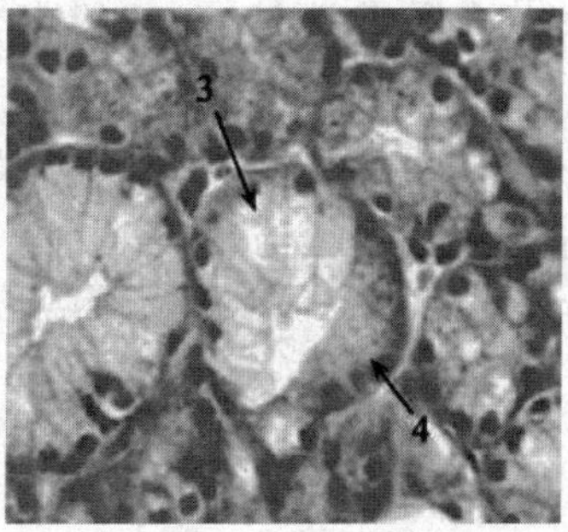

图 1-1-36　混合腺

1. 腺末房；2. 导管；3. 黏液细胞；4. 浆液细胞

思考题：

1. 上皮组织具有哪些共同特点？
2. 举例说明上皮组织形态结构与机能之间的关系。

绘图：

1. 绘图说明单层柱状上皮形态结构特点。
2. 绘图说明单层立方上皮形态结构特点。

第二节　结缔组织

目的与要求：

1. 掌握各种固有结缔组织形态结构特点。
2. 以透明软骨为主，掌握软骨的基本结构。
3. 掌握骨组织及密质骨的结构，在此基础上了解其功能及营养传递特点。
4. 了解硬骨鱼类血细胞形态结构特点。

结缔组织由细胞和大量细胞间质构成。细胞间质包括基质和细丝状的纤维两种成分。纤维有胶原纤维、网状纤维、弹性纤维三种，起加强联系、连接作用。基质种类很多，形态多样，含有丰富的血管、神经、淋巴管。有的是无色透明的胶质状，有的是半透明的具有韧性的固体，有的含有大量的钙盐而形成坚硬的固体。结缔组织细胞数量少，种类多，形态和功能也很多样化，分布在间质中的细胞排列较疏松，无一定的规则和层次，也无极性。

结缔组织在体内广泛分布，具有连接、支持、营养、保护等多种功能。广义的结缔组织，包括液态的血液、松软的固有结缔组织和较坚固的软骨与骨，一般所说的结缔组织仅指固有结缔组织而言。

结缔组织均起源于胚胎时期的间充质。间充质由间充质细胞和大量稀薄的无定形基质构成,基质中无纤维。间充质细胞呈三角形、星形、梭形或多角形,分界不清,胞质弱嗜碱性,细胞突起彼此连接成网;胞核较大,核仁明显(图1-2-1)。间充质细胞分化程度低,在胚胎时期能分化成各种结缔组织细胞、内皮细胞、平滑肌细胞等。成体结缔组织内仍保留少量未分化的间充质细胞。

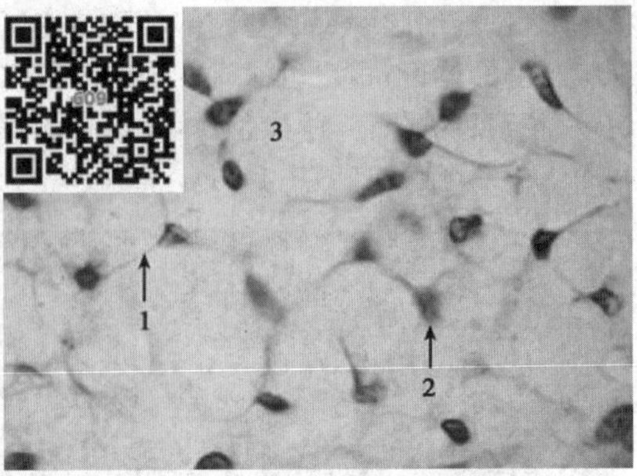

图 1-2-1 间充质

1. 细胞突起;2. 细胞核;3. 基质

一、固有结缔组织

固有结缔组织细胞间质为无色透明、松软的胶质状,包括疏松结缔组织、致密结缔组织、脂肪组织和网状组织。

(一)疏松结缔组织

疏松结缔组织又称蜂窝组织,其特点是细胞种类较多,纤维较少,排列稀疏。疏松结缔组织在体内广泛分布,位于器官之间、组织之间及细胞之间,起连接、支持、营养、防御、保护和修复等功能。

疏松结缔组织的细胞种类较多,其中包括成纤维细胞、巨噬细胞、肥大细胞、浆细胞、脂肪细胞、色素细胞、未分化的间充质细胞。此外,血液中的白细胞,如嗜酸性粒细胞、淋巴细胞等在炎症反应时也可游走到结缔组织内。(图 1-2-2)各类细胞的数量和分布随疏松结缔组织存在的部位和功能状态而不同。

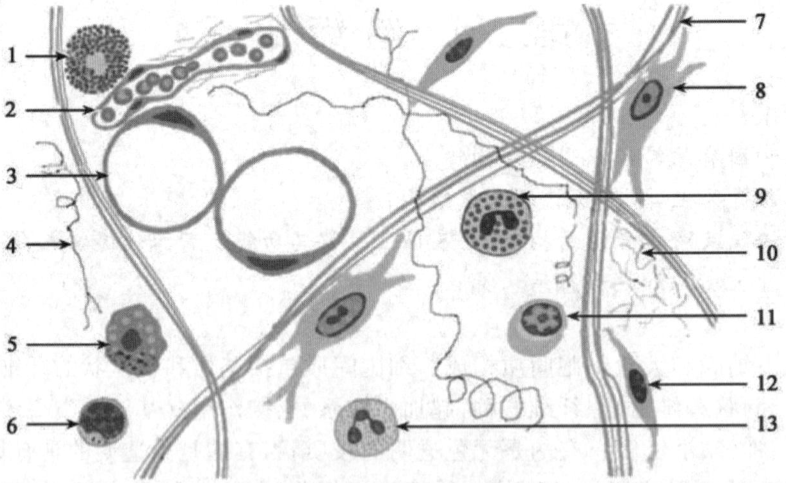

图 1-2-2 疏松结缔组织模式图

1. 肥大细胞;2. 血管;3. 脂肪细胞;4. 弹性纤维;5. 巨噬细胞;6. 嗜碱性粒细胞;7. 胶原纤维;8. 成纤维细胞;9. 嗜酸性粒细胞;10. 网状纤维;11. 浆细胞;12. 组织细胞;13. 中性粒细胞

(http://gzy.hainmc.edu.cn/jingpin/zupei/jinrukecheng/tuku/tuku.htm)

1. 细胞

(1)成纤维细胞和纤维细胞:处于不同功能状态的同一种细胞,功能状态活跃的称成纤维细胞,而相对静止状态的称纤维细胞。

成纤维细胞在疏松结缔组织中数量最多,是疏松结缔组织的主要结构成分,具有合成和分泌胶原纤维、弹性纤维、网状纤维和基质蛋白多糖的功能。细胞较大,形态扁平,轮廓不清,有较多的突起,胞质较多,弱嗜碱性;有一个较大的椭圆形核,染色质少,核仁明显。

纤维细胞比成纤维细胞小,多呈梭形,胞质较少,弱嗜酸性;胞核较小,染色较深,扁椭圆形。

(2)巨噬细胞和组织细胞:处于不同功能状态的同一种细胞,功能状态活跃的称巨噬细胞,而相对静止状态的称组织细胞。

巨噬细胞是体内广泛存在的具有强大吞噬功能的细胞,常沿纤维散在分布,在炎症和异物等刺激下活化成游走的巨噬细胞。巨噬细胞形态多样,随功能状态而改变,通常有钝圆形突起,功能活跃者,常伸出较长的伪足而使形态不规则;胞核较小,卵圆形或肾形,多为偏心位,着色深,核仁不明显;胞质丰富,含空泡和异物颗粒。

组织细胞扁平或多角形,细胞突起不如成纤维细胞多;细胞核较小,染色深。

(3)肥大细胞:细胞体积较大,圆形或椭圆形,胞质内充满异染性颗粒;核小,圆形。

(4)浆细胞:圆形或卵圆形,胞质丰富,嗜碱性,近核处染色浅;核圆球形,染色深,常偏于细胞的一侧,染色质多呈块状,在核膜下排列如车轮状,核仁位于中央。浆细胞能合成和分泌免疫球蛋白即抗体,参与体液免疫反应。

(5)脂肪细胞:未成熟细胞圆形,细胞核椭圆形,靠近中央,胞质内含有多个油滴。成熟细胞体积大,常呈圆球形或相互挤压成多边形;分散的脂滴合并成一个大脂滴,将胞质推挤到细胞周缘,包绕脂滴;核亦被挤压成扁圆形,连同部分胞质呈扁椭圆形或新月形,位于细胞一侧。H·E染色标本中,脂滴被溶解,细胞呈空泡状。脂肪细胞有合成和贮存脂肪、参与脂质代谢的功能。

(6)色素细胞:胞体形状不规则,有突起,无变形运动能力,胞质中含有色素颗粒;细胞核一个,椭圆形。色素细胞多分布于脊椎动物的真皮结缔组织内。鱼类皮肤和鳞片上的色素细胞因所含色素不同,有红色素细胞、黑色素细胞、黄色素细胞和含鸟粪素结晶的白色细胞。体色呈现与色素细胞的种类、数量、分布和色素颗粒的集散状况有关。

(7)未分化的间充质细胞:是有突起的星形细胞,细胞质较少,弱嗜碱性;核染色深而不均匀,染色质丰富,核仁明显。该细胞是保留在成体结缔组织内的一些较原始的细胞,常分布在结缔组织的微血管附近,发育潜力大,可分化为各种结缔组织细胞,另外还能分化为内皮细胞等。

(8)白细胞:从血管和淋巴管逸出,游走于结缔组织之中。如淋巴细胞、中性粒细胞、嗜酸性粒细胞、单核细胞等。

2. 纤维

(1)胶原纤维:是结缔组织中最常见、分布最广的一种纤维。新鲜时呈白色,又称白纤维,H·E染色呈浅红色,散布在基质内,通常集合成粗细不等的纤维束,呈波浪状存在。胶原纤维可以分支，且互相交织成网。

(2)弹性纤维：新鲜时呈黄色，又称黄纤维，H·E染色标本上不易着色，折光性强，常呈较亮的淡粉色，量少时与胶原纤维区分不明显，用醛复红或地衣红能将其染成紫色或棕褐色。光镜下，弹性纤维呈均质的构造，内无原纤维，折光性较强，直径 0.2～1.0 μm，一般单条存在，也可分支且分支相互交错形成网，多分布于韧带、肺泡、血管壁、声带。

(3)网状纤维：是纤细而分支较多的纤维，直径 0.2～1.0 μm，互相连接呈网状，有支持和连接组织、器官，以及细胞微细结构的作用。网状纤维用普通染料着色很浅，但用浸银法可染成黑色，故又称嗜银纤维。网状纤维主要分布在结缔组织与其他组织交界处，如上皮基膜的网板、大血管壁、淋巴组织、造血组织、肝、脂肪组织等处，成为这些器官与组织的支架。

实验案例：

1. 疏松结缔组织铺片（H·E及弹性纤维染色法复染）

肉眼观察：铺片染成蓝紫色，形态不规则且厚薄不均匀。

低倍镜观察（图 1-2-3）：可见纵横交错呈淡红色的胶原纤维和深紫色的弹性纤维，纤维间有许多散在的细胞。取铺得较薄、纤维分布均匀、细胞不重叠并且轮廓较清楚的部分，换高倍镜观察。

高倍镜观察（图 1-2-4）：可以辨认以下几种成分：

(1)胶原纤维：染成淡红色，数量多，为长短不一、粗细不等的纤维束，有分支，相互交织成网。

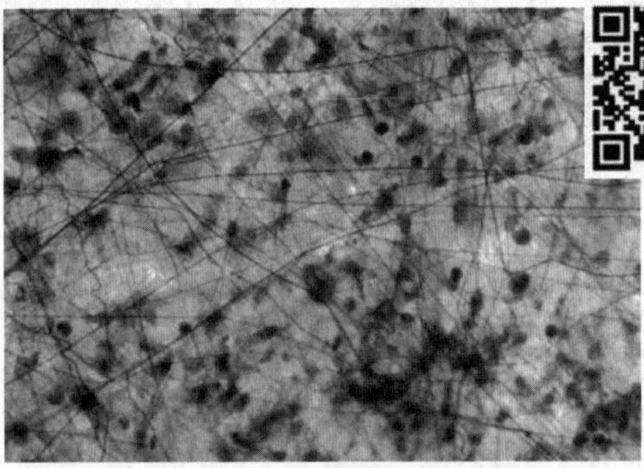

图 1-2-3　疏松结缔组织铺片低倍观察

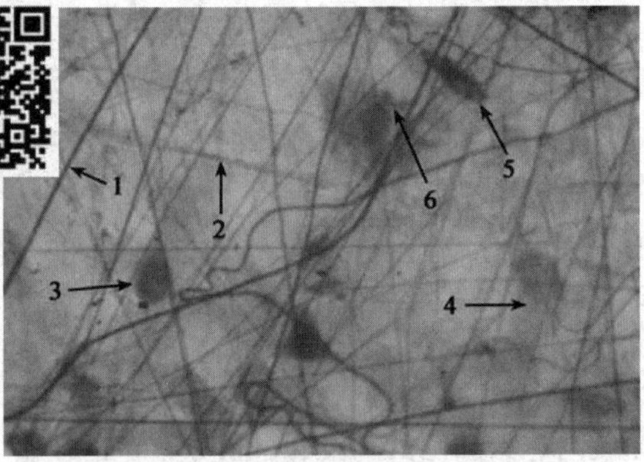

图 1-2-4　疏松结缔组织铺片高倍观察

1. 弹性纤维；2. 胶原纤维；3. 肥大细胞；4. 成纤维细胞；5. 组织细胞；6. 巨噬细胞

(2)弹性纤维：数量较胶原纤维少，呈深紫色的发丝状，长且较直，断端有卷曲。

(3)成纤维细胞：数量最多，胞体大，是具有多个突起的星形或多角形细胞，由于胞质染色极浅而使细胞轮廓不清，细胞核较大，椭圆形，有 1～2 个明显的核仁。

(4)组织细胞：是结缔组织中的固有成分，数量略少于成纤维细胞，扁平或多角形，细胞核较小，椭圆形，嗜碱性强，核内核仁不明显。

(5)肥大细胞：胞体卵圆形或圆形，胞质内富含圆形嗜碱性颗粒。

(6)巨噬细胞:胞体大,形态不规则,胞质内含有染色和形态不均一的颗粒。

(7)淋巴细胞:胞体较小,圆形,几乎全被细胞核占据,嗜碱性强。

(8)浆细胞:胞体圆形或卵圆形,胞质丰富,嗜碱性。核圆球形,染色深,异染色质在核膜下车轮状排列,核仁明显,位于中央。

2. 疏松结缔组织切片(H·E染色)

低倍镜观察:在上皮之下或器官内部不同组织之间染色较浅的部位,里面分布着许多结缔组织细胞核。

高倍镜观察:结缔组织细胞轮廓不清楚,细胞核明显,强嗜碱性。结缔组织基质被染成淡粉红色或不被染色,其中散乱地分布着少量纤维。(图1-2-5)

(二)致密结缔组织

致密结缔组织是以纤维为主要成分的固有结缔组织,纤维粗大,排列致密,以支持和连接为其主要功能。根据纤维的性质和排列方式,有不规则胶原纤维性致密结缔组织、规则胶原纤维性致密结缔组织和规则弹性纤维性致密结缔组织三种类型。

实验案例:

1. 不规则胶原纤维性致密结缔组织切片(皮肤,H·E染色)

见于真皮、硬脑膜、巩膜及许多器官的被膜等,其特点是方向不一的粗大的胶原纤维彼此交织成致密的板层结构,在纤维之间含少量基质和分散存在的结缔组织细胞(图1-2-6)。

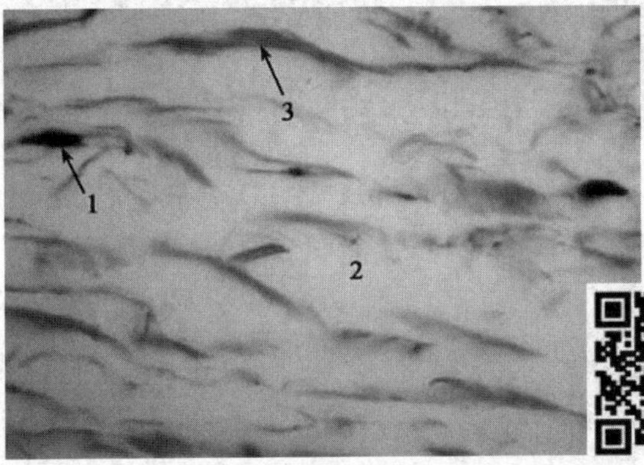

图1-2-5　疏松结缔组织切片低倍观察

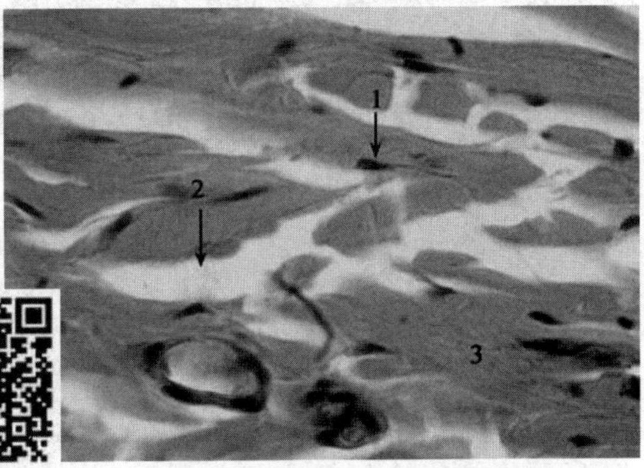

图1-2-6　皮肤切片高倍观察

1. 结缔组织细胞核;2. 基质;3. 纤维

2. 规则胶原纤维性致密结缔组织切片(肌腱纵切,H·E染色)

主要构成肌腱和腱膜。纵切面观察,由许多平行排列的胶原纤维束和腱细胞构成。腱细胞在纤维束间排列成单行,核椭圆形或杆状。(图1-2-7,图1-2-8)

3. 规则弹性纤维性致密结缔组织切片(牛项韧带,H·E染色)

由许多平行或交叉排列的弹性纤维束和成纤维细胞构成,弹性纤维束之间夹有少量胶原纤维束。弹性纤维束在镜下观察为粉红色。(图1-2-9,图1-2-10)

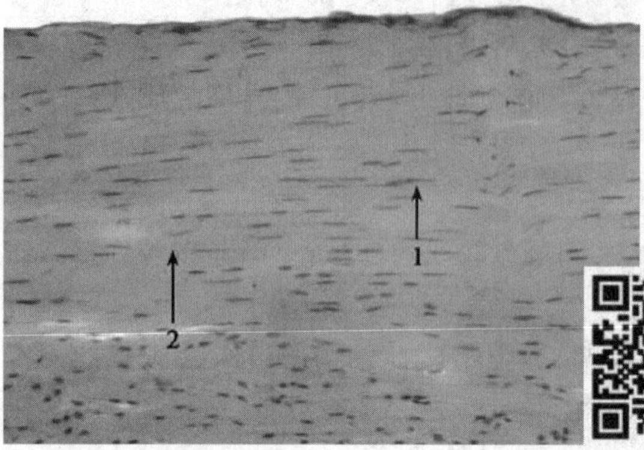

图 1-2-7　肌腱纵切低倍观察

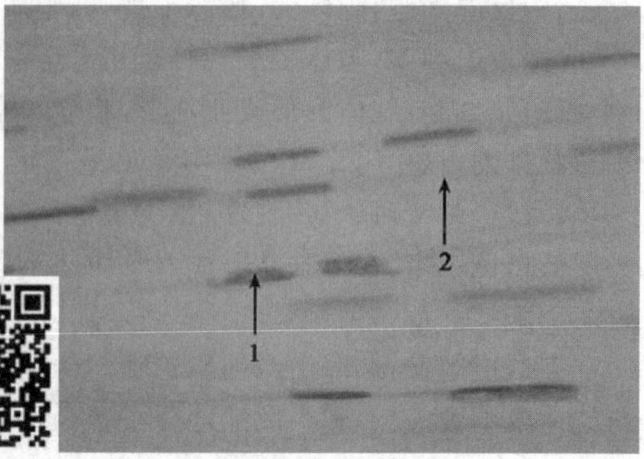

图 1-2-8　肌腱纵切高倍观察

1.结缔组织细胞核;2.纤维

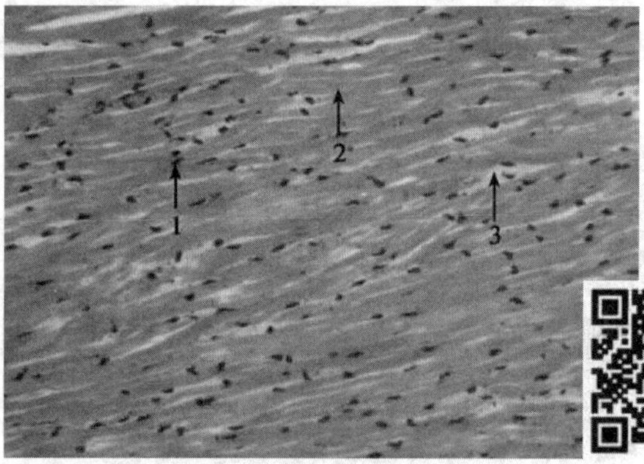

图 1-2-9　牛项韧带纵切低倍观察

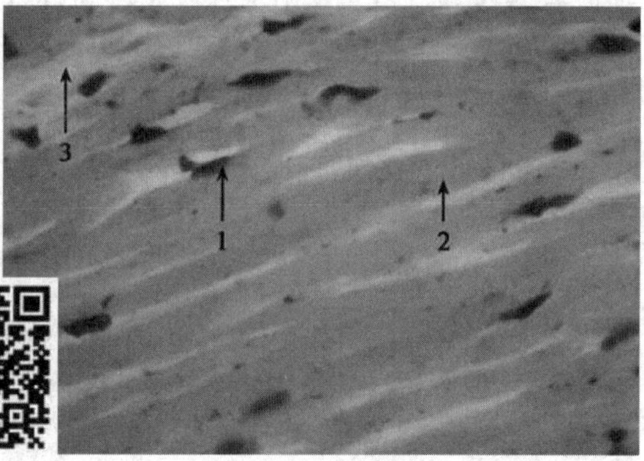

图 1-2-10　牛项韧带纵切高倍观察

1.结缔组织细胞核;2.纤维;3.基质

(三)脂肪组织

脂肪组织主要由大量群集的脂肪细胞构成,被疏松结缔组织分隔成小叶。根据脂肪细胞结构和功能的不同,脂肪组织分为白(黄)色脂肪组织和棕色脂肪组织两类。

实验案例:

1.白色脂肪组织(皮肤切片,H·E染色)

生活状态下白色或黄色,主要分布在皮下、网膜和系膜等处,由大量单泡脂肪细胞集聚而成,细胞中央有一大脂滴,胞质呈薄层,位于细胞周缘,包绕脂滴;细胞核月牙形,位于细胞周缘的细胞质内。在H·E染色切片上,脂肪被酒精及二甲苯溶解而使细胞呈空泡状,在受挤压时呈椭圆形或多角形,许多脂肪细胞往往聚集在一起,形成蜂窝状。(图 1-2-11,图 1-2-12)

2.棕色脂肪组织(皮肤切片,H·E染色)

棕色脂肪组织在成人极少,新生儿及冬眠动物较多,能迅速分解,提供热能,起到保温作用。棕色脂肪组织生活状态下呈棕色,组织中有丰富的毛细血管,主要由多泡脂肪细胞组成。脂肪细胞内散在许多小脂滴,线粒体大而丰富,核圆形,位于细胞中央。(图 1-2-13,图 1-2-14)

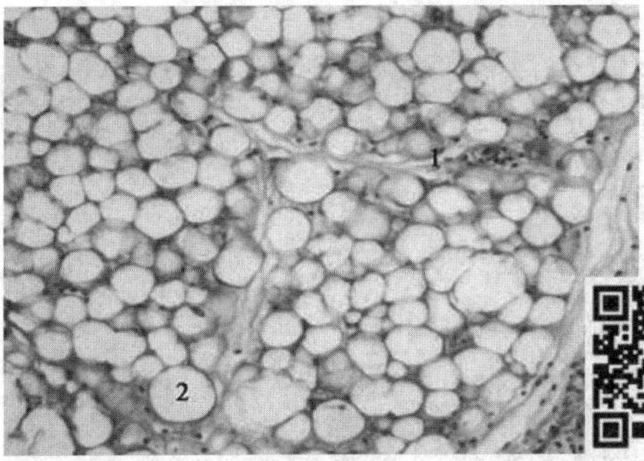

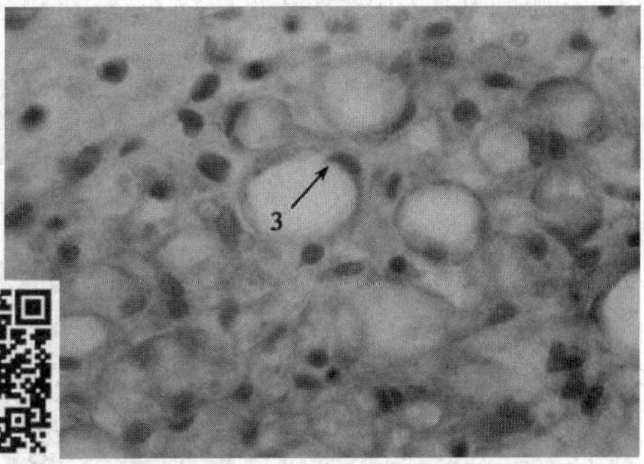

图 1-2-11 白色脂肪组织低倍观察

图 1-2-12 白色脂肪组织高倍观察

1.疏松结缔组织；2.脂肪细胞；3.脂肪细胞核

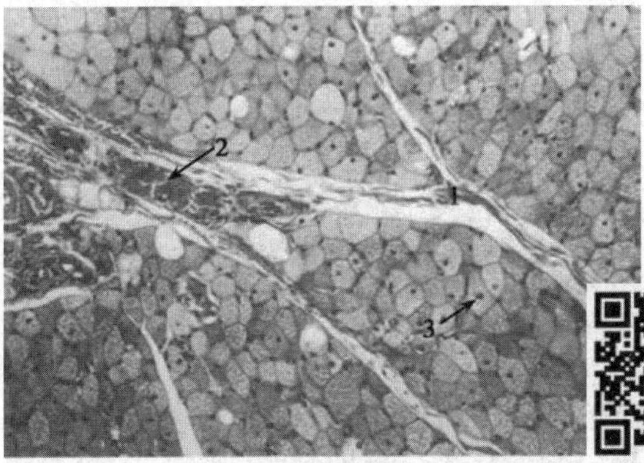

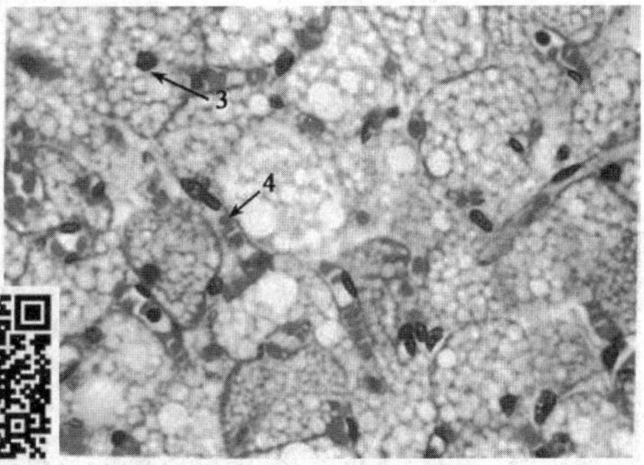

图 1-2-13 棕色脂肪组织低倍观察

图 1-2-14 棕色脂肪组织高倍观察

1.疏松结缔组织；2.血管；3.脂肪细胞核；4.毛细血管

（http://zupei.xjtu.edu.cn/jxzl_img.asp? pg=4&cataid=A0002)

(四)网状组织

网状组织是造血器官和淋巴器官的基本组织成分，由网状细胞、网状纤维和基质构成，网状细胞产生网状纤维。

实验案例：淋巴结切片(银染法)

低倍镜观察：粗细不等的黑色纤维交织成网，网眼里充满细胞(图 1-2-15)。

高倍镜观察：网状纤维分支交错，连接成网，成为网状细胞依附的支架，网眼里有许多染成黄棕色的细胞，其中网状细胞是有突起的星状细胞，相邻细胞的突起相互连接成网；胞核较大，圆形或卵圆形，着色浅，常可见 1～2 个核仁。淋巴细胞数量多，体积小，核内没有明显核仁。巨噬细胞体积较大，胞质内有不规则黑色颗粒。(图 1-2-16)

(五)无脊椎动物固有结缔组织(囊螺腹足切片，刀额新对虾咀嚼囊切片，H·E 染色)

无脊椎动物结缔组织分化比较简单，一般没有明显的网状组织、脂肪组织的分化，固有结缔组织常为泡沫状，称泡状结缔组织(图 1-2-17)。高倍镜观察，无脊椎动物结缔组织也由细胞、纤维和基质构成,构造比较简单,纤维束较细(图 1-2-18)。

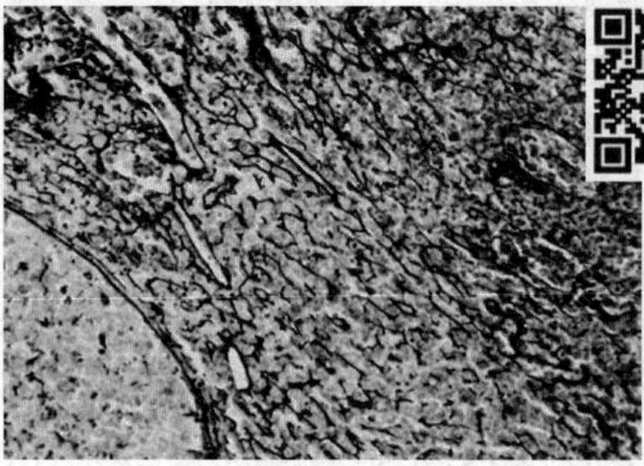

图 1-2-15 淋巴结切片低倍观察

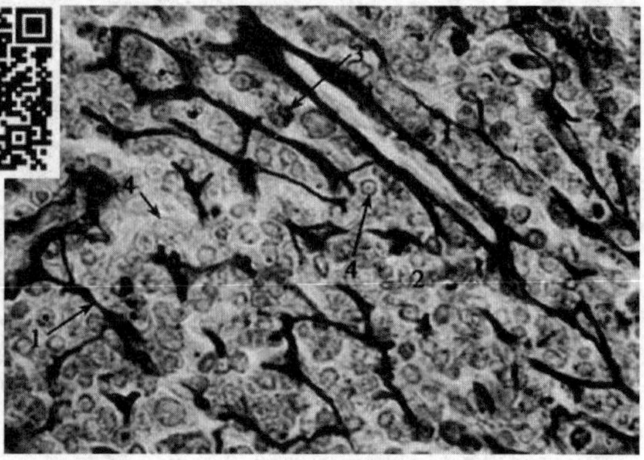

图 1-2-16 淋巴结切片高倍观察

1. 网状纤维;2. 淋巴细胞;3. 巨噬细胞;4. 网状细胞

图 1-2-17 囊螺固有结缔组织低倍观察

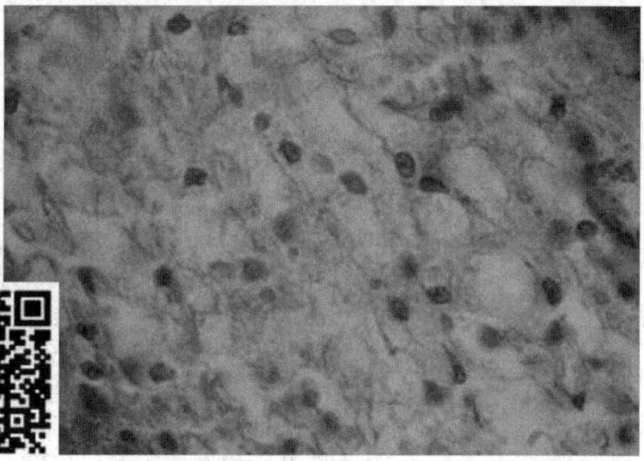

图 1-2-18 刀额新对虾固有结缔组织高倍观察

二、支持组织

支持组织包括软骨和骨两类,细胞间质坚韧、密度大,起着支持整个身体重量、和肌组织一起构成运动器官的作用。

软骨由软骨组织及其周围的软骨膜构成。软骨组织是固态的结缔组织,略有弹性,能承受压力,耐摩擦,有一定的支持和保护作用,由软骨细胞、基质及纤维构成。根据软骨组织所含纤维的不同,可将软骨分为透明软骨、纤维软骨和弹性软骨三种。

骨组织是坚硬而有一定韧性的结缔组织,由骨组织、骨膜及骨髓等构成。骨的内、外表面分别覆以骨内膜和骨外膜。骨外膜分为两层:外层较厚,为致密结缔组织,纤维粗大而密集,有的纤维横向穿入外环骨板,称穿通纤维或夏贝氏纤维,起固定骨膜和韧带的作用;内层较薄,结缔组织疏松,含骨原细胞、成骨细胞及小血管和神经。在骨髓腔面、骨小梁的表面、中央管及穿通管的内表面均衬有薄层结缔组织,即骨内膜。骨内膜的纤维细而少,骨原细胞常排列成一层,颇似单层扁平上皮,能分裂分化为成骨细胞。

实验案例：

1. 透明软骨(气管切片,H·E染色)

低倍镜观察(图1-2-19)：透明软骨两侧各有一条染成红色的薄层结缔组织,为软骨膜,有时可见软骨膜内有脂肪组织分布。软骨中央的基质染成浅蓝紫色,其中散布着许多软骨细胞。

高倍镜观察(图1-2-20)：软骨膜由致密结缔组织构成,嗜酸性的胶原纤维束平行排列,束间夹有扁平梭形的成纤维细胞。软骨膜分内、外两层,外层称纤维层,纤维多,细胞少,主要起保护作用;内层称生发层,纤维少,细胞较多,其中有些梭形小细胞,可增殖分化为软骨细胞。

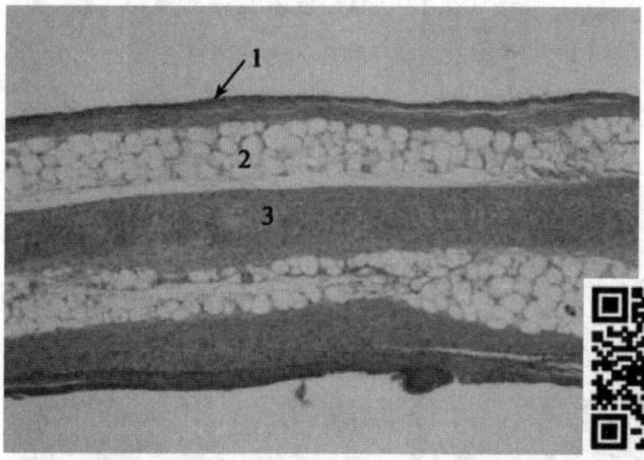

图1-2-19　透明软骨低倍观察

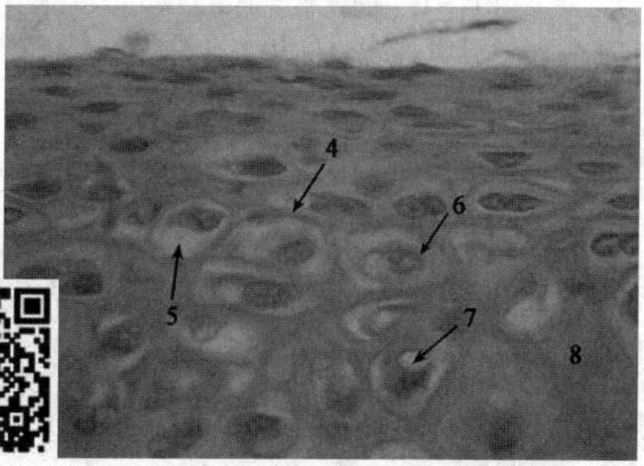

图1-2-20　透明软骨高倍观察

1.软骨膜;2.脂肪组织;3.软骨组织;4.软骨囊;5.软骨陷窝;6.软骨细胞;7.脂滴;8.软骨基质

软骨细胞位于软骨陷窝内,软骨陷窝周围的基质中含有较多硫酸软骨素而呈强嗜碱性,称软骨囊。软骨组织边缘幼稚的软骨细胞小,呈扁平形或椭圆形,单个分布,软骨陷窝不明显。越靠近中央,软骨细胞越成熟,体积逐渐变大,变成卵圆形或圆形,成群分布,在一个陷窝内常可见到2～4个软骨细胞,它们是由一个细胞分裂增殖而成,称同族细胞群。软骨细胞核呈椭圆形,胞质弱嗜碱性,经常含有脂滴等内含物。生活状态下软骨细胞充满软骨陷窝,制片后因胞质收缩,软骨细胞与陷窝壁之间出现空隙。

软骨基质呈均质凝胶状,嗜酸性或弱嗜碱性。软骨基质中无胶原纤维,但有一些由Ⅱ型胶原组成的胶原原纤维交织分布。胶原原纤维较细小,无明显横纹,其折光率与基质相近,故在光镜下不易分辨。

2. 弹性软骨(耳廓切片,Verhoeff氏染色)

低倍镜观察(图1-2-21)：同透明软骨,弹性软骨两侧也有软骨膜,但是整个组织染色较深,基质中有网状分布的纤维。

高倍镜观察(图1-2-22)：弹性软骨基质中含有大量染成棕色的弹性纤维,软骨边缘的弹性纤维稀疏,深部的粗大而致密,交织成网。单个弹性软骨细胞较大,同族细胞群中软骨细胞的数目较少,常可见双核的软骨细胞存在。软骨膜及软骨细胞的结构,基本同透明软骨。

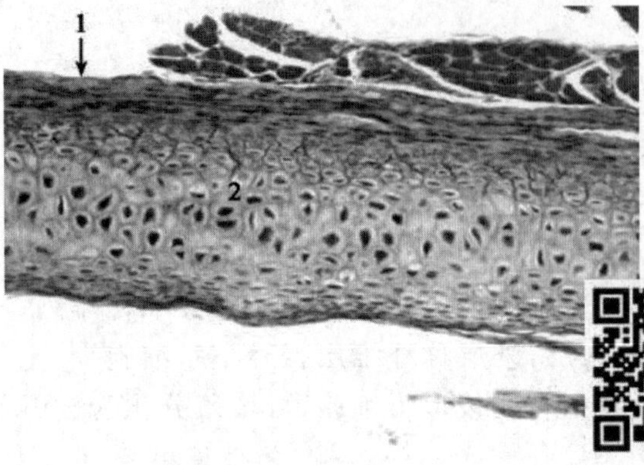

图 1-2-21　弹性软骨低倍观察

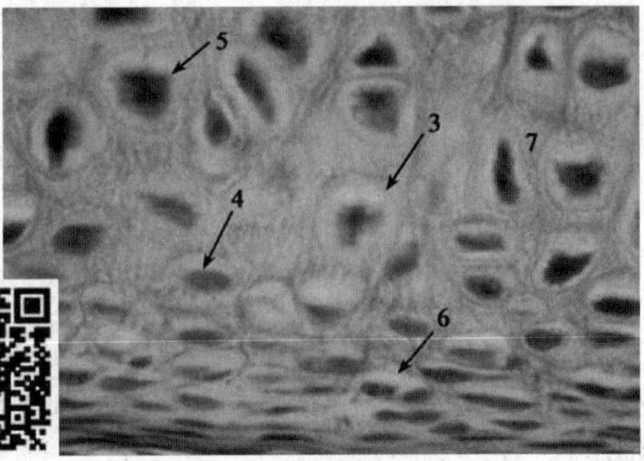

图 1-2-22　弹性软骨高倍观察

1. 软骨膜；2. 软骨组织；3. 软骨囊；4. 软骨陷窝；5. 双核软骨细胞；6. 同族细胞群；7. 软骨基质

3. 纤维软骨（椎间盘切片，H·E 染色）

低倍镜观察（图 1-2-23）：纤维软骨没有软骨膜，结构与致密结缔组织类似。

高倍镜观察（图 1-2-24）：纤维软骨基质较少，胶原纤维含量丰富，平行或交叉排列，浅红色。纤维束之间有较小的单个存在、成行排列的软骨细胞，软骨细胞周围软骨基质染成淡蓝色，软骨囊不明显。

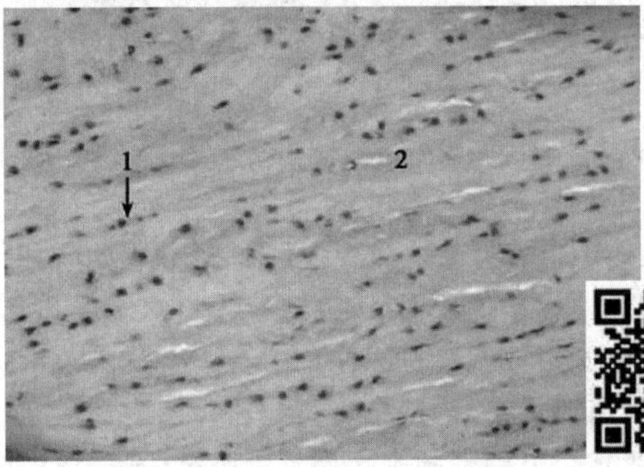

图 1-2-23　纤维软骨低倍观察

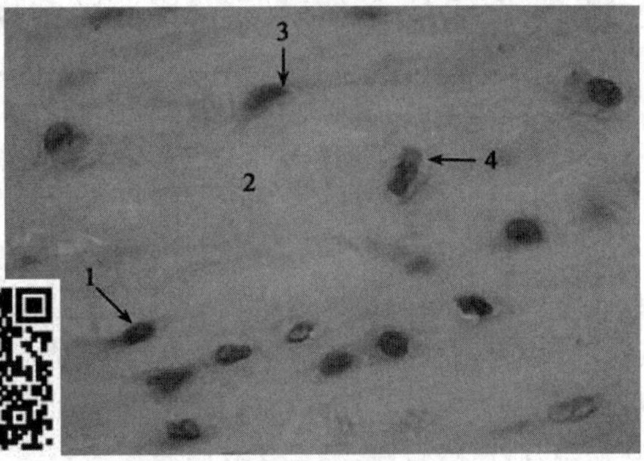

图 1-2-24　纤维软骨高倍观察

1. 软骨细胞；2. 胶原纤维束；3. 软骨囊；4. 软骨陷窝

4. 密质骨

密质骨内的骨板排列很有规律，有环骨板、骨单位和间骨板之分。

环骨板：围绕长骨骨干外侧面和骨髓腔内侧面作环行排列，分别称为外环骨板及内环骨板。内、外环骨板均有横向穿越的小管与纵行排列的骨单位中央管相通连，统称穿通管或伏克曼氏管，是小血管、神经及骨膜成分的通道，并含有组织液。

骨单位：又称哈佛氏系统，是长骨干起支持作用的主要结构单位，位于内、外环骨板之间，数量较多，呈筒状，由同心圆排列的骨板（哈佛氏骨板）围成。骨板之间或骨板内部有骨细胞位于骨陷窝内，骨细胞的突起经骨小管穿越骨板相互连接。骨单位的中轴有一中央管，或称哈佛氏管，内含骨膜组织、毛细血管和神经。骨单位最内层的骨小管均开口于中央管，使每一骨单位内的骨细胞均能通过相互通连的骨小管获得营养。但各骨单位之间有一层含骨盐多而胶原纤维少或缺如的骨基质，称黏合线。骨单位周边部的骨小管都在黏合线处内折，不与相邻骨单位表面的骨小管通连。

间骨板：是填充在骨单位之间的一些不规则的平行骨板，它们是原有的骨单位或内外环骨板改建过程中未被吸收的残留部分，其中除骨陷窝及骨小管外，无其他管道（图 1-2-25）。

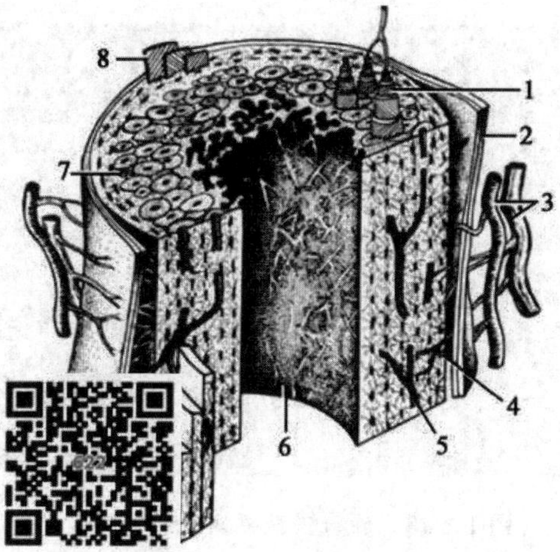

图 1-2-25　长骨骨干模式图

1. 同心骨板；2. 骨外膜；3. 血管；4. 穿通管；5. 中央管；6. 骨髓腔；7. 间骨板；8. 外环骨板

（http://jwjxcg.gsau.edu.cn/dwyxy/dwjpx/kzkt_view.asp?id=192）

（1）硬骨横磨片

肉眼观察：骨磨片呈方形，淡黄色。

低倍镜观察（图 1-2-26）：哈佛氏系统中央的深色管腔称哈佛氏管，周围环形的骨板是哈佛氏骨板。在哈佛氏系统之间存在着一些形状不规则的骨板，彼此也互相平行排列，但不呈同心圆，即间骨板。在骨板之间、内部有许多深染的小窝即骨陷窝，其周围伸出的细管为骨小管。骨陷窝和骨小管是骨细胞及其突起存在的腔隙。另外还有少数呈横行或斜行的管道，与内外环骨板、哈佛氏管相通，为伏克曼氏管。

高倍镜观察（图 1-2-27）：骨陷窝为蚂蚁形的空腔，为生活时骨细胞在骨板中所占的腔隙。骨陷窝发出许多微细突出的骨小管，骨陷窝借骨小管彼此相通。骨单位之间可见到浅色的分界线即黏合线。骨单位周边的骨小管都在黏合线处向内折返，不与相邻骨单位表面的骨小管通连。

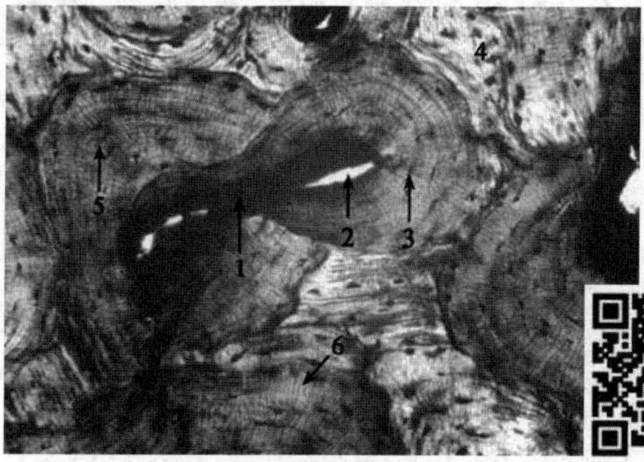

图 1-2-26　硬骨横磨低倍观察

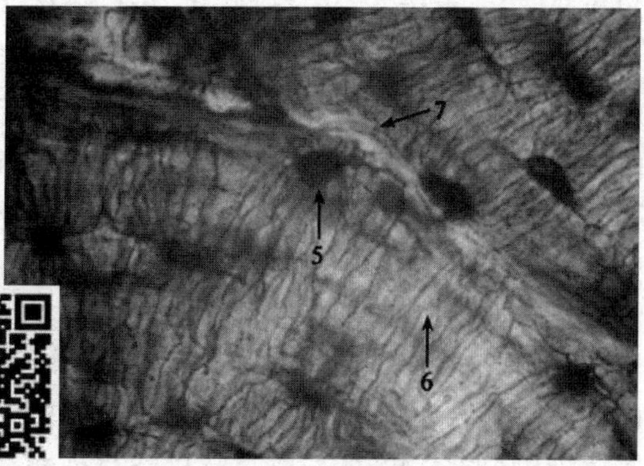

图 1-2-27　硬骨横磨高倍观察

1. 伏克曼氏管；2. 中央管；3. 哈佛氏骨板；4. 间骨板；5. 骨陷窝（骨细胞）；6. 骨小管；7. 黏合线

（2）硬骨去灰横切：结构基本同骨磨片，但骨板间的界限更不清楚（图 1-2-28，图 1-2-29）。

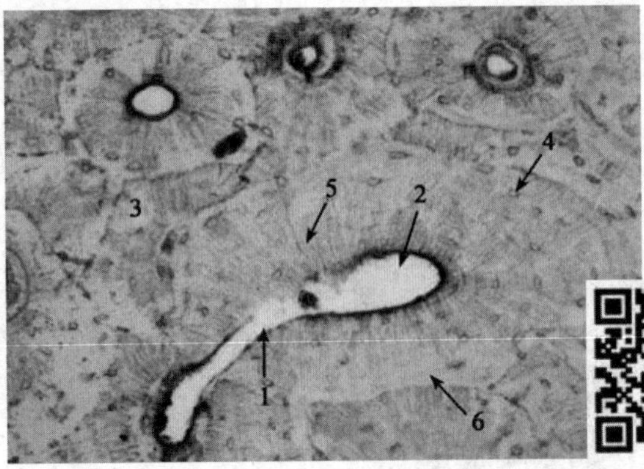

图 1-2-28　硬骨去灰横切低倍观察

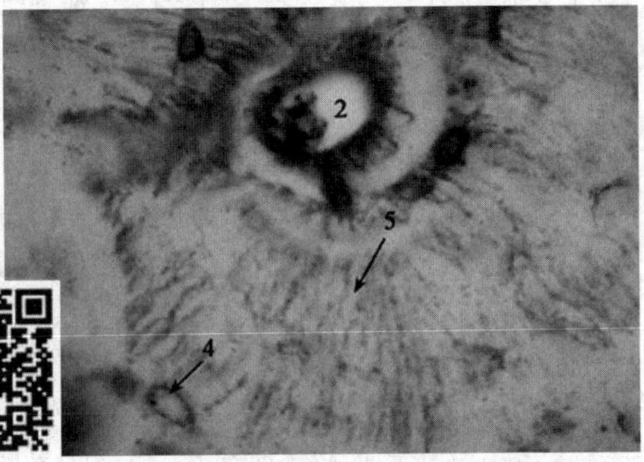

图 1-2-29　硬骨去灰横切高倍观察

1.伏克曼氏管;2.中央管;3.间骨板;4.骨陷窝(骨细胞);5.骨小管;6.黏合线

三、血液

血液由血浆和血细胞组成。血细胞约占血液容积的45%,包括红细胞、白细胞和血小板。白细胞又有嗜酸性粒细胞、嗜碱性粒细胞、中性粒细胞、单核细胞和淋巴细胞五种类型。在正常生理情况下,血细胞和血小板有一定的形态结构,并有相对稳定的数量。不同的脊椎动物白细胞类型与形态结构基本相似,但红细胞和血小板各有特点。

实验案例:

1.人血涂片观察(Giemsa 染色)

(1)红细胞:红细胞无核,呈双凹圆盘状,中央较薄,周缘较厚,故在血涂片标本中中央染色较浅、周缘较深。(图 1-2-30 至图 1-2-32)

(2)中性粒细胞:中性粒细胞为白细胞中数量最多的一种,呈球形;中性粒细胞核染色质呈团块状,形态多样,有的呈腊肠状,称杆状核;有的呈分叶状,叶间有细丝相连,称分叶核。中性粒细胞的胞质染成粉红色,含有许多细小的淡紫色及淡红色颗粒,颗粒可分为嗜天青颗粒和特殊颗粒两种。嗜天青颗粒较少,呈紫色,光镜下着色略深,体积较大,是一种溶酶体,能消化分解吞噬的异物。特殊颗粒数量多,淡红色,颗粒较小,呈哑铃形或椭圆形,内含碱性磷酸酶、吞噬素、溶菌酶等,具有溶解细菌表面的糖蛋白和杀菌作用。(图 1-2-30 至图 1-2-32)

(3)嗜酸性粒细胞:嗜酸性粒细胞为球形,核常分成两叶,胞质内充满粗大、均匀、略带折光性的嗜酸性颗粒,染成橘红色,是一种溶酶体。(图 1-2-30 至图 1-2-32)

(4)嗜碱性粒细胞:嗜碱性粒细胞呈球形,胞核分叶或呈S形或不规则形,着色较浅。胞质内含有嗜碱性颗粒,大小不等,分布不均,染成蓝紫色,可覆盖在核上。颗粒具有异染性,甲苯胺蓝染色呈紫红色,颗粒释放物可参与过敏反应。(图 1-2-30,图 1-2-32)

(5)单核细胞:单核细胞为白细胞中体积最大的细胞,呈圆形或椭圆形。胞核形态多样,卵圆形、肾形、马蹄形或不规则形。核常偏位,染色质颗粒细而松散,故着色较浅。胞质较多,呈弱嗜碱性,含有许多细小的嗜天青颗粒,使胞质染成深浅不均的灰蓝色。(图 1-2-30,图 1-2-31)

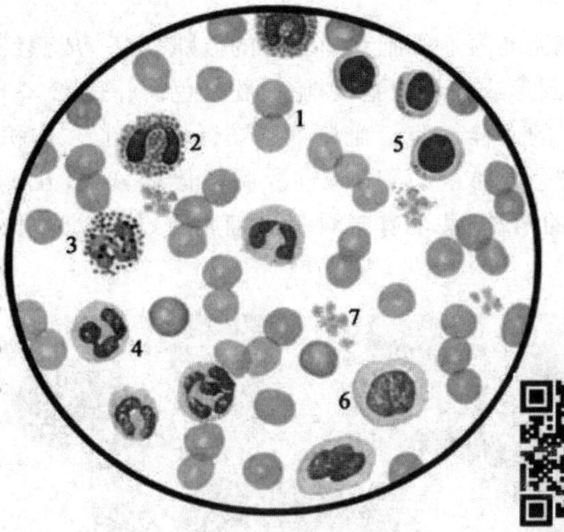

图 1-2-30　人血细胞模式图

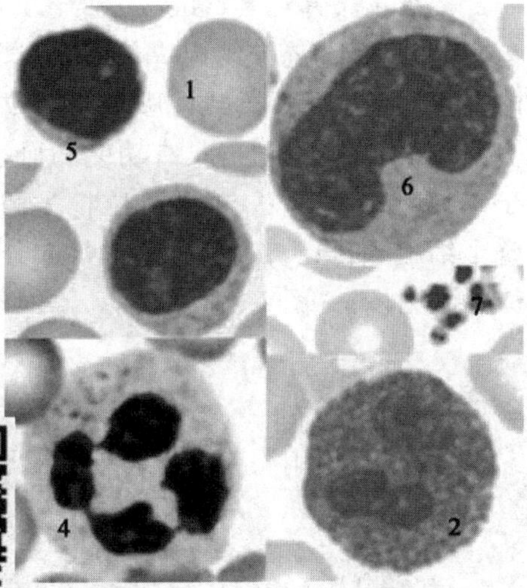

图 1-2-31　人血涂片高倍观察

1. 红细胞；2. 嗜酸性粒细胞；3. 嗜碱性粒细胞；4. 中性粒细胞；5. 淋巴细胞；6. 单核细胞；7. 血小板

（http：//gzy. hainmc. edu. cn/jingpin/zupei/jinrukecheng/tuku/tuku. htm）

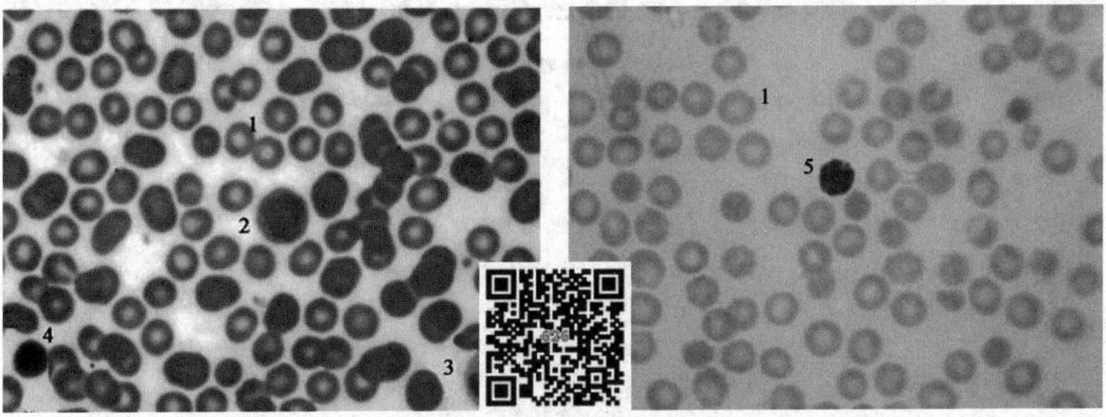

图 1-2-32　人血涂片高倍观察

1. 红细胞；2. 嗜酸性粒细胞；3. 中性粒细胞；4. 淋巴细胞；5. 嗜碱性粒细胞

（6）淋巴细胞：淋巴细胞圆形或椭圆形，大小不等。直径 6～8 μm 的为小淋巴细胞，9～12 μm 的为中淋巴细胞，13～20 μm 的为大淋巴细胞。小淋巴细胞数量最多，细胞核圆形，一侧常有小凹陷，核占细胞的大部，染色质致密呈块状，着色深；胞质很少，在核周呈一窄缘，嗜碱性，染成蓝色，含少量嗜天青颗粒。中淋巴细胞和大淋巴细胞的核椭圆形，染色质较疏松，故着色较浅，胞质较多，胞质内也可见少量嗜天青颗粒。淋巴细胞主要参与机体的免疫作用。（图 1-2-30 至图 1-2-32）

（7）血小板：血小板是人体凝血细胞，体积小，无细胞核，生活状态呈双面微凸的圆盘状。血涂片观察，血小板常呈多角形，聚集成群。细胞质浅蓝色，中央部有紫色的颗粒，周围部透明。（图 1-2-30，图 1-2-31）

2. 鲤鱼血涂片观察(Giemsa 染色)

鲤鱼白细胞形态及结构基本同哺乳类,但红细胞与凝血细胞和哺乳类的差别较大。成熟红细胞体积基本相等,椭圆形或梭形,细胞中央具一椭圆形或梭形细胞核,胞质粉红色。(图 1-2-33)

鱼类没有血小板,但具有功能和血小板相似的血栓细胞。血栓细胞纺锤形或圆形,体积略大于红细胞的细胞核。血栓细胞核为椭圆形,染色质浓密,强嗜碱性。胞核体积较大,几乎占据整个细胞,细胞质含量较少,常集中分布在核的两端,甚至有时看不出细胞质,使得细胞像个裸露的细胞核。(图 1-2-33)

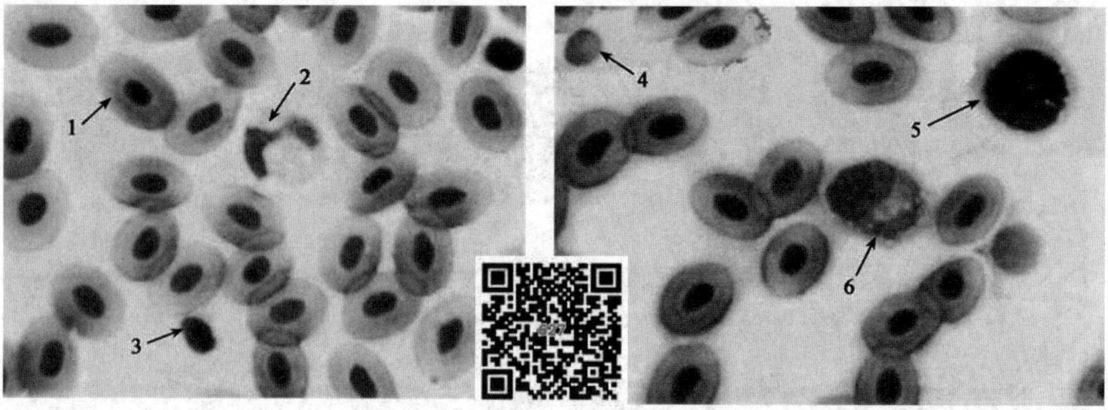

图 1-2-33　鲤鱼血涂片高倍观察

1. 红细胞;2. 中性粒细胞;3. 血栓细胞;4. 淋巴细胞;5. 嗜碱性粒细胞;6. 单核细胞

思考题:

1. 结合结缔组织的结构特点,掌握结缔组织功能。
2. 三种软骨的结构有何不同?
3. 联系机能说明硬骨的结构特点。
4. 光镜下如何区别肥大细胞和巨噬细胞?
5. 区别人类和鱼类血细胞形态结构异同点。

绘图:

1. 透明软骨。
2. 硬骨横磨。
3. 脂肪组织。

第三节　肌　组　织

目的与要求:

1. 以骨骼肌为重点,掌握三种肌纤维的形态和结构特点,区分三种不同类型肌组织,在显微镜下能准确识别它们。

2. 了解肌组织与结缔组织的关系。

肌组织主要由肌细胞组成，肌细胞呈长纤维形，又称为肌纤维。肌纤维的细胞膜又称肌膜，细胞质又称肌浆，细胞核又称肌核。肌浆中有许多肌丝，它们是肌纤维舒缩功能的主要物质基础。根据结构和功能的特点，将肌组织分为三类：骨骼肌、心肌和平滑肌。

肌肉由肌纤维构成，每条肌纤维周围均有一薄层结缔组织，称为肌内膜。数条至数十条肌纤维集合成肌束，肌束外有较厚的结缔组织，称为肌束膜。许多肌束组成一块肌肉，其表面的结缔组织称肌外膜，即深筋膜。各结缔组织中均有丰富的血管，肌内膜中有毛细血管网包绕于肌纤维周围。（图 1-3-1，图 1-3-2）

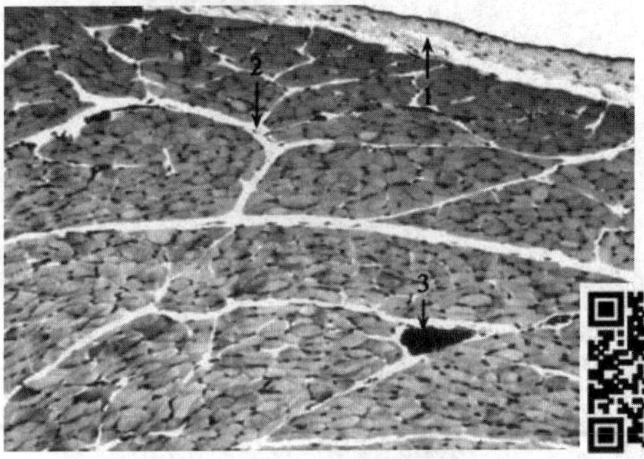

图 1-3-1　肌肉结构低倍观察

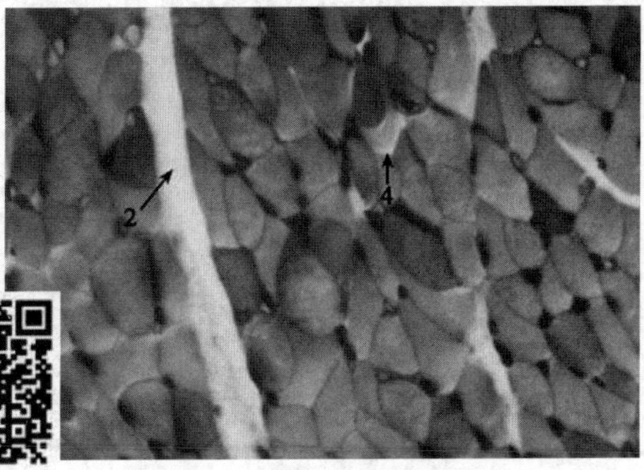

图 1-3-2　肌肉结构高倍观察

1. 肌外膜；2. 肌束膜；3. 血管；4. 肌内膜

一、骨骼肌

骨骼肌纤维呈长圆柱状，长约数毫米至数厘米，一般不分支。骨骼肌纤维是合胞体，在共同的细胞质中含有许多细胞核，位于肌纤维边缘、肌膜的下方。肌浆内含有丰富的沿细胞长轴互相平行排列的细丝状肌原纤维，长度相等的肌原纤维有规则地排列，构成肌原纤维的粗肌丝和细肌丝也很有规则地排列，因而产生肌原纤维纵切面的明暗相间、重复排列的横纹样式。由于各条肌原纤维的明暗横纹都相应地排列在同一平面上，因此肌纤维也呈现出规则的明暗交替的横纹。

肌原纤维呈细丝状，横切面观察呈点状（图 1-3-3），由许多肌节连续排列构成。肌节是肌肉收缩的最小单位，由粗肌丝和细肌丝沿着肌原纤维的长轴彼此平行有规则地排列而成，一类肌丝的两端和另一类肌丝的两端相互穿插重叠，因此肌节显示出有规律的明暗相间条纹。肌节两端各有一条染色深的线，称 Z 线或 Z 膜，是肌节两端的分界，是细肌丝的附着点。Z 线两侧光亮的区域称明带（I 带），由细肌丝组成。夹在两个 I 带之间较暗的区域称暗带（A 带）。A 带中间的明亮区域称 H 带，由粗肌丝组成。H 带中间的暗线称 M 线或 M 膜，是粗肌丝的附着点。一个肌节包括$\frac{1}{2}$I 带＋A 带＋$\frac{1}{2}$I 带。（图 1-3-3）

实验案例：

1. 骨骼肌纤维分离装片(铁矾苏木精染色)

低倍镜观察：分离的骨骼肌纤维呈长条状，不分支。找染色较好，分离较完整的细胞用高倍镜观察。

高倍镜观察：隐约可见细胞的横纹，细胞内有细胞核位于肌膜下方(图 1-3-4)。

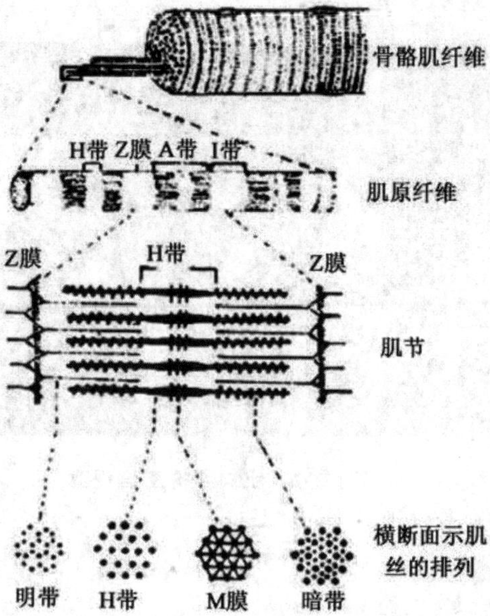

图 1-3-3 骨骼肌模式图(路易斯·金·奎拉，1982)

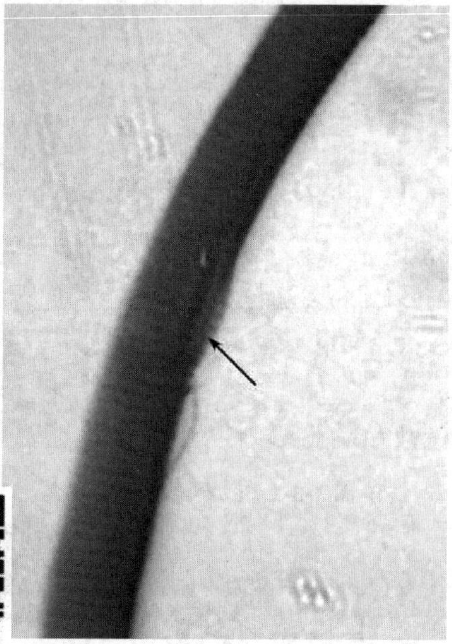

图 1-3-4 骨骼肌分离装片(箭头示肌核)

2. 骨骼肌纵横切(铁矾苏木精染色)

肉眼观察：切片上有两块呈蓝色的组织块，较长的一块是纵切面，较短的一块为横切面。

低倍镜观察(图 1-3-5，图 1-3-6)：纵切面可见许多平行排列的圆柱状肌纤维，肌纤维具有明暗相间的横纹，边缘有很多细胞核。

横切面可见肌纤维集聚成束，被切成许多圆形或多边形断面。无论纵切面还是横切面，肌纤维周围都有疏松结缔组织包裹，结缔组织内含丰富的血管。

高倍镜观察(图 1-3-7，图 1-3-8)：纵切面上，沿一条肌纤维观察，可见肌膜下分布着许多椭圆形具有明显核仁的细胞核。肌纤维内含有沿细胞长轴平行排列的肌原纤维，很多肌原纤维上的明带和暗带相间排列，形成了横纹。

骨骼肌纤维横切面呈大小不一的团块状，有少量圆形细胞核位于细胞周边。肌浆内肌原纤维被切成点状或短杆状，有的均匀分布，有的被肌浆分割成一个个小区，称孔亥氏区。在每条肌纤维周边有染色较淡的疏松结缔组织构成的肌内膜。许多肌纤维组成肌束，被肌束膜包裹。

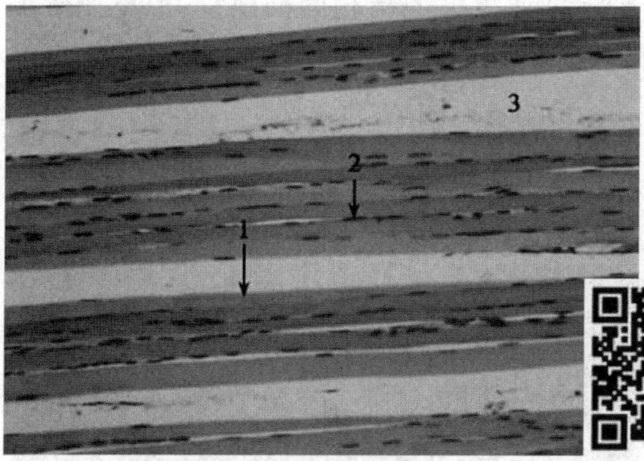

图 1-3-5　骨骼肌纵切低倍观察

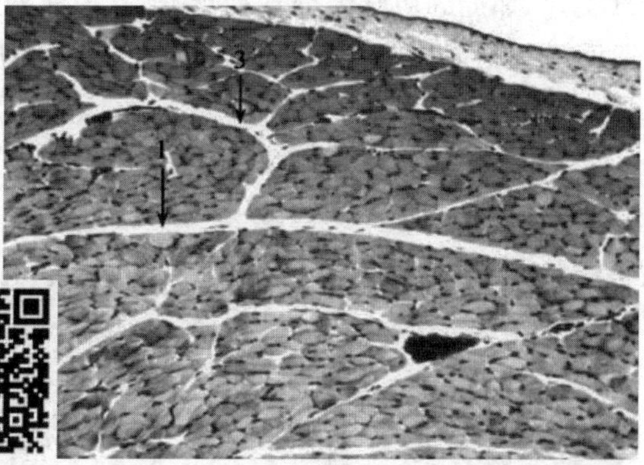

图 1-3-6　骨骼肌横切低倍观察

1.骨骼肌纤维；2.肌核；3.肌束膜

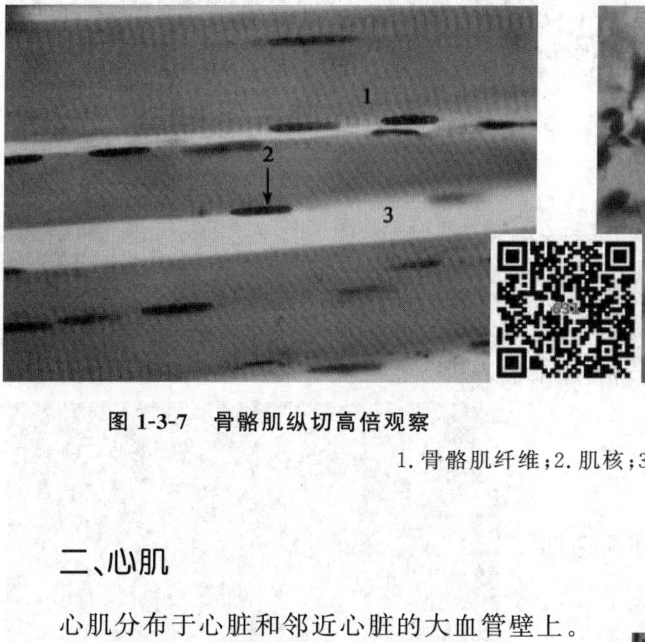

图 1-3-7　骨骼肌纵切高倍观察

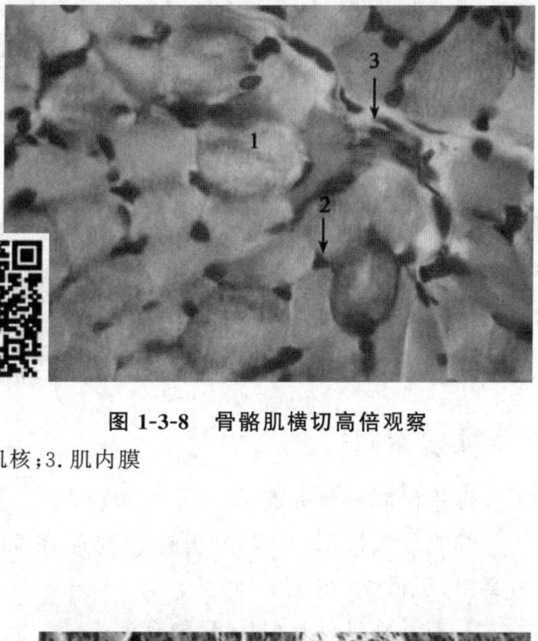

图 1-3-8　骨骼肌横切高倍观察

1.骨骼肌纤维；2.肌核；3.肌内膜

二、心肌

心肌分布于心脏和邻近心脏的大血管壁上。心肌也是横纹肌，但横纹不如骨骼肌明显。心肌收缩具有自动节律性，缓慢而持久，不易疲劳。

实验案例：心肌切片（铁矾苏木精染色）

低倍镜观察：由于心肌纤维呈螺旋状排列，故在切面中可同时观察到心肌纤维的纵切、斜切或横切面，心肌纤维之间由结缔组织相连并含有丰富的血管（图 1-3-9）。

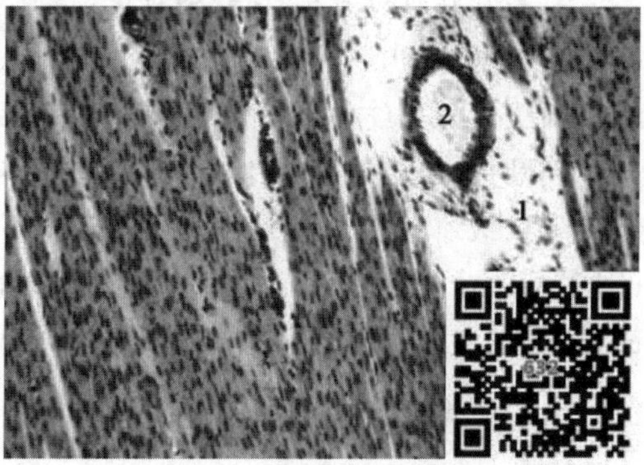

图 1-3-9　心肌切片低倍观察

1.结缔组织；2.血管

高倍镜观察：纵切的心肌纤维，细胞呈短柱状，胞核椭圆形，位于细胞中央。多数心肌纤维有分支，与邻近的肌纤维分支相吻合，互连成网。心肌纤维亦可见明暗相间的横纹，但不如骨骼肌明显。相邻心肌纤维的连接处称闰盘，为强嗜碱性呈阶梯状分布、垂直于心肌纤维长轴的明显横纹(图 1-3-10)。

心肌纤维横切面呈大小不等的圆形或椭圆形，有的切面可以看到一圆形胞核位于细胞中央(图 1-3-11)。

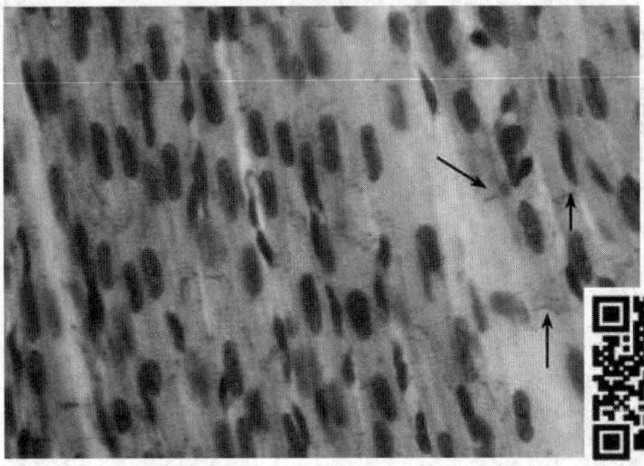

图 1-3-10　心肌纵切高倍观察(箭头示闰盘)

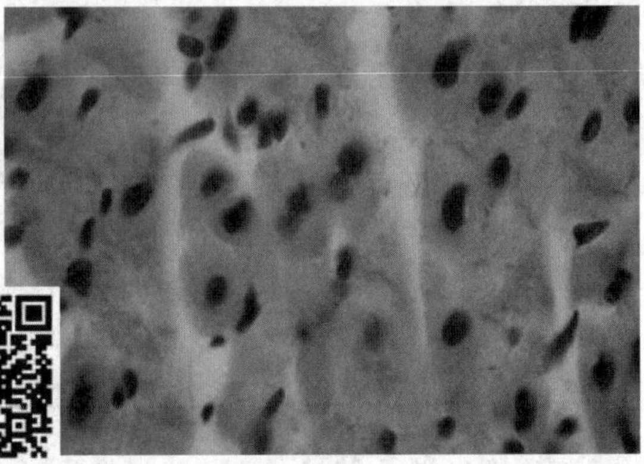

图 1-3-11　心肌横切高倍观察

三、平滑肌

平滑肌纤维呈长梭形，大小不一，无横纹，细胞中央具一长椭圆形或杆状细胞核，细胞收缩时核可扭曲呈螺旋形，核两端的肌浆较丰富。平滑肌广泛分布于血管壁和许多内脏器官，又称内脏肌。平滑肌纤维可单独存在，但绝大部分成束或成层分布。

实验案例：

1. 平滑肌纤维分离装片

细胞呈长梭形，中央由于有核的存在而向两边突出，无横纹(图 1-3-12)。

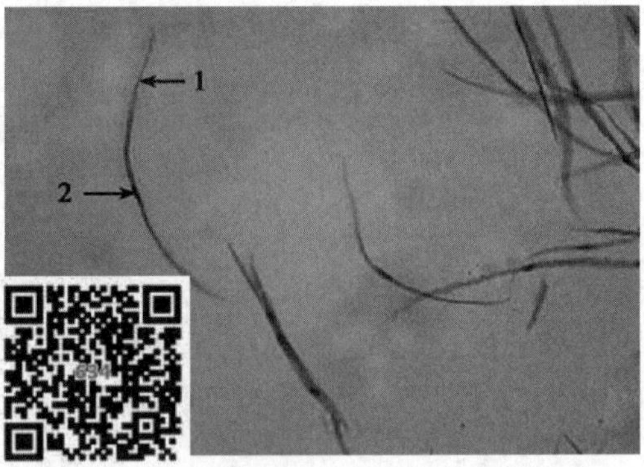

图 1-3-12　平滑肌纤维分离装片

1. 肌纤维；2. 肌核

2. 平滑肌纵横切(H・E 染色)

用低倍镜找到标本，换高倍镜观察，纵切的平滑肌纤维呈细长纺锤形，彼此嵌合紧密排列；胞核为长椭圆形，位于肌纤维中央，有的平滑肌收缩引起细胞核皱缩；胞质嗜酸性，呈均质状，不具横纹(图 1-3-13)。横切的肌纤维呈大小不等的圆形切面，较大的切面上可见到圆形的细胞核，偏离肌纤维中部的切面较小而无核(图 1-3-14)。

四、无脊椎动物肌组织

无脊椎动物一般只有平滑肌和骨骼肌，平滑肌基本同脊椎动物。骨骼肌纤维一般都比较细小，横纹不如哺乳动物骨骼肌纤维的明显(图 1-3-15，图 1-3-16)。

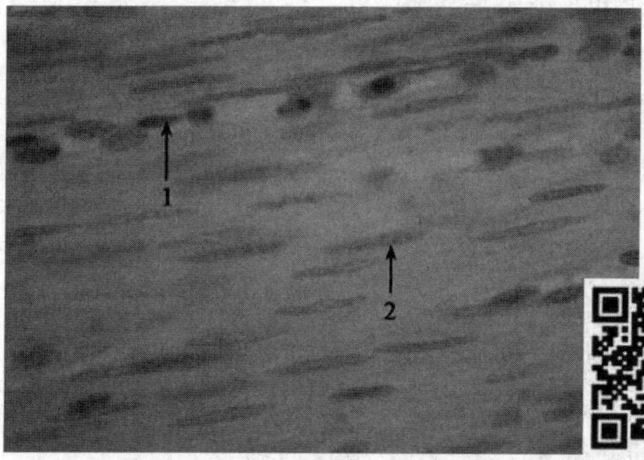

图 1-3-13　平滑肌纵切高倍观察

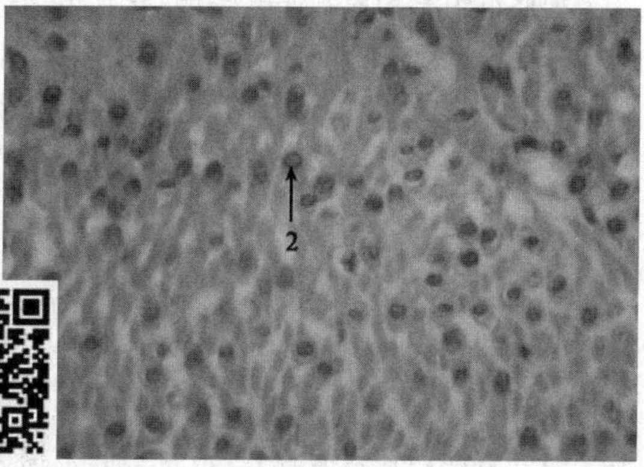

图 1-3-14　平滑肌横切高倍观察

1.结缔组织细胞核;2.肌核

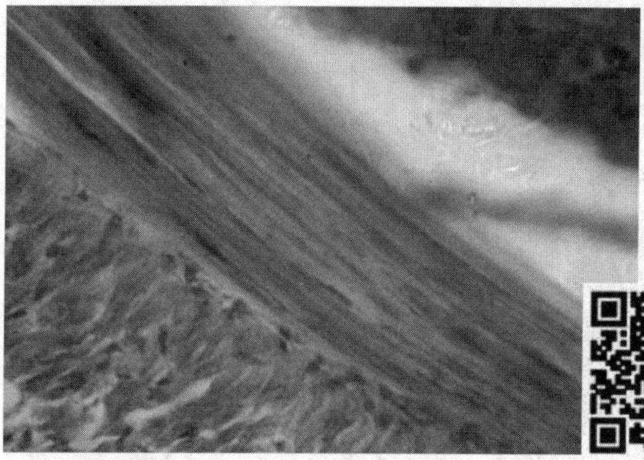

图 1-3-15　囊螺骨骼肌组织高倍观察

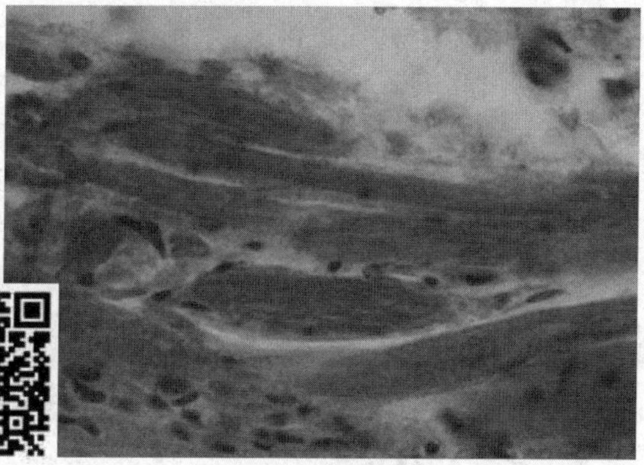

图 1-3-16　刀额新对虾骨骼肌组织高倍观察

思考题:

1.肌纤维如何聚合在一起行使其生理机能?

2.肌组织有什么结构特点?

绘图:

绘图说明平滑肌、骨骼肌、心肌的形态结构特点。

第四节　神经组织

目的与要求:

1.联系机能掌握神经元各部分的结构与功能。

2.掌握触觉小体、环层小体、运动终板的结构特点。

3.掌握有髓神经纤维和无髓神经纤维的结构。

4.了解神经胶质细胞光镜结构特点。

神经组织是构成神经系统的组织，由神经细胞和神经胶质细胞组成，它们都是有突起的细胞。神经细胞是神经系统的结构和功能单位，亦称神经元，具有接受刺激、传导冲动和整合信息的能力，有些神经元还有内分泌功能。神经胶质细胞的数量比神经元多，对神经元起支持、保护、绝缘、营养等作用。

一、神经元

神经元可分为胞体和突起两部分。胞体是细胞的营养中心，胞体中央有一个大而圆的细胞核，着色浅，核仁大而明显。胞体的细胞质称核周质，光镜下观察含有许多嗜碱性颗粒或小块，称尼氏体。胞体和突起的胞质中还含有神经原纤维，构成神经元的细胞骨架，参与物质运输。另外胞体内还含有色素，最常见的是棕黄色的脂褐素，并随年龄增长而增多。

突起有树突和轴突两种。树突多呈树状分支，接受刺激并将冲动传向胞体，树突胞质中有尼氏体；轴突呈细索状，末端常有分支，称轴突终末，轴突将冲动从胞体传向终末。轴突起始于轴丘，轴突和轴丘胞质中均无尼氏体。轴突表面的细胞膜称轴膜，内含的胞质称轴质。通常一个神经元有一个至多个树突，但轴突只有一条。（图 1-4-1）

根据突起的多少可将神经元分为三种类型：①多极神经元，有一个轴突和多个树突；②双极神经元，在神经元相对的两极分别有一个突起，一个是树突，另一个是轴突；③假单极神经元，从胞体发出一个突起，距胞体不远又呈 T 形分为两支，一支分布到外周的其他组织或器官，称周围突；另一支进入中枢神经系统，称中枢突（图 1-4-2）。

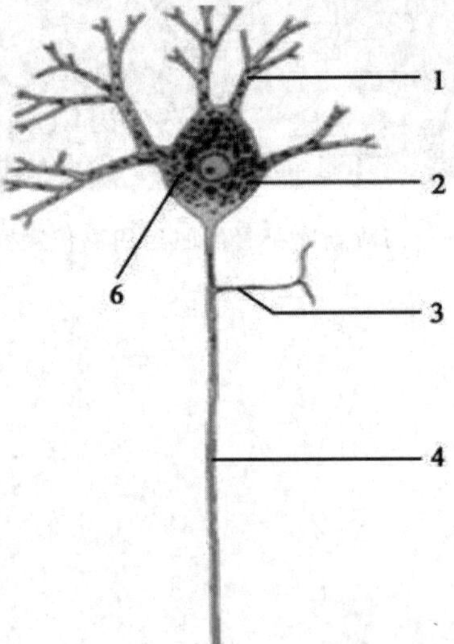

图 1-4-1　神经元模式图

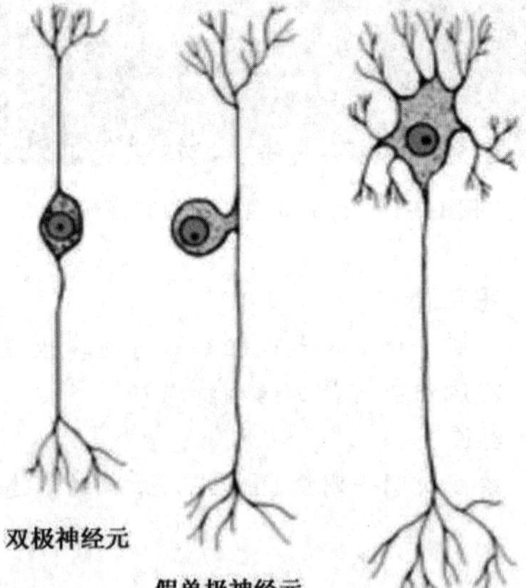

图 1-4-2　神经元主要形态类型

1. 树突；2. 尼氏体；3. 轴突侧支；4. 轴突；5. 轴突终末；6. 胞体

（http://gzy.hainmc.edu.cn/jingpin/zupei/jinrukecheng/tuku/tuku.htm）

实验案例：

1. 多极神经元(神经元分离装片，美蓝染色)

低倍镜观察(图 1-4-3)：可见多极神经元被染成蓝色，呈星状，由胞体和突起构成，大小不等，形态各异。在神经元的周围还可见到许多被切断的神经纤维和一些染成蓝点的神经胶质细胞的细胞核。选择一个大、突起多、胞核清晰的神经元换高倍镜观察。

高倍镜观察(图 1-4-4)：神经元胞体中央有一个大而圆、着色很淡的细胞核，核与核仁均很清晰。胞质中分布着许多深蓝色、大小不等的块状物即尼氏体。另外隐约可见胞体内还有许多细丝状的神经原纤维。

突起有树突和轴突两种，突起的数目与切面有关。突起的起始部较粗。含有尼氏体的是树突，数目较多。不含尼氏体的是轴突，起始部称轴丘。轴突只有一个，因切面关系不易呈现，需多观察几个神经元，方能见到。轴突和树突内均有神经原纤维伸入。

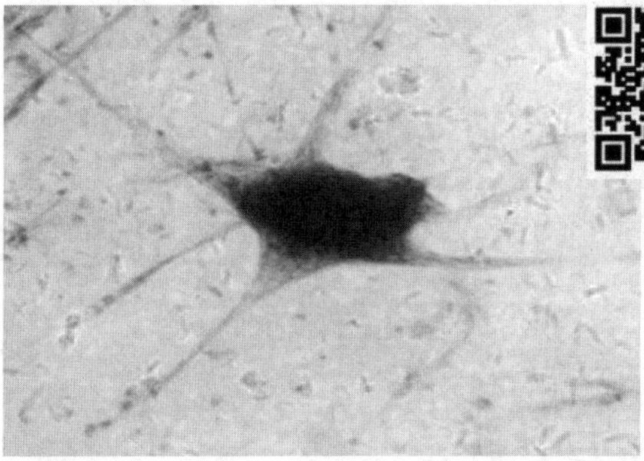

图 1-4-3　神经元分离装片低倍观察

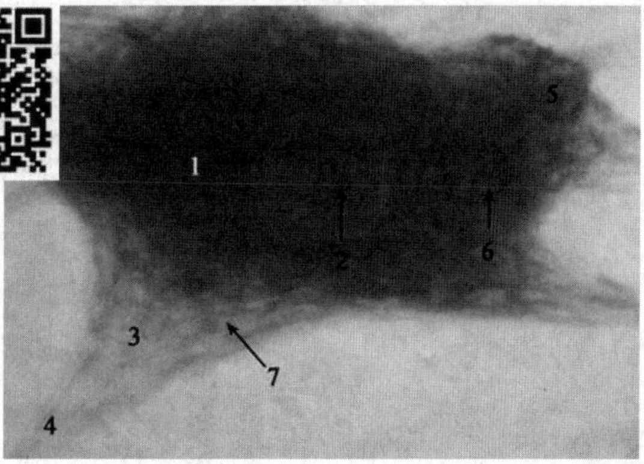

图 1-4-4　神经元分离装片高倍观察

1. 细胞核；2. 核仁；3. 轴丘；4. 轴突；5. 树突；6. 尼氏体；7. 神经原纤维

2. 假单极神经元(脊神经节切片，银染法)

低倍镜观察：脊神经节纵切面呈椭圆形，褐色，外表面有致密结缔组织被膜，并伸入节内分布于神经节细胞和神经纤维之间。节内的假单极神经元成群分布。(图 1-4-5)

高倍镜观察：神经节细胞的胞体切面多呈圆形，大小不等，胞质被染成淡棕色，胞核大而圆，空泡状。围绕胞体外周的一层扁平或立方形细胞即卫星细胞。胞体之间可见被染成近黑色的神经纤维和结缔组织纤维。(图 1-4-6)

二、神经胶质细胞

神经胶质细胞简称胶质细胞，广泛分布于中枢和周围神经系统，其数量比神经元的数量大得多，与神经元一样具有突起，但突起不分树突和轴突，亦没有传导神经冲动的功能。中枢神经系统胶质细胞包括星形胶质细胞、少突胶质细胞、小胶质细胞和室管膜细胞(图 1-4-7)。周围神经系统胶质细胞包括施万细胞(许旺氏细胞)和卫星细胞(被囊细胞)两种。

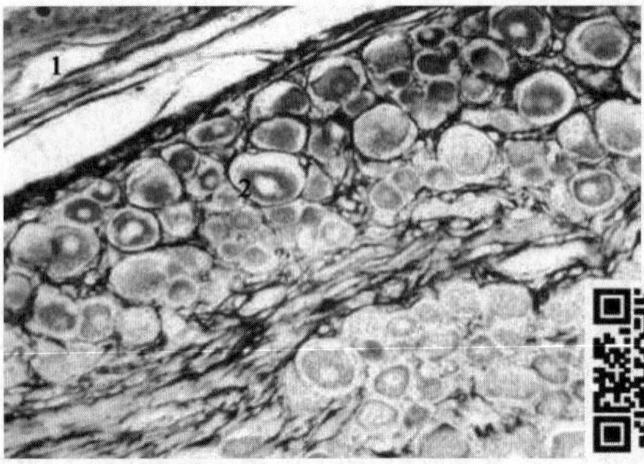

图 1-4-5　脊神经节切片低倍观察

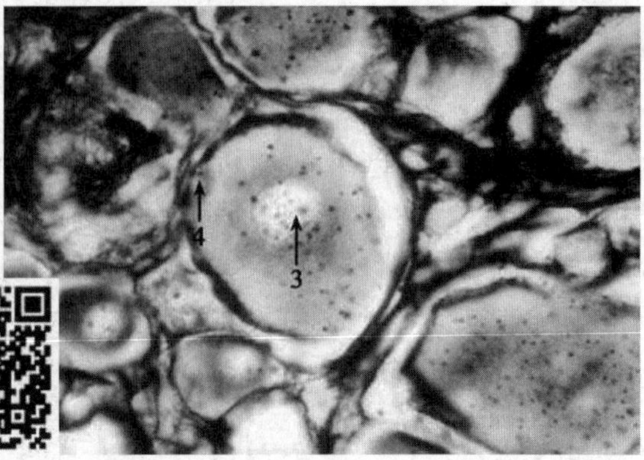

图 1-4-6　脊神经节切片高倍观察

1. 结缔组织被膜；2. 神经元胞体；3. 神经元胞核；4. 卫星细胞

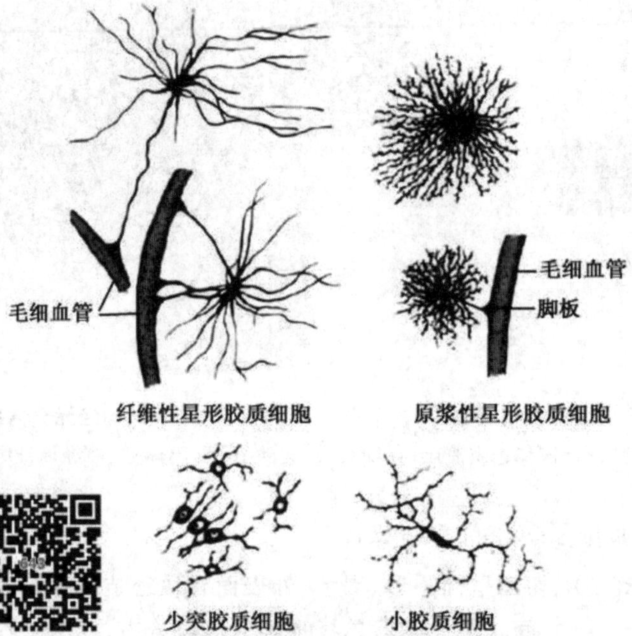

图 1-4-7　中枢神经系统的神经胶质细胞

（http://gzy.hainmc.edu.cn/jingpin/zupei/jinrukecheng/tuku/tuku.htm）

实验案例：(银染法)

1. 星形胶质细胞

星形胶质细胞是胶质细胞中体积最大的一种，与少突胶质细胞合称为大胶质细胞。细胞呈星形，核圆形或卵圆形，有纤维性星形胶质细胞和原浆性星形胶质细胞两种：纤维性星形胶质细胞多分布在白质，细胞的突起细长而直，分支较少(图 1-4-8)。原浆性星形胶质细胞多分布在灰质，细胞的突起较短粗，分支较多(图 1-4-9)。星形胶质细胞的突起伸展充填在神经元胞体及突起之间，有些突起末端附在毛细血管壁上形成脚板，或附着在脑和脊髓表面形成胶质界膜。

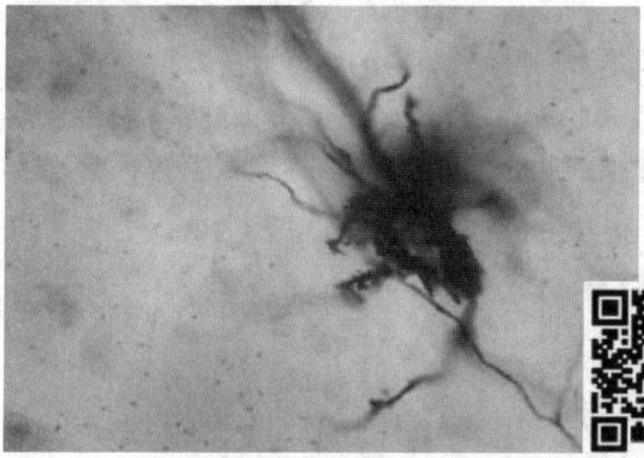

图 1-4-8　纤维性星形胶质细胞

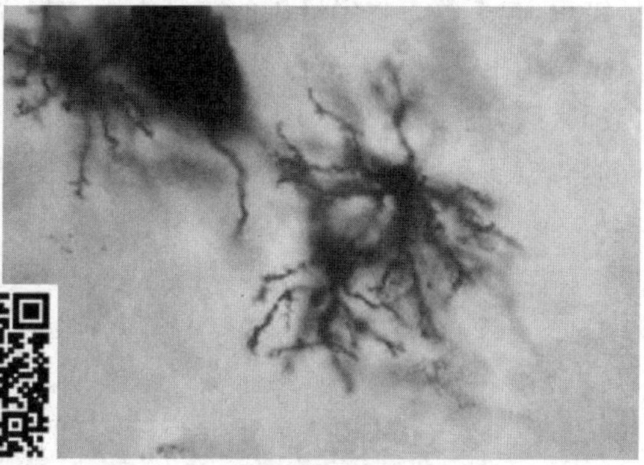

图 1-4-9　原浆性星形胶质细胞

2. 少突胶质细胞

银染标本中，少突胶质细胞突起较少，胞体较星形胶质细胞小(图 1-4-10)。少突胶质细胞分布在神经元胞体附近和神经纤维周围，突起末端扩展成扁平薄膜，包卷神经元的轴突形成髓鞘，是中枢神经系统的髓鞘形成细胞。

3. 小胶质细胞

小胶质细胞是胶质细胞中最小的一种。胞体细长或椭圆，核小，扁平或三角形，染色深。细胞的突起细长有分支，表面有许多小棘突(图 1-4-11)。小胶质细胞的数量少，来源于单核细胞，有吞噬功能。

图 1-4-10　少突胶质细胞(箭头指示)

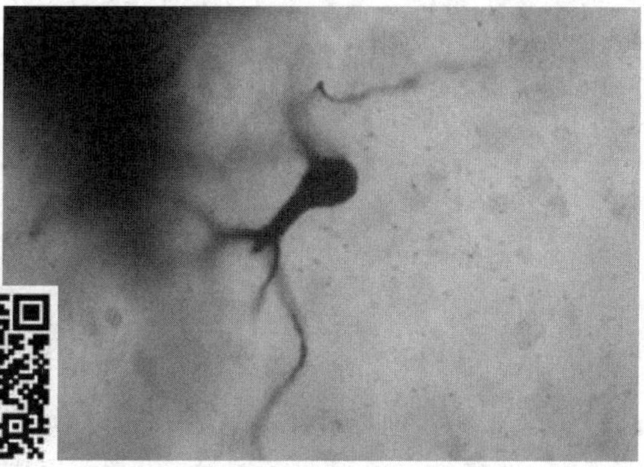

图 1-4-11　小胶质细胞

三、神经纤维和神经

神经纤维由胶质细胞包裹轴索(神经元的轴突或长的树突)构成。中枢神经纤维轴索包裹细胞是少突胶质细胞，周围神经纤维轴索包裹细胞是施万细胞。根据轴索包裹细胞是否形成髓鞘，神经纤维可分为有髓神经纤维和无髓神经纤维。

周围神经系统的神经纤维集合在一起，构成神经，分布到全身各器官和组织。包裹在神经外面的致密结缔组织称神经外膜。神经内的神经纤维，又被结缔组织分隔成粗细不等的神经纤维束，包裹每束神经纤维的结缔组织称神经束膜。神经纤维束内的每条神经纤维又有薄层疏松结缔组织包裹，称神经内膜。神经内的血管较丰富，神经外膜内的纵行血管发出分支进入神经束膜，进而在神经内膜形成毛细血管网。神经内膜亦含有淋巴管。(图 1-4-12)多数神经同时含有髓和无髓两种神经纤维，由于有髓神经纤维的髓鞘含髓磷脂，故神经在生活状态下通常呈白色。

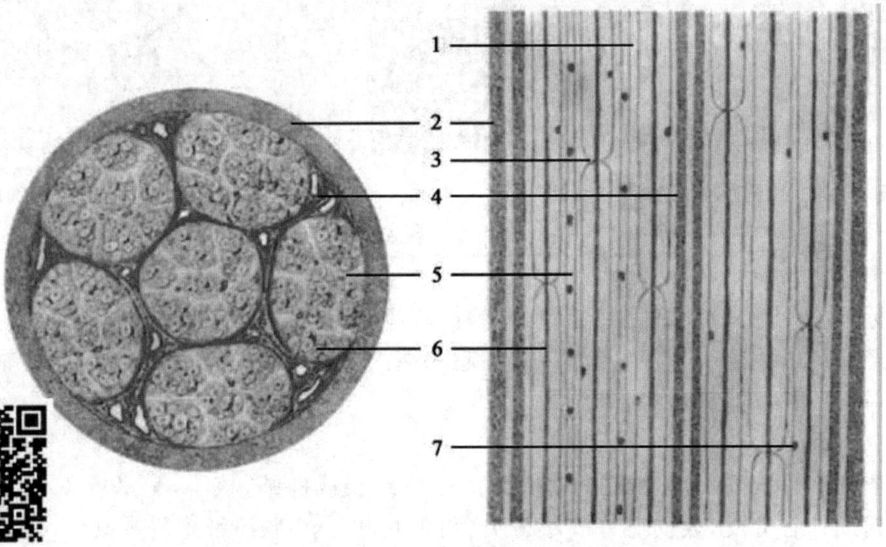

图 1-4-12　神经纵横切模式图(左横切，右纵切)

1.髓鞘；2.神经外膜；3.郎飞氏结；4.神经束膜；5.神经内膜；6.轴索；7.神经膜细胞核

(http://gzy.hainmc.edu.cn/jingpin/zupei/jinrukecheng/tuku/tuku.htm)

实验案例：

1.有髓神经纤维纵横切(银染法，H·E 染色)

肉眼观察：玻片上有两块标本，圆小的一个为横切面，长大的一个为纵切面。

低倍镜观察：H·E 染色横切面可见神经纤维被结缔组织分割成许多神经纤维束(图 1-4-13)；银染法横切面呈蜂巢状(图 1-4-14)。H·E 染色纵切面呈泡沫状(图 1-4-15)；银染法纵切面观察，许多神经纤维平行排列，沿着一条神经纤维，可见有染色较深的垂直短线，即郎飞氏结，为两个施万细胞的分界(图 1-4-16)。

高倍镜观察：横切面可以看到大小不等的近圆形切面，中央染色深的为轴索，周围较浅的区域为髓鞘(图 1-4-17，图 1-4-18)。纵切面观察，郎飞氏结处髓鞘向内收缩成环状，两侧较明亮。在神经纤维之间有染色较深的结缔组织细胞核(图 1-4-19，图 1-4-20)。H·E 染色纵切面髓鞘呈泡沫状，又称神经角演网，是由于髓鞘的类脂类物质在经过酒精等脂溶性药品过程时被溶解而形成。

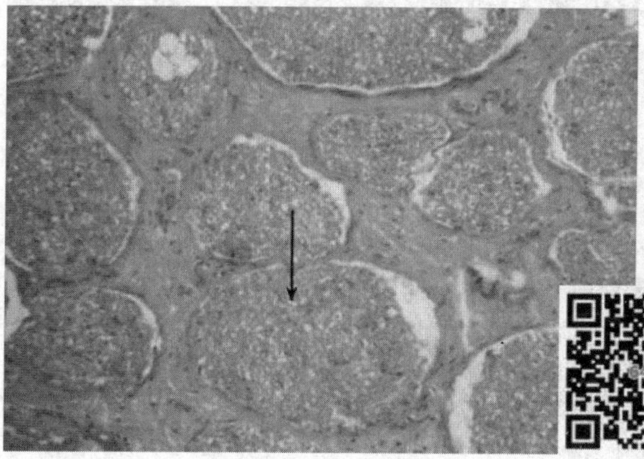

图 1-4-13　有髓神经纤维横切低倍观察(H·E 染色)

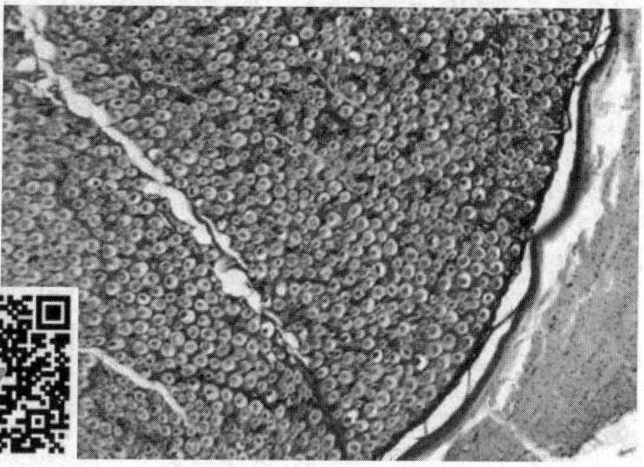

图 1-4-14　有髓神经纤维横切低倍观察(银染法)

箭头示神经纤维束

图 1-4-15　有髓神经纤维纵切低倍观察(H·E 染色)

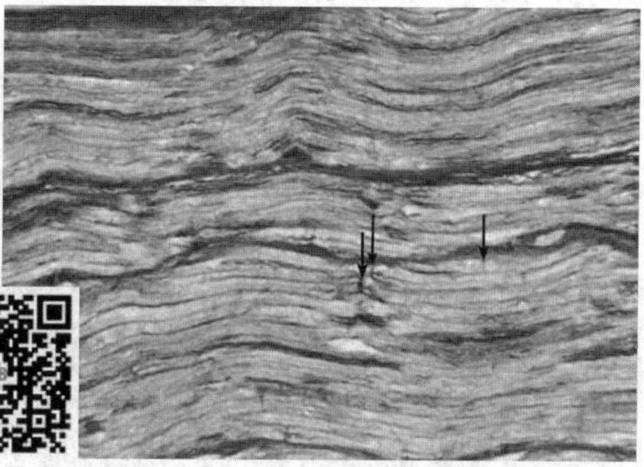

图 1-4-16　有髓神经纤维纵切低倍观察(银染法)

箭头示郎飞氏结

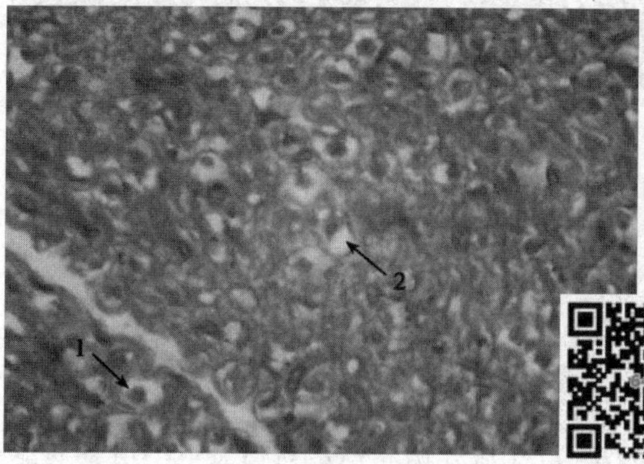

图 1-4-17　有髓神经纤维横切高倍观察(H·E 染色)

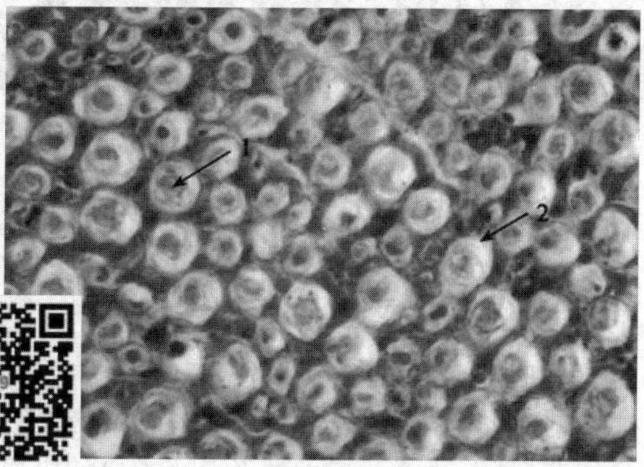

图 1-4-18　有髓神经纤维横切高倍观察(银染法)

1. 轴索；2. 髓鞘

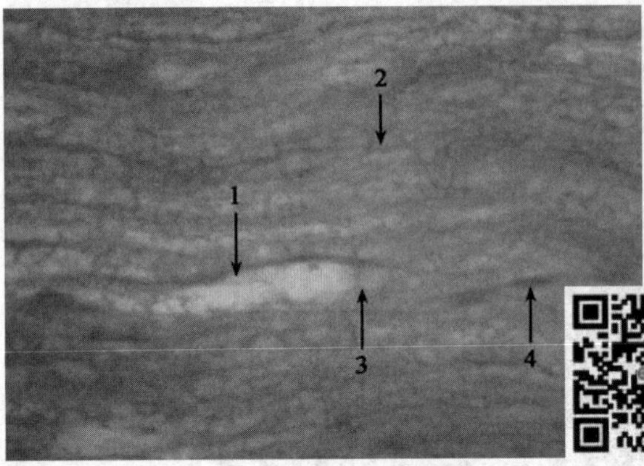

图 1-4-19　有髓神经纤维纵切高倍观察(H·E 染色)

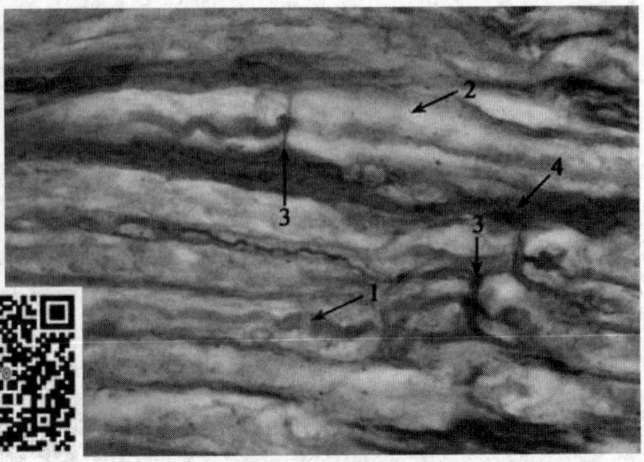

图 1-4-20　有髓神经纤维纵切高倍观察(银染法)

1.轴索;2.髓鞘;3.郎飞氏结;4.结缔组织细胞核

2.神经干纵横切(H·E 染色)

低倍镜观察:基本同有髓神经纤维纵横切。

高倍镜观察:神经干由无髓神经纤维和有髓神经纤维构成。无髓神经纤维直径较小,轴索较细,蓝紫色,外围神经膜结构被染成均匀的粉红色,无髓鞘和郎飞氏结。有髓神经纤维直径较大,中央蓝紫色轴索较粗,轴索外围髓鞘明显,空泡状或紫红色,髓鞘上有郎飞氏结分布。(图 1-4-21,图 1-4-22)

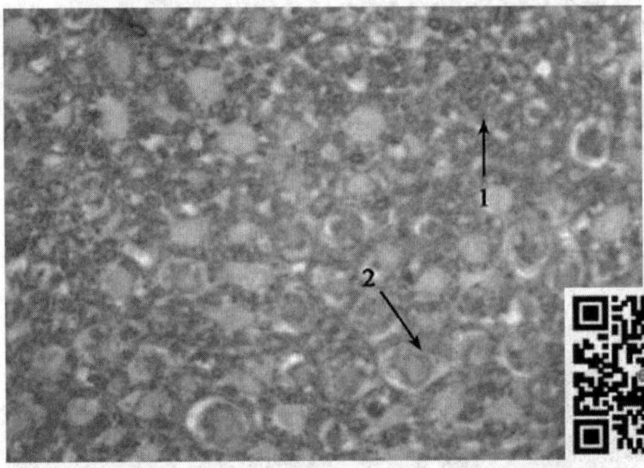

图 1-4-21　神经干横切高倍观察

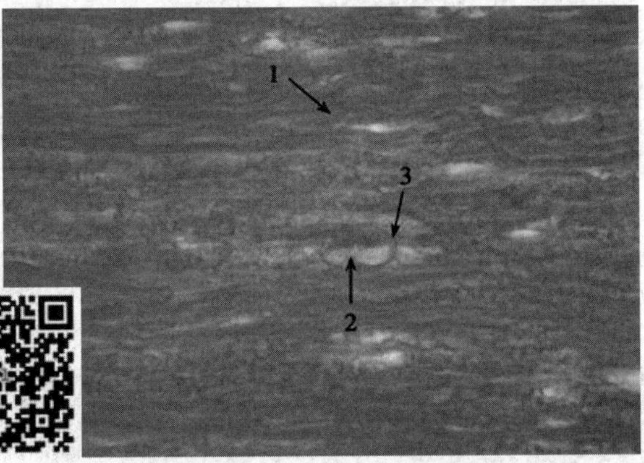

图 1-4-22　神经干纵切高倍观察

1.无髓神经纤维;2.有髓神经纤维;3.郎飞氏结

四、神经末梢

周围神经纤维的终末部分终止于全身各种组织或器官内,形成各式各样的神经末梢,按功能可分为感觉神经末梢和运动神经末梢两大类。

感觉神经末梢是感觉神经元周围突的终末部分,与其他结构共同组成感受器。感受器能接受内、外环境的各种刺激,并将刺激转化为神经冲动,传向中枢,产生感觉。感觉神经末梢有游离神经末梢、环层小体、触觉小体、肌梭等。

运动神经末梢是运动神经元的长轴突分布于肌组织和腺体的终末结构，支配肌纤维的收缩和腺体的分泌活动。运动神经末梢与邻近组织共同组成效应器。运动神经末梢分为躯体运动神经末梢（运动终板）和内脏运动神经末梢两种（图 1-4-23）。

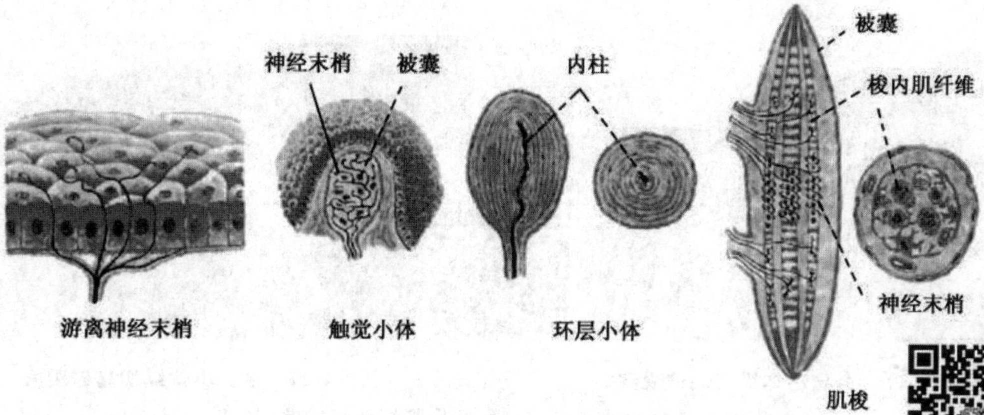

图 1-4-23　常见神经末梢模式图

实验案例：

1. 环层小体（H·E 染色）

环层小体又称潘申尼小体，感受压力和震动，是种体积较大的被囊神经末梢，卵圆形或球形，在低倍镜下即清晰可见。横切面观察，小体中央有一均质状无髓神经纤维终末部分，称内柱或内棍，内柱外围包着由十多层同心圆排列的扁平结缔组织细胞被囊（图 1-4-24）。小体纵切面没切到正中央的部分，切面观察为多层细胞围成的椭圆形结构；而切到正中央的部分，小体中间还有一根较直的实心线状结构，即内柱（图 1-4-25）。

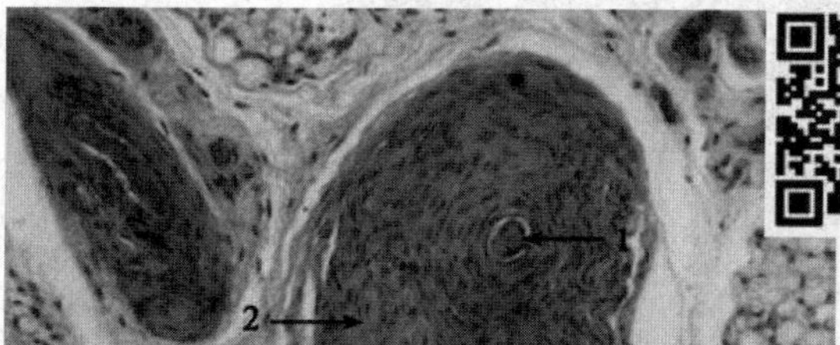

图 1-4-24　环层小体横切低倍观察

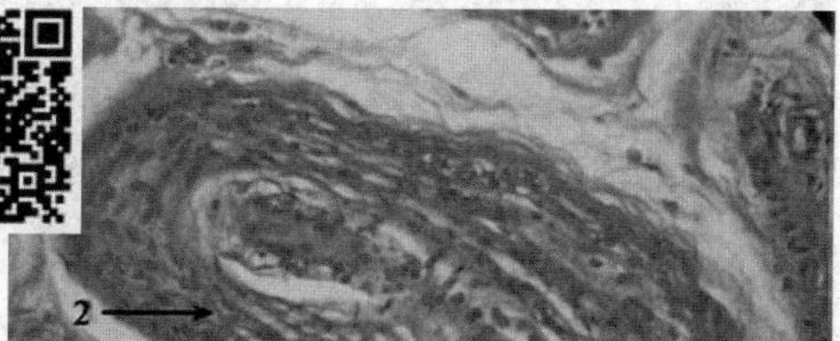

图 1-4-25　环层小体纵切低倍观察

1. 内柱；2. 被囊；3. 脂肪组织；4. 疏松结缔组织

2. 触觉小体（皮肤，H·E 染色）

触觉小体又称梅氏小体，分布在皮肤真皮乳头内（图 1-4-26），以手指、足趾的掌侧皮肤居多，感受触觉，其数量可随年龄增长而减少。

触觉小体呈卵圆形或椭圆形，长轴与皮肤表面垂直，外包结缔组织囊，小体内有数层横向排列的扁平触觉细胞。有髓神经纤维进入小体时失去髓鞘，轴突分成细支盘绕在扁平细胞间。（图1-4-27）

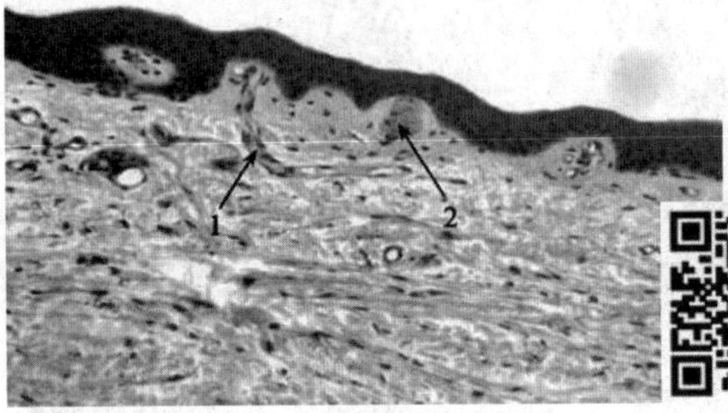

图 1-4-26　触觉小体纵切低倍观察

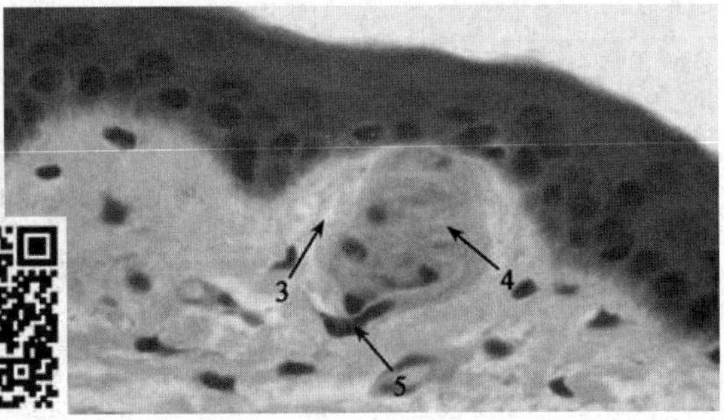

图 1-4-27　触觉小体纵切高倍观察

1. 血管；2. 触觉小体；3. 被囊；4. 扁平细胞；5. 神经末梢

3. 运动终板分离装片（肋间肌压片）

运动终板又称躯体运动神经末梢或神经肌连接，分布于骨骼肌内。运动神经元轴突形成的运动神经纤维抵达骨骼肌时失去髓鞘，反复分支，每一分支形成葡萄状终末与骨骼肌纤维建立突触连接，此连接区域呈椭圆形板状隆起，故称运动终板。

低倍镜观察（图 1-4-28）：横纹肌为粉红色，平行排列成束，其上分布有染成深黑色的神经末梢。

高倍镜观察（图 1-4-29）：较粗、呈深黑色的有髓神经纤维在接近肌肉时，爪状分支，每一分支的终末形成扣状膨大，贴附在骨骼肌表面的凹槽内，两者共同形成运动终板。

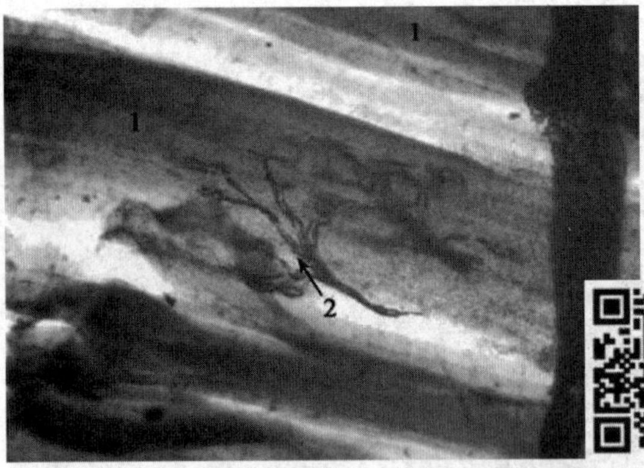

图 1-4-28　运动终板分离装片低倍观察

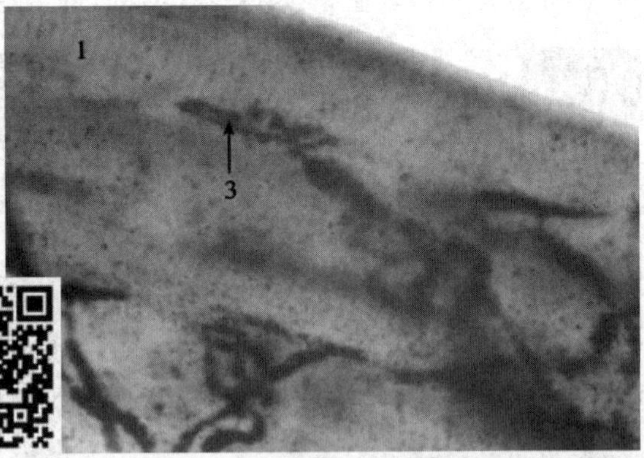

图 1-4-29　运动终板分离装片高倍观察

1. 骨骼肌纤维；2. 神经纤维；3. 运动终板

五、神经节

周围神经系统中，神经元胞体集中的部分构成神经节或神经丛。

实验案例：

1. 脊神经节（脊神经节切片，H·E 染色）

肉眼观察，脊神经节呈炒锅状。低倍镜观察，神经节外被致密结缔组织膜，“锅体”膨大处有许多圆形细胞聚集，细胞之间被纤维状结构分割，“锅柄”处是神经纤维输出的地方（图 1-4-30）。

找神经节膨大处较清楚区域，转至高倍镜，可见圆形细胞大多为假单极神经元胞体，细胞核圆而大，位于细胞中央，染色浅，一嗜碱性核仁清晰可见。神经元胞体周围包被有两层细胞，内层细胞椭圆形或矮立方形，细胞核圆形，染色浅，为卫星细胞；外层细胞较扁平，细胞核梭形，染色深，为成纤维细胞。神经元细胞之间为纵横走向的有髓神经纤维束。（图 1-4-31）

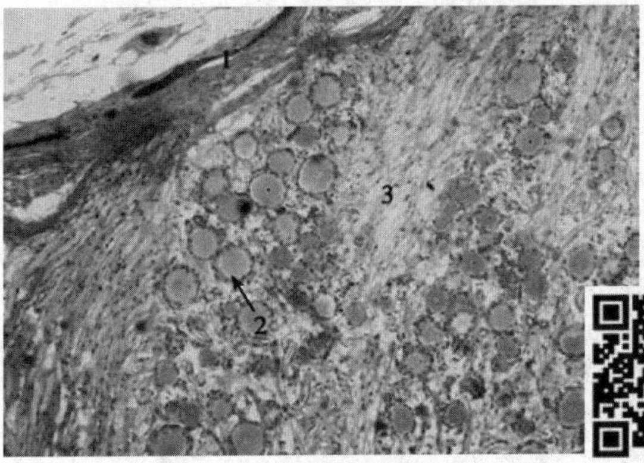

图 1-4-30　脊神经节低倍观察

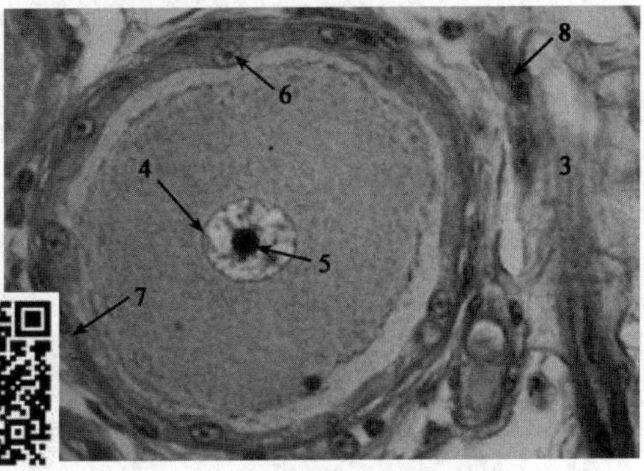

图 1-4-31　脊神经节高倍观察

1. 结缔组织被膜；2. 神经元胞体；3. 神经纤维；4. 神经节细胞核；5. 核仁；6. 卫星细胞；7. 成纤维细胞；8. 神经膜细胞核

2. 肌间神经节（肠道切片，H·E 染色）

低倍镜观察，两层平滑肌之间有染色较浅、成团分布的结构，即肌间神经节（图 1-4-32）。高倍镜下，神经节细胞体积较大，细胞界限不明显，核大，核仁明显（图 1-4-33）。

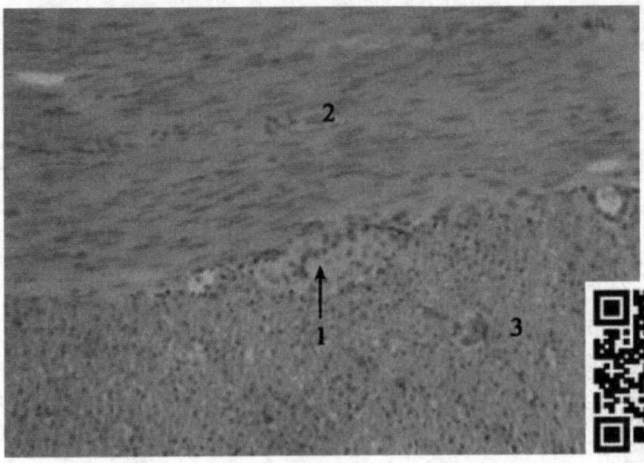

图 1-4-32　肌间神经节低倍观察

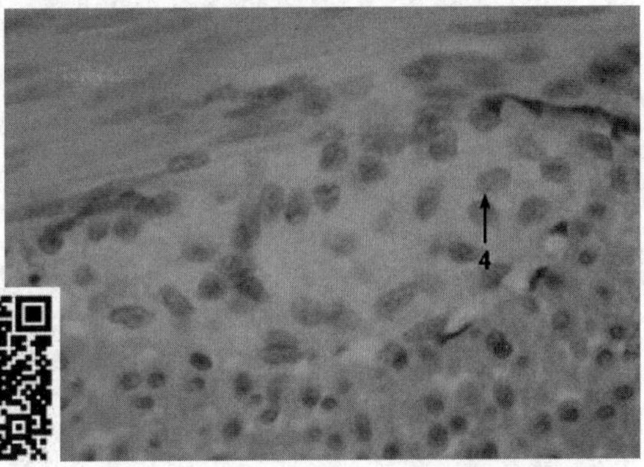

图 1-4-33　肌间神经节高倍观察

1. 肌间神经节；2. 平滑肌纵切；3. 平滑肌横切；4. 神经节细胞核

思考题：

1. 联系机能说明神经元的结构特点。
2. 简述有髓神经纤维的结构。
3. 简述运动终板的结构。
4. 如何区分横断面上平滑肌和有髓神经纤维的形态结构？

绘图：

绘图说明多极神经元、有髓神经纤维、环层小体、运动终板的形态结构特点。

第二章

生殖器官

生殖器官包括精巢、卵巢、生殖输送管以及附属腺体，是生殖细胞发生的器官，同时还产生性激素，以促进生殖细胞的发育和性征的形成与维持。

第一节 鱼类性腺

目的与要求：

1. 掌握鱼类性腺和不同发育阶段生殖细胞的组织学结构特点。
2. 掌握鱼类性腺发育周期。

鱼类的生殖器官与泌尿器官在解剖上和发生上都有密切的关系，常合称为泄殖系统。除少数鱼类（黄鳝、圆口类）只有一个精巢或卵巢外，一般鱼类都具有成对的卵巢或精巢，通常位于鳔的腹面两侧。左右性腺彼此分开，有时长度和重量并不完全一样，在尾端呈 Y 字形汇合成很短的输送管，各自有被膜覆盖，进入泄殖窦，通过泄殖孔与外界相通。

一、精巢

（一）一般形态结构

鱼类的精巢体积一般较小，为乳白色，呈圆柱状、盘曲的细带状或多叶状，横切面呈长形、椭圆形或三角形。

精巢壁由两层被膜构成，外层为腹膜，表面有一层较薄的间皮，内层为白膜，由具有弹性的疏松结缔组织构成。白膜向精巢内部伸进许多隔膜，把精巢分成许多精小叶。

1. 间介组织

精小叶之间的由白膜伸入的结缔组织特称间介组织，除含毛细血管和成纤维细胞外，有些鱼类还有一些特殊的细胞。

（1）间质细胞：与哺乳动物的间质细胞同源，分布在黄鲃等少数鱼类精巢的间介组织内，是一种体积较大的圆形或椭圆形细胞，具一个强嗜碱性的大细胞核。

(2)小叶边界细胞:大多数鱼类无间质细胞,由小叶边界细胞分泌雄性激素。小叶边界细胞位于精小叶壁内侧,形状多样,含有大量类脂质,细胞核没有明显的核仁。

(3)游走细胞:有些鱼类,精小叶间有一种嗜碱性的游走细胞(似淋巴细胞),在排精后期处于恢复期的精巢中数量较多,可转变为初级精母细胞。

2.精小叶

根据横切面精小叶的形状和大小,硬骨鱼类的精巢分为叶型和管型两种。管型精巢精小叶直径较小,圆形,又称精细管或精小管。叶型精巢精小叶直径比较大,形状不规则,又称壶腹。

精小叶由许多精小囊组成。精小囊是由生殖细胞聚集而成的结构,分布在小叶的边缘内侧,又称胞囊,同一精小囊的生殖细胞发育一致。精小囊的外壁覆盖着一薄层滤泡细胞,与哺乳动物的支持细胞同源。精小叶中央为小叶腔,是精子排出的通路。

3.输出管

输出管位于精巢边缘内侧,有许多分支,与成熟精小叶腔相通。小叶腔内的成熟精子可以通过输出管达到泄殖窦,由泄殖孔排出体外。输出管的细胞具有分泌特性,生殖季节,细胞变大,核移向基部,细胞游离端的细胞质中积累大量的颗粒状分泌物质;生殖过后,细胞变小,出现液泡化现象,然后变成扁平状。

实验案例:

1.壶腹型精小叶(鲢鱼精巢切片,H·E染色)

低倍镜观察:精巢外壁腹膜染色较深,嗜碱性;其内为白膜,染色稍淡,嗜酸性。白膜向内深入将精巢分成很多精小叶。由于精小叶内生殖细胞发育程度不一致而呈现不同颜色。(图2-1-1)

高倍镜观察:精小叶由许多精小囊组成,精小囊的生殖细胞发育时期不一致。小叶壁由肌样细胞和结缔组织构成,繁殖季节可见小叶中间出现小叶腔。(图2-1-2)

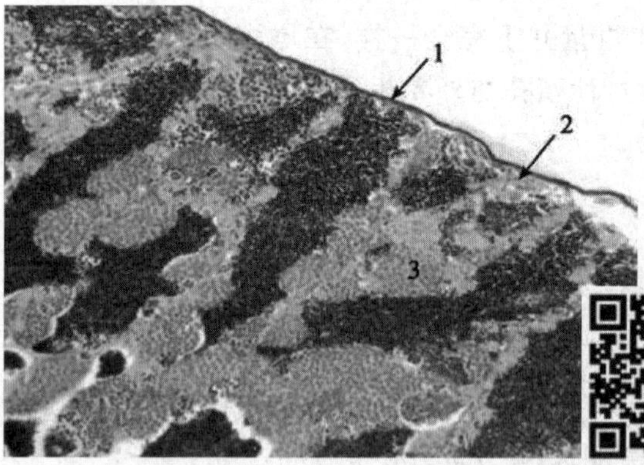

图2-1-1 鲢鱼精巢低倍观察

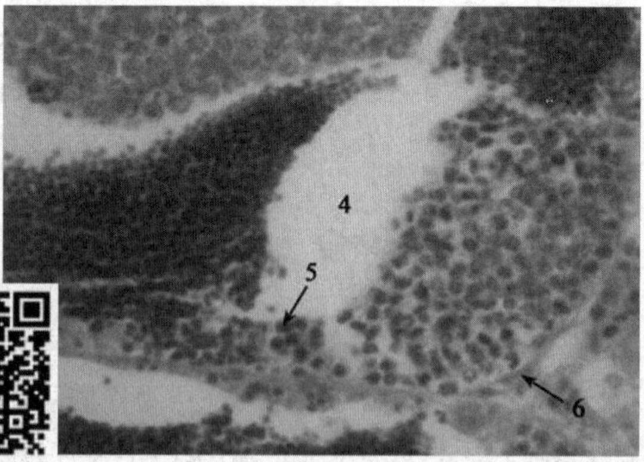

图2-1-2 鲢鱼精小叶高倍观察

1.腹膜;2.白膜;3.精小叶;4.小叶腔;5.精小囊;6.肌样细胞

2.小管型精小叶(红玛丽精巢切片,H·E染色)

组织结构基本同壶腹型,只是红玛丽精巢每个精小管的横切面上只存在一种发育时期的生精细胞(图 2-1-3)。

3. 输出管(红玛丽精巢切片,H·E 染色)

红玛丽精小管内精子发育成熟后形成精荚,由输出管输送到贮精囊储存,受精时,贮精囊内的精荚通过输精管输出。

输出管的管壁自内向外由较厚的黏膜上皮和较薄的平滑肌样组织构成。黏膜上皮具有旺盛的分裂增殖能力,使得管壁厚度不均一,管腔不规则。(图 2-1-4)

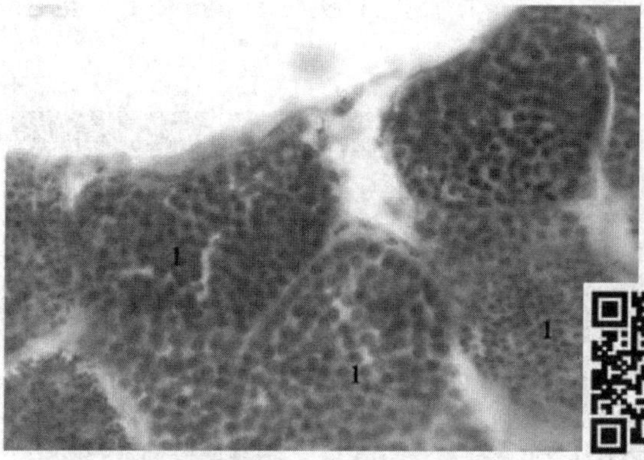

图 2-1-3　红玛丽精巢高倍观察

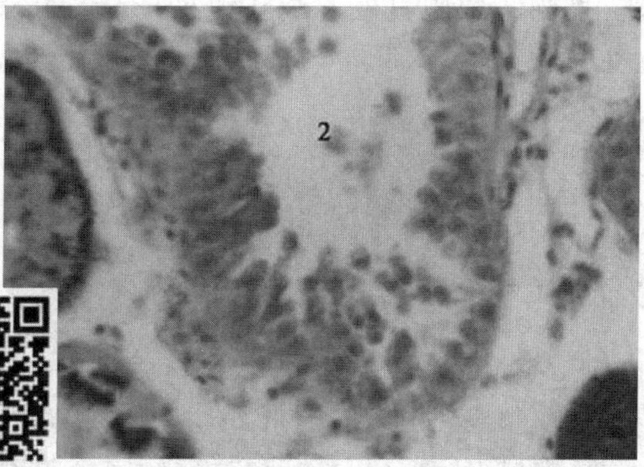

图 2-1-4　红玛丽输出管横切高倍观察

1. 精小管;2. 输出管

(郭恩棉,2013)

贮精囊壁较厚、平整,由单层立方形或纤毛矮柱状上皮、平滑肌和结缔组织构成(图 2-1-5)。

输精管是贮精囊的延伸,结构基本同贮精囊,不过管壁更厚,黏膜上皮为单层纤毛高柱状上皮,纤毛的摆动有利于精荚的向外输送(图 2-1-6)。

图 2-1-5　红玛丽贮精囊壁高倍观察

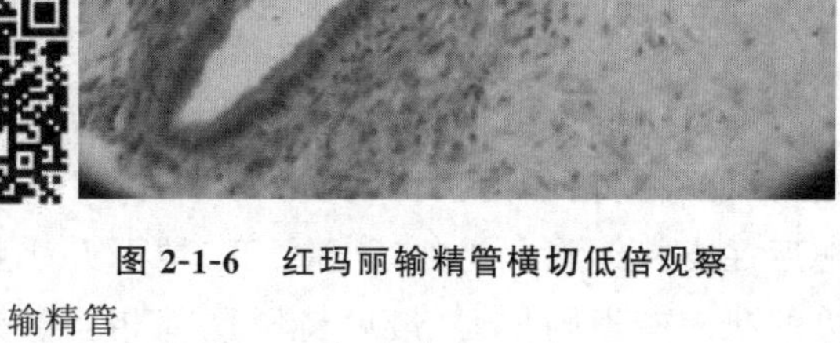

图 2-1-6　红玛丽输精管横切低倍观察

1. 贮精囊;2. 输精管

(郭恩棉,2013)

(二)不同发育阶段雄性生殖细胞形态

雄性生殖细胞有五个发育阶段:精原细胞、初级精母细胞、次级精母细胞、精细胞和精子。

精原细胞是雄性生殖细胞发育的最初阶段，由原始生殖细胞分裂产生；初级精母细胞由精原细胞分裂产生；次级精母细胞由初级精母细胞分裂产生；精细胞由次级精母细胞而来；精子是精细胞经过变态形成的。

实验案例：不同发育阶段雄性生殖细胞（鲢鱼、鲫鱼、红玛丽精巢切片，H·E染色）

低倍镜下找到视野，转到高倍镜观察。初级精原细胞是生精细胞中体积最大的细胞，圆形。细胞核位于细胞中央，大而圆，弱嗜碱性，有一个或多个核仁。（图 2-1-7 至图 2-1-9）

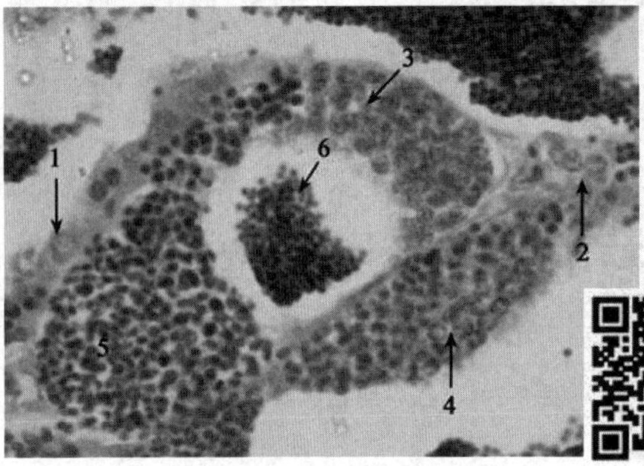

图 2-1-7　鲢鱼精小叶高倍观察

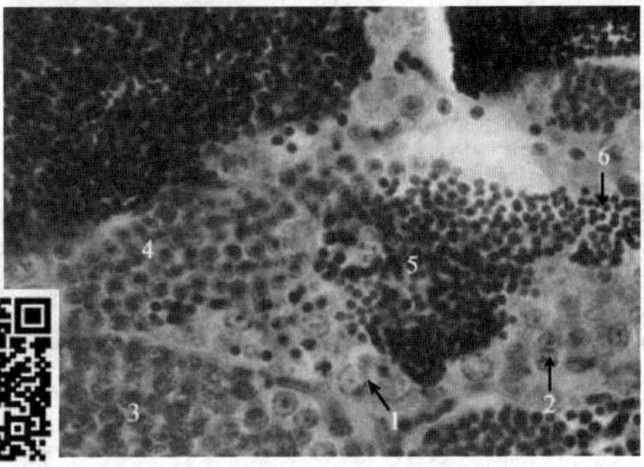

图 2-1-8　鲫鱼精小叶高倍观察

1. 初级精原细胞；2. 次级精原细胞；3. 初级精母细胞；4. 次级精母细胞；5. 精细胞；6. 精子

次级精原细胞体积比初级精原细胞小，细胞核椭圆形，嗜碱性略微增强，可见一个核仁位于核中央（图 2-1-7 至图 2-1-9）。

初级精母细胞由次级精原细胞而来，体积比次级精原细胞略大，嗜碱性增强。细胞核染色质松散呈丝状，相互缠绕成网，核仁一个或不明显。（图 2-1-7 至图 2-1-9）

次级精母细胞体积比初级精母细胞小，细胞核染色质致密，强嗜碱性，核仁不明显（图 2-1-7 至图 2-1-9）。

初形成的精细胞圆形，体积进一步缩小，细胞核强嗜碱性。精细胞形成后要经历细胞核浓缩、尾部形成等过程形成精子，因此切片中可见各种形态不规则的精细胞。（图 2-1-7 至图 2-1-9）

成熟的精子由头部、颈部和尾部构成。鲢鱼和鲫鱼的成熟精子在小叶腔的分布不规则，只能看到精子的头部（图 2-1-7，图 2-1-8）。红玛丽刚形成的精子随机分布在精小管内，随后在支持细胞分泌物诱导之下，精子几乎都按照头部朝向管壁支持细胞、尾部朝向管中央的状态有规则排列，最后精子尾部相互缠绕，头部周围由支持细胞分泌的物质包裹形成精荚（图 2-1-10）。

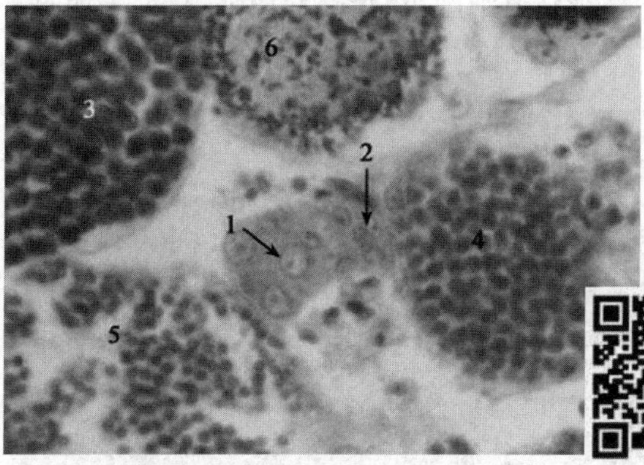

图 2-1-9　红玛丽精小管高倍观察(一)

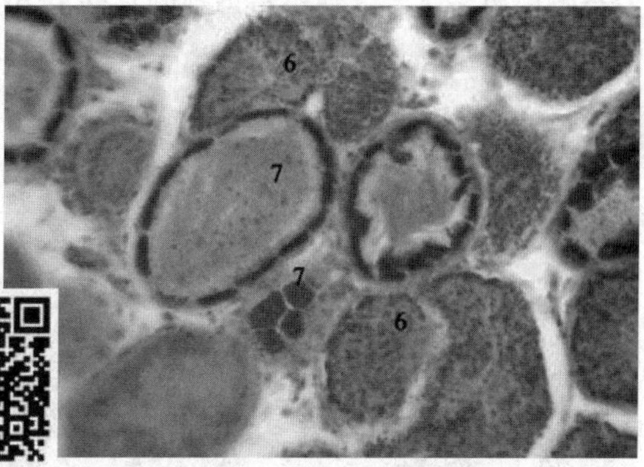

图 2-1-10　红玛丽精小管高倍观察(二)

1.初级精原细胞;2.次级精原细胞;3.初级精母细胞;4.次级精母细胞;
5.精细胞;6.变态中的精细胞;7.精子

(三)精巢发育周期

生殖周期中,真骨鱼类精巢的组织结构和细胞成分在形态和数量上发生规律性的变化,根据这些变化可以把精巢发育划分成六个时期。

实验案例:孔雀鱼精巢发育周期(H·E 染色)

第Ⅰ期:低倍镜观察,精巢呈长条状,精小管之间界限不明显(图 2-1-11)。

高倍镜观察,精巢内生殖细胞仅有精原细胞,细胞近圆形,细胞界限清楚,数量少,大小不一。精原细胞有初级精原细胞和次级精原细胞之分。初级精原细胞体积大,细胞核大,染色浅,有一明显的核仁位于细胞核的中央。次级精原细胞较初级精原细胞小,细胞核嗜碱性增强,核仁依然清晰可见。(图 2-1-12)

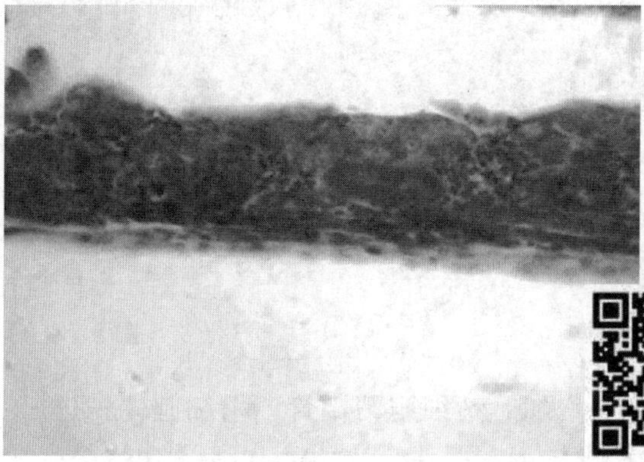

图 2-1-11　孔雀鱼第Ⅰ期精巢低倍观察

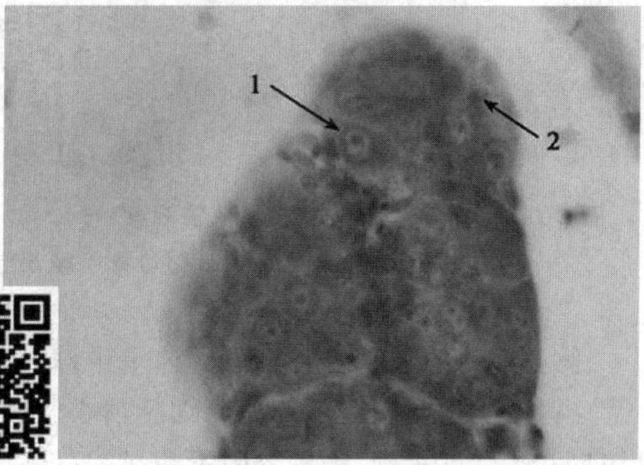

图 2-1-12　孔雀鱼第Ⅰ期精巢高倍观察

1.初级精原细胞;2.次级精原细胞

第Ⅱ期:低倍镜观察,精巢中间部分膨大,精巢整体呈长梭形(图 2-1-13)。

高倍镜观察,精巢精小管管径增大,有初级精原细胞、次级精原细胞和初级精母细胞三种

发育时期的精小管。初级精母细胞呈圆形，体积比次级精原细胞小，嗜碱性增强，核仁不明显。(图 2-1-14)

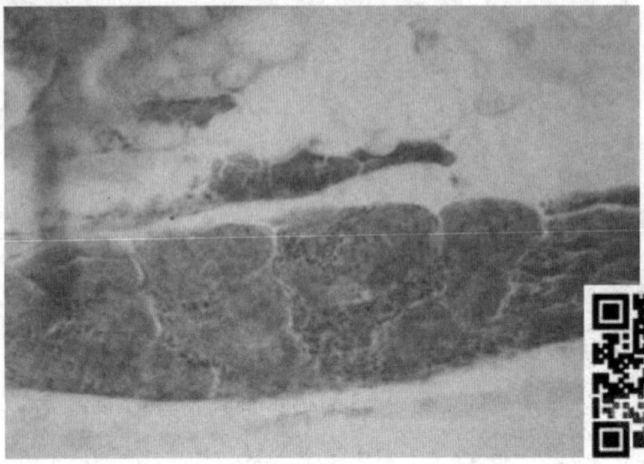

图 2-1-13　孔雀鱼第Ⅱ期精巢低倍观察

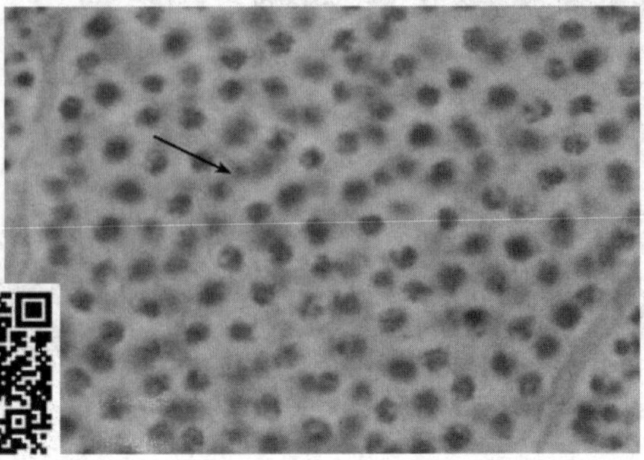

图 2-1-14　孔雀鱼第Ⅱ期精巢高倍观察

箭头示初级精母细胞精小管

第Ⅲ期：低倍镜观察，精巢呈两头细中间粗的弯月形，中央部分精小管数量多、管径大、发育较成熟，两头的精小管数量少、管径小、发育较慢(图 2-1-15)。精巢比第Ⅱ期增加了次级精母细胞精小管，次级精母细胞体积比初级精母细胞缩小近一半，嗜碱性更强(图 2-1-16)。

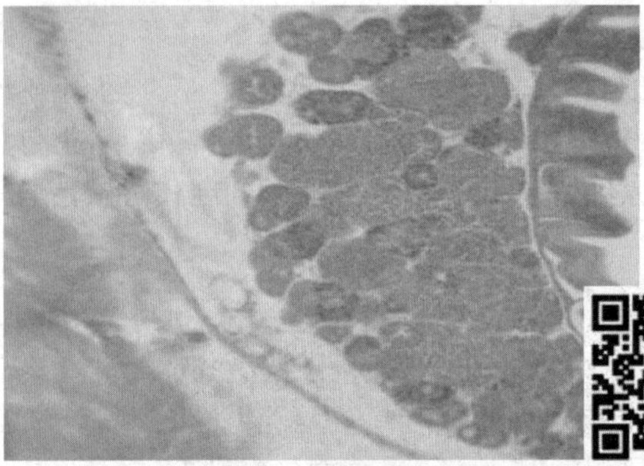

图 2-1-15　孔雀鱼第Ⅲ期精巢低倍观察(一)

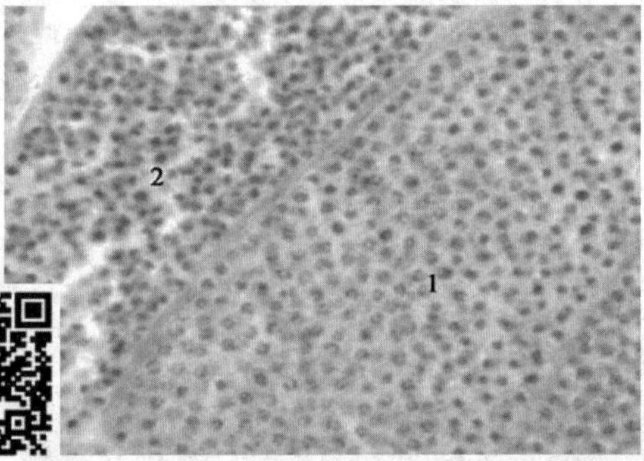

图 2-1-16　孔雀鱼第Ⅲ期精巢低倍观察(二)

1. 初级精母细胞精小管；2. 次级精母细胞精小管

第Ⅳ期：低倍镜观察，精巢大体呈半球形(图 2-1-17)。

高倍镜观察，精巢内的精原细胞精小管数量较少，增加了精细胞精小管。精细胞体积进一步缩小，嗜碱性更强，细胞界限不明显。(图 2-1-18)

第Ⅴ期：精巢体积达到最大，形状与第Ⅳ期精巢相差不大。低倍镜观察出现了变态精细胞精小管和成熟精子精小管(图 2-1-19)。高倍镜观察(图 2-1-20)，精子由头部、颈部和尾部三部分组成。头部略呈三角锥形，染色深，尾部鞭毛状。成熟精子在精小管内壁支持细胞分泌物刺激下，以头部朝向精小管内壁的支持细胞，尾部朝向精小管中央腔的方式层层排列，从而形成精荚。

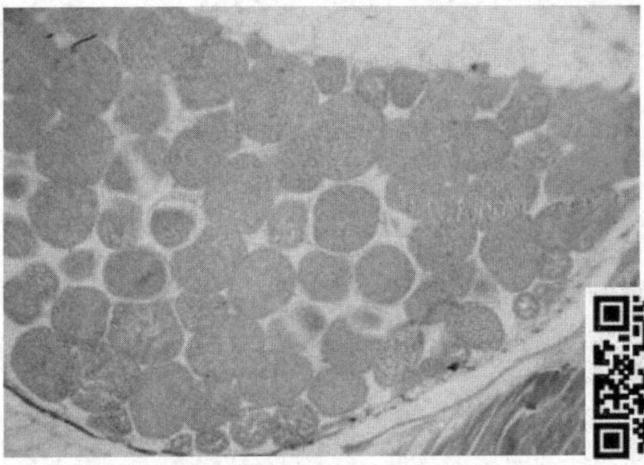

图 2-1-17　孔雀鱼第Ⅳ期精巢低倍观察

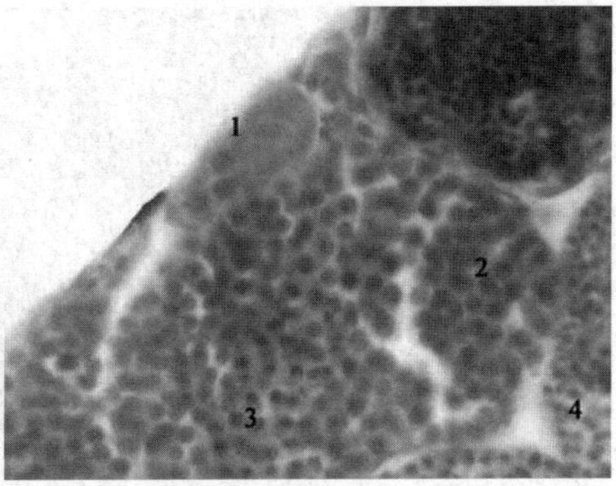

图 2-1-18　孔雀鱼第Ⅳ期精巢高倍观察

1. 精原细胞精小管；2. 初级精母细胞精小管；3. 次级精母细胞精小管；4. 精细胞精小管

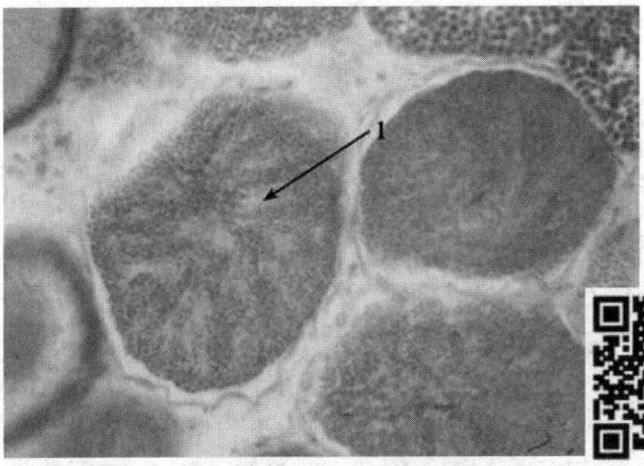

图 2-1-19　孔雀鱼第Ⅴ期精巢低倍观察

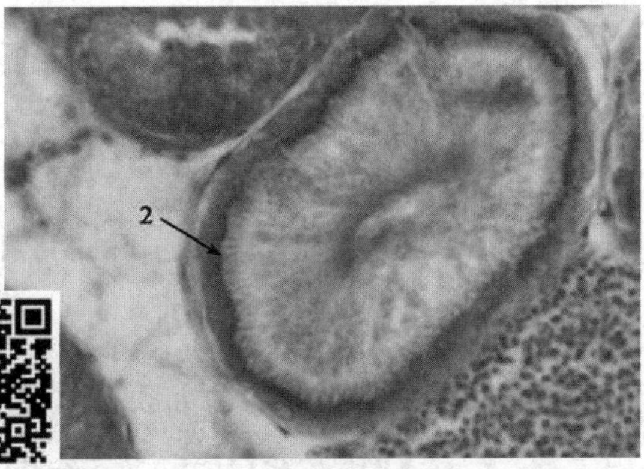

图 2-1-20　孔雀鱼第Ⅴ期精巢高倍观察

1. 变态精细胞精小管；2. 精荚

第Ⅵ期：性成熟的精巢。低倍镜观察，精巢内有不同发育时期的精小管，也有排空精荚的精小管（图 2-1-21）。高倍镜观察，成熟精小管管壁的精原细胞在精荚排出之前就开始分裂增殖，以进行下一轮生殖周期（图 2-1-22）。孔雀鱼属于连续排精种类，精巢将长期处于这一时期；而对于分批排精的种类，精巢将回到第Ⅱ期状态，以进行下一次生殖周期。

二、卵巢

（一）一般形态结构

同精巢一样，卵巢表面也有腹膜和白膜两层被膜。白膜向卵巢内部伸进许多由结缔组织、毛细血管和生殖上皮组成的板层状结构，是产生卵子的地方，称产卵板（图 2-1-23）。大多数鱼类具卵巢腔，成熟的卵子突破包围它的滤泡膜和卵包膜后，进入卵巢腔，然后经输卵管从泄殖孔排出体外。有些鱼卵巢腔不明显而具有输出管，输出管管壁由上皮层和薄层结缔组织层组成，上皮层具有分化产生卵细胞的功能。

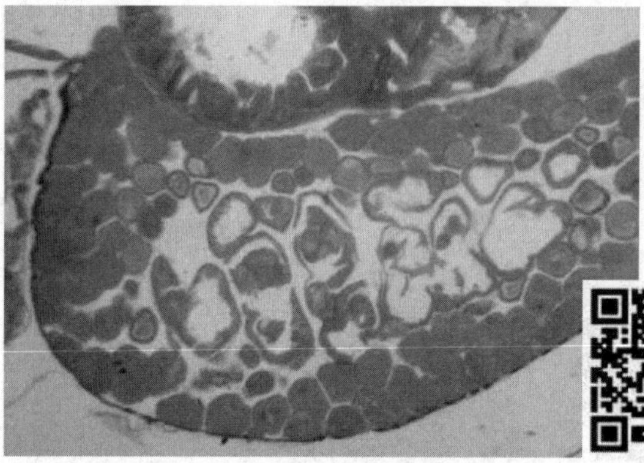

图 2-1-21　孔雀鱼第Ⅵ期精巢低倍观察

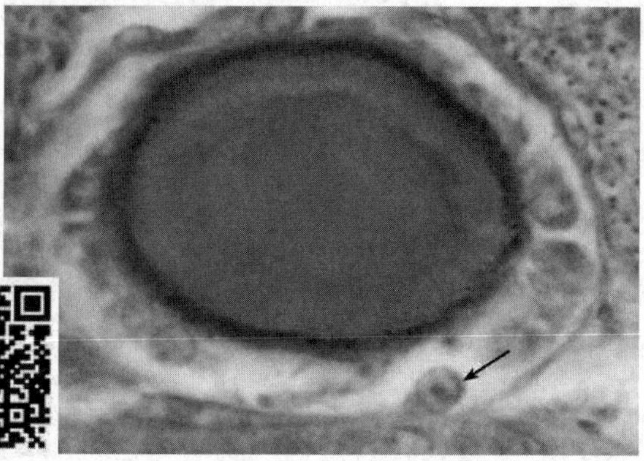

图 2-1-22　孔雀鱼第Ⅵ期精巢高倍观察

箭头示精原细胞

实验案例：孔雀鱼卵巢切片（H·E 染色；郭恩棉，2014）

1. 输出管

输出管是位于卵巢内部的许多分支管道，起始端一般和卵细胞接触。由内至外，输出管管壁由上皮层和薄层结缔组织层组成。上皮层含有两种类型细胞：一为立方或柱状上皮细胞，占主体；另一为分化出的卵细胞（图 2-1-24）。孔雀鱼是体内受精种类，在输出管中经常可以看到贮存的精子。

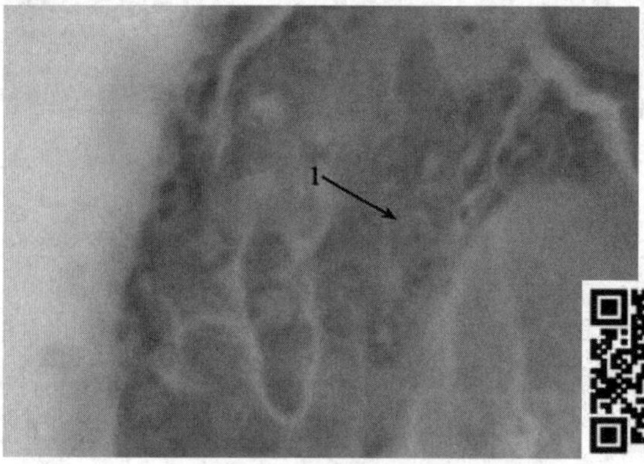

图 2-1-23　孔雀鱼卵巢高倍观察（一）

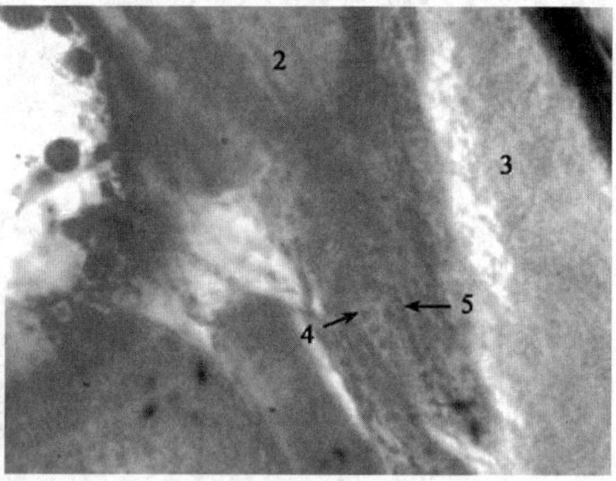

图 2-1-24　孔雀鱼卵巢高倍观察（二）

1. 产卵板；2. 卵细胞；3. 精子；4. 输出管立方上皮；5. 输出管分化的卵细胞

2. 输卵管

输卵管管壁自内至外由黏膜层、黏膜下层、肌肉层和外膜组成。孔雀鱼输卵管的不同部位结构稍有差异。卵巢内部的输卵管管径较细，管壁薄，管腔较规则；上皮层由单层立方或矮柱状上皮细胞构成，顶端纤毛不明显；黏膜层固有膜和黏膜下层界限不明显（图 2-1-25）。卵巢外部输卵管管径较粗，管壁厚，管腔有很多褶皱；上皮层由单层高柱状上皮细胞构成，顶端纤毛明显；黏膜层固有膜和黏膜下层界限清晰（图 2-1-26）。输卵管和尿道末端汇合，通过开口于肛门后方的泄殖孔和外界相通(图 2-1-27)。

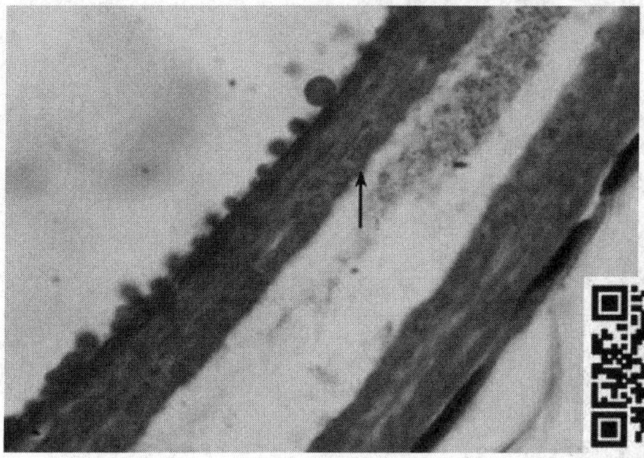

图 2-1-25　孔雀鱼卵巢内输卵管高倍观察

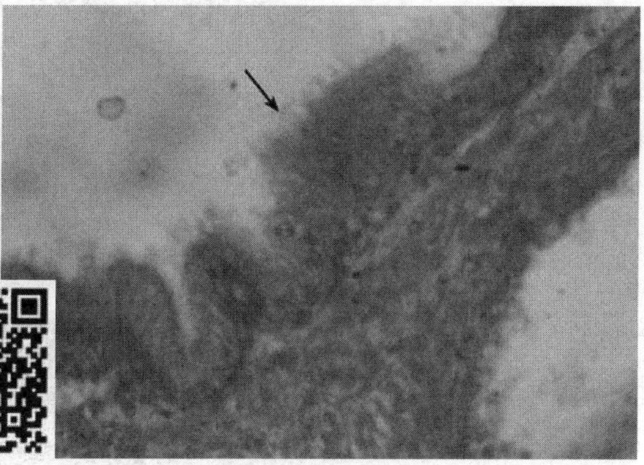

图 2-1-26　孔雀鱼卵巢外输卵管高倍观察

箭头示输卵管上皮

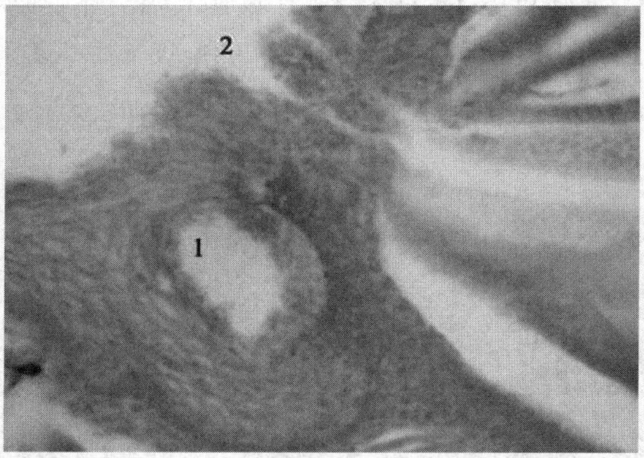

图 2-1-27　孔雀鱼泄殖孔低倍观察

1. 泄殖孔;2. 肛门

(二)不同发育阶段雌性生殖细胞形态

雌性生殖细胞经过增殖、生长和成熟 3 个时期,5～6 个发育时相而成为成熟的卵子。不同繁殖习性和产卵类型鱼类,卵子各发育阶段形态结构有所不同。

实验案例:

1. 鲢鱼不同发育阶段雌性生殖细胞(鲢鱼卵巢切片,H·E 染色)

第Ⅰ时相:是处于卵原细胞阶段或由卵原细胞向初级卵母细胞过渡的阶段。细胞圆形,在各时相中体积最小。细胞质少,核大而圆,淡染,有 1～2 个核仁位于细胞核中央。细胞外围有一层梭形细胞围成的滤泡膜。(图 2-1-28)

第Ⅱ时相:是小生长期的初级卵母细胞。细胞体积增大,呈多角形,细胞质嗜碱性,胞核周围出现生长环,强嗜碱性;核中核仁数增加,靠近核膜内侧分布。细胞外滤泡膜变厚,出现了卵包膜。(图 2-1-28)

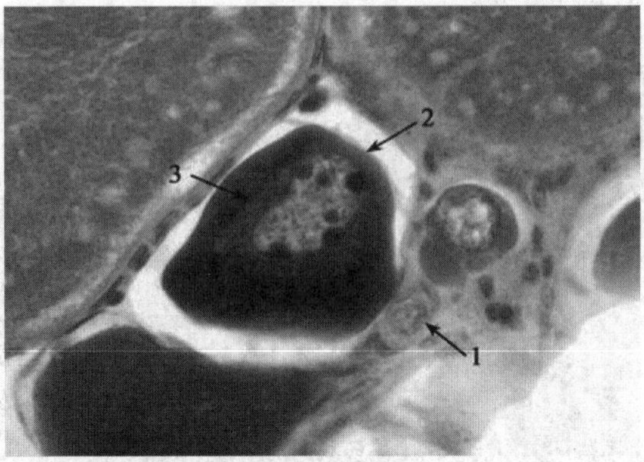

图 2-1-28　鲢鱼卵巢高倍观察(一)

1.第Ⅰ时相卵母细胞;2.第Ⅱ时相卵母细胞;3.生长环

第Ⅲ时相:是大生长期的初级卵母细胞。细胞体积进一步增大,细胞外有两层滤泡膜,外层厚,细胞梭形,内层较薄,细胞界限不明显。细胞形成了辐射带,细胞质弱嗜碱性,胞质的边缘出现液泡,在液泡之间逐渐出现卵黄颗粒。(图 2-1-29,图 2-1-30)

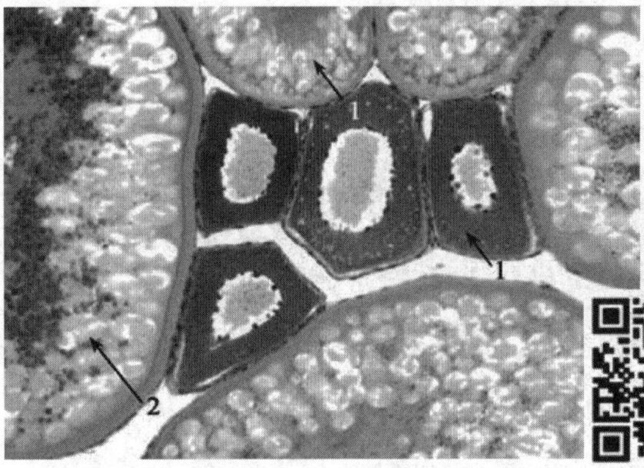

图 2-1-29　鲢鱼卵巢低倍观察(一)

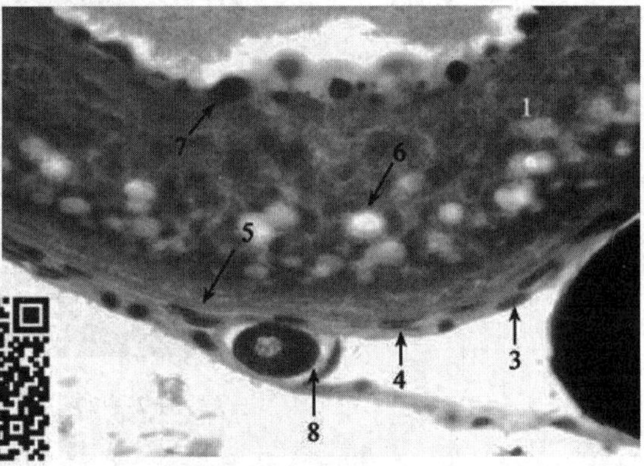

图 2-1-30　鲢鱼卵巢高倍观察(二)

1.第Ⅲ时相卵母细胞;2.第Ⅳ时相卵母细胞;3.外层滤泡膜;4.内层滤泡膜;
5.辐射带;6.液泡;7.核仁;8.第Ⅱ时相卵母细胞

第Ⅳ时相:是发育晚期的初级卵母细胞。细胞体积大幅增大,辐射带增厚,除核周及靠近卵膜的边缘含有较多嗜碱性细胞质外,其余几乎充满卵黄颗粒。晚期细胞核极化,核仁逐渐消失,动物极形成,卵母细胞进入成熟期。(图 2-1-31,图 2-1-32)

第Ⅴ时相:细胞质内卵黄颗粒粗大,逐渐互相融合成块状。核膜溶解,出现染色体。

2.鲫鱼不同发育阶段雌性生殖细胞(鲫鱼卵巢切片,H·E 染色)

鲫鱼卵细胞发育各阶段形态结构基本同鲢鱼,主要不同点表现在:①几乎没有液泡;②第Ⅳ时相之前的卵母细胞卵黄颗粒细小;③第Ⅱ、第Ⅲ时相卵母细胞细胞质有卵黄核形成,卵黄核是胞质中嗜碱性较强的团块结构;④辐射带不明显;⑤滤泡细胞立方形,滤泡膜厚(图 2-1-33)。

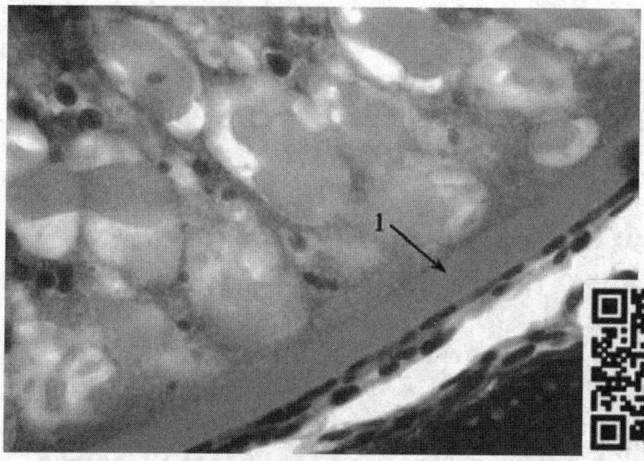

图 2-1-31　鲢鱼第Ⅳ时相卵母细胞高倍观察

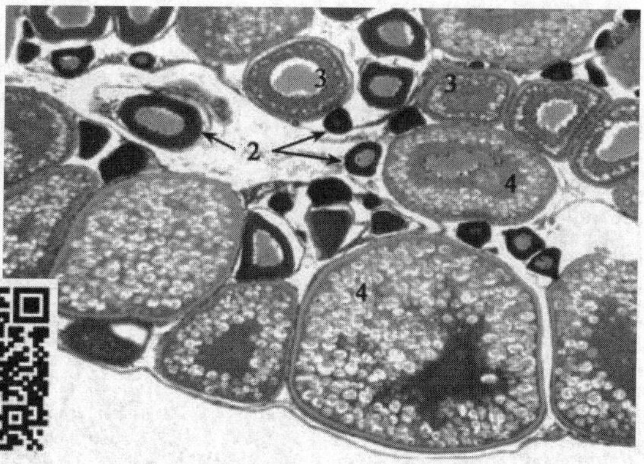

图 2-1-32　鲢鱼卵巢低倍观察(二)

1. 辐射带；2. 第Ⅱ时相卵母细胞；3. 第Ⅲ时相卵母细胞；4. 第Ⅳ时相卵母细胞

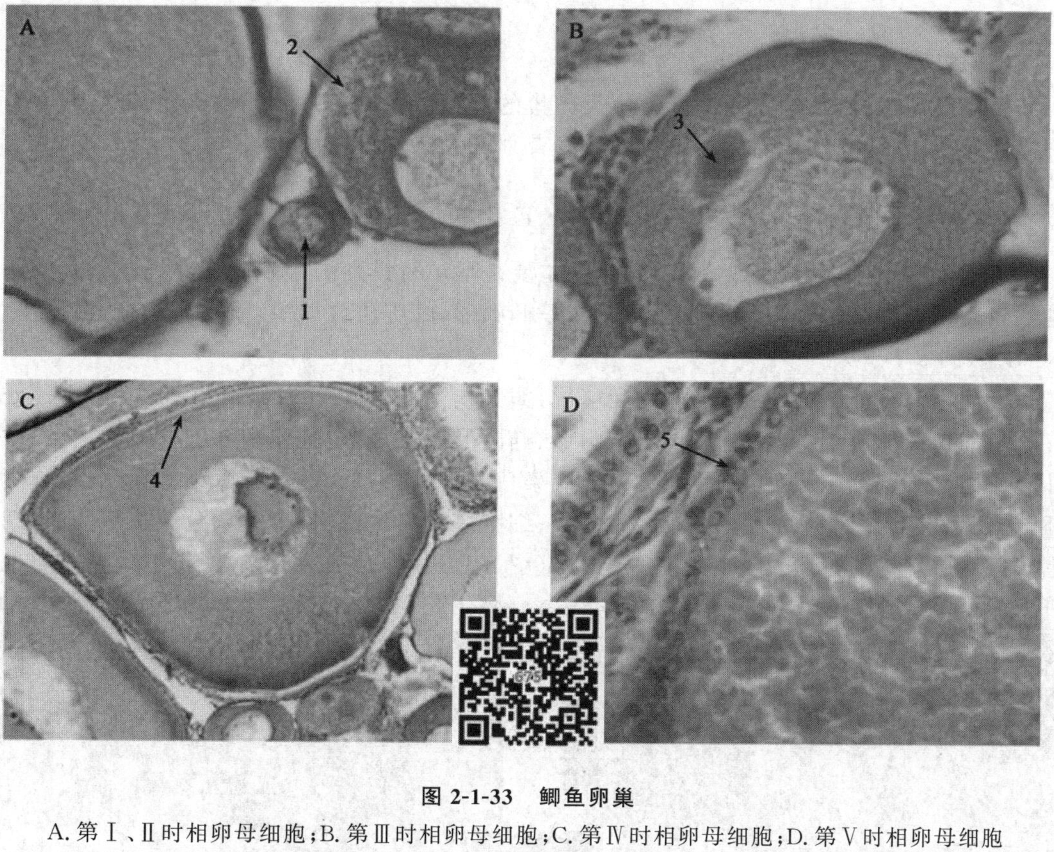

图 2-1-33　鲫鱼卵巢

A. 第Ⅰ、Ⅱ时相卵母细胞；B. 第Ⅲ时相卵母细胞；C. 第Ⅳ时相卵母细胞；D. 第Ⅴ时相卵母细胞

1. 第Ⅰ时相卵母细胞；2. 第Ⅱ时相卵母细胞；3. 卵黄核；4. 辐射带；5. 滤泡膜

3. 闭锁卵泡(孔雀鱼卵巢切片，H・E 染色)

第Ⅲ、Ⅳ期卵母细胞在营养不足，以及某些卵胎生种类第Ⅴ期成熟卵细胞未受精时都会形成闭锁卵泡被重新吸收。此时滤泡细胞拉长分裂，分裂的细胞侵入卵子内部分泌液化酶，消化和吸收卵子结构；细胞内卵黄消失，出现空泡(图 2-1-34)。整个卵泡逐渐萎缩减小成环层状结

构(图 2-1-35),最后转变为卵巢内结缔组织。

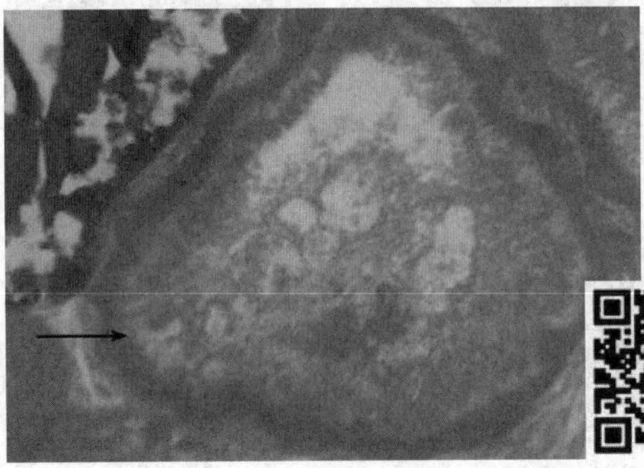

图 2-1-34　孔雀鱼早期闭锁卵泡低倍观察

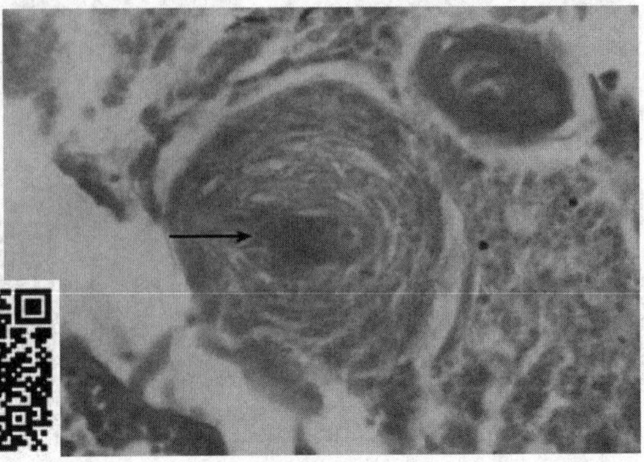

图 2-1-35　孔雀鱼晚期闭锁卵泡低倍观察

箭头示闭锁卵泡

(三)卵巢发育周期

和精巢发育一样,生殖周期中真骨鱼类卵巢的组织结构和细胞成分在形态和数量上也发生规律性的变化,根据这些变化可以把卵巢发育划分成 6～7 个时期。

实验案例:孔雀鱼卵巢发育周期(H·E 染色)

第Ⅰ期:卵巢整体大致呈细条状,卵巢内主要是呈单行排列的第Ⅰ时相卵细胞。其中卵原细胞在各时相卵细胞中体积最小,大小均匀,呈椭圆形,细胞质含量少,核大而清晰,核仁明显,1～2 个。(图 2-1-36)

第Ⅱ期:卵巢逐渐从长梭形增大到椭球形,卵巢内除了第Ⅰ时相卵母细胞外,主要是处于第Ⅱ时相的初级卵母细胞。细胞圆形、卵圆形、椭圆形或三角形,胞体和细胞核体积增大;中期第Ⅱ时相卵母细胞细胞质分为内外两层,外层染色浅,内层染色深,具有深染粗大颗粒,称为生长环,内外两层交界处可见有一嗜碱性卵黄核;细胞核内具核仁 2～10 个,分布在核膜内;细胞外围形成一层扁平滤泡膜,滤泡细胞呈梭形。(图 2-1-37)

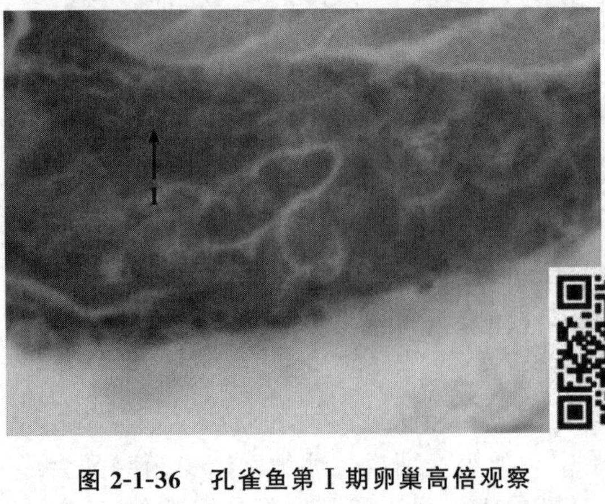

图 2-1-36　孔雀鱼第Ⅰ期卵巢高倍观察

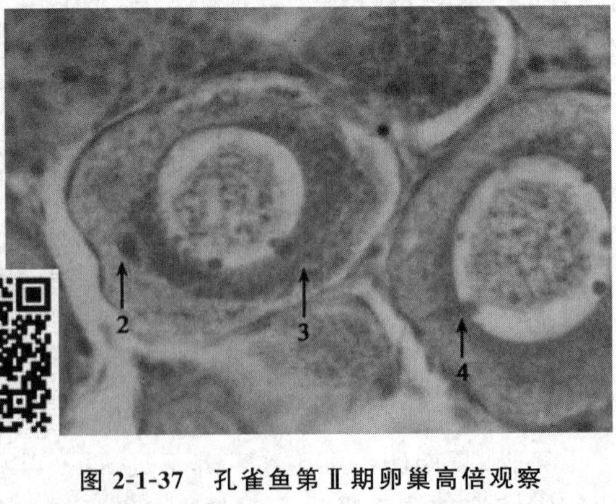

图 2-1-37　孔雀鱼第Ⅱ期卵巢高倍观察

1. 第Ⅰ时相卵细胞;2. 卵黄核;3. 生长环;4. 核仁

第Ⅲ期：卵巢椭球形，卵巢内主要为第Ⅲ时相卵母细胞，也有少量第Ⅰ时相和第Ⅱ时相的卵母细胞。第Ⅲ时相卵母细胞胞体和核体积明显增大。发育早期的卵母细胞质中开始出现细小的卵黄颗粒。随着发育，细胞质中形成了卵黄泡和油滴，且随着细胞的增长，数量逐渐增多(图 2-1-38)。中后期卵母细胞质中卵黄颗粒在核周围聚集，卵黄泡向细胞膜移动。卵母细胞形成两层滤泡膜，内层滤泡膜向卵母细胞之中伸出波浪状突起(图 2-1-39)。滤泡膜外方逐渐形成两层卵包膜。卵包膜细胞呈梭形，外层细胞比内层细胞更扁平。

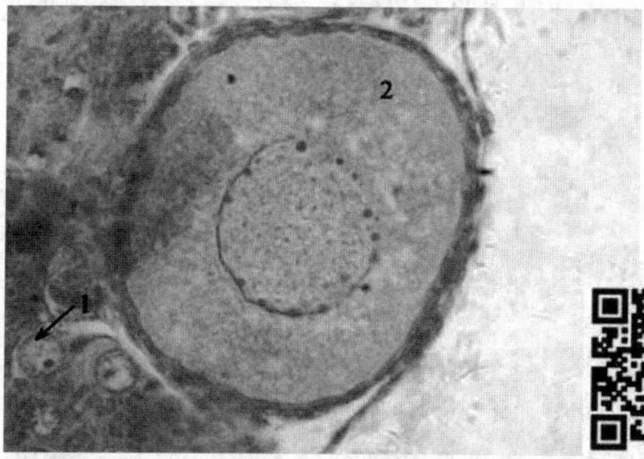

图 2-1-38　孔雀鱼第Ⅲ期卵巢低倍观察(一)

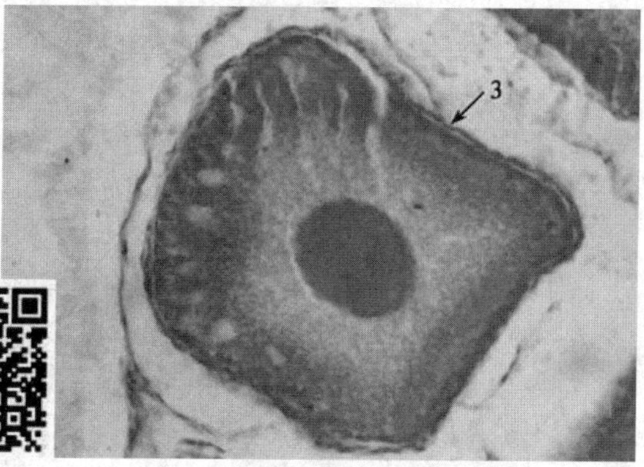

图 2-1-39　孔雀鱼第Ⅲ期卵巢低倍观察(二)

1.第Ⅰ时相卵原细胞；2.第Ⅲ时相卵母细胞；3.滤泡膜波浪状突起

第Ⅳ期：卵巢主要被处于第Ⅳ时相的卵母细胞占据，此外还有第Ⅰ、Ⅱ、Ⅲ时相的卵母细胞。第Ⅳ时相的卵母细胞体积进一步增大，细胞圆形、卵圆形或四边形，卵黄泡逐渐靠近细胞膜，卵母细胞除卵黄泡以外的大部分空间被卵黄物质填充，卵黄颗粒粗大，染色深，晚期一些卵黄颗粒凝结成块状，细胞发生了极化。卵包膜发育完善，两层卵包膜细胞之间有血管分布。(图 2-1-40，图 2-1-41)

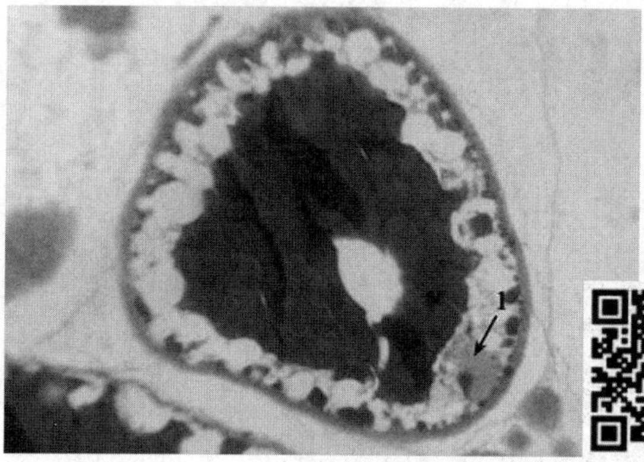

图 2-1-40　孔雀鱼第Ⅳ期卵巢低倍观察

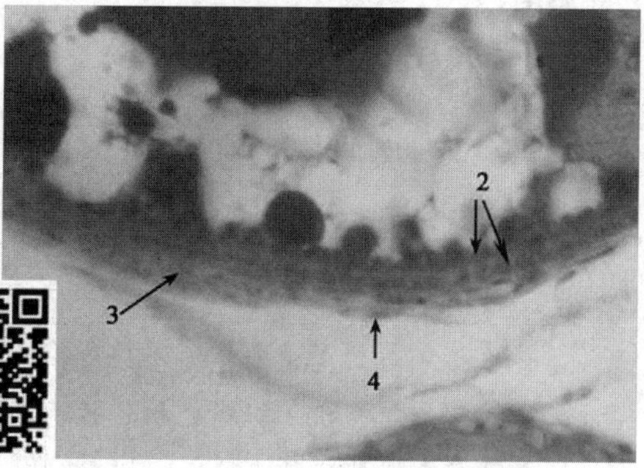

图 2-1-41　孔雀鱼第Ⅳ期卵巢高倍观察

1.细胞核；2.滤泡膜；3.小血管；4.卵包膜

第Ⅴ期：卵巢体积继续增大，主要是第Ⅴ时相的成熟卵细胞，另外还有处于第Ⅰ、Ⅱ、Ⅲ时相的卵母细胞。卵细胞呈球形或椭球形，细胞质中卵黄颗粒凝结成块状，切片观察呈条带状分布；卵黄泡主要分布于细胞膜内缘；滤泡膜萎缩。（图 2-1-42）这一时期的卵细胞已发育成熟，可以与精子结合，形成受精卵。

第Ⅵ期：卵胎生或胎生种类才有，又称怀胎期。成熟卵子与精子结合形成受精卵，在卵巢内进行胚胎发育，形成仔鱼后产出体外。怀胎期卵巢体积达到最大，卵包膜极薄，几乎透明，胚胎发育的营养来自于自身的卵黄物质，母体不供应胚胎营养。（图 2-1-43）卵巢内少量未及时受精的第Ⅴ时相卵细胞，将形成闭锁卵泡最终被吸收。

第Ⅶ期：产仔后，卵巢体积急剧缩小，卵巢壁皱缩，回到第Ⅲ期状态，进行下一个生殖周期。卵巢内主要为第Ⅰ、Ⅱ、Ⅲ时相的卵母细胞，有时可见第Ⅳ、Ⅴ时相的生殖细胞。

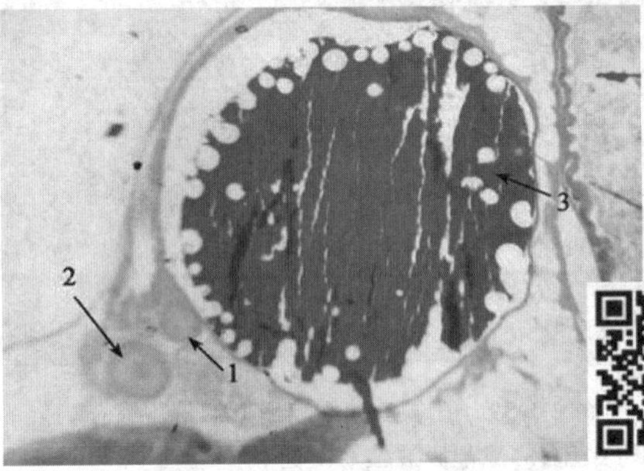

图 2-1-42 孔雀鱼第Ⅴ期卵巢低倍观察

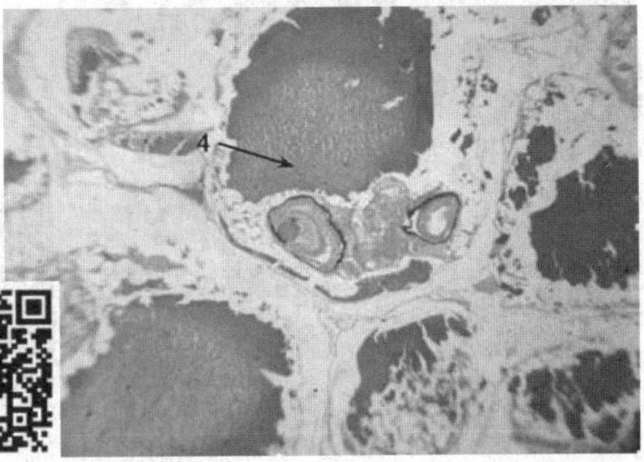

图 2-1-43 孔雀鱼第Ⅵ期卵巢低倍观察

1. 第Ⅱ时相卵母细胞；2. 第Ⅲ时相卵母细胞；3. 第Ⅴ时相卵细胞；4. 胚胎

思考题：

1. 简答硬骨鱼类性腺组织结构特点。
2. 简答鱼类雌雄生殖细胞发生阶段及一般特点。

绘图：

鲢鱼第Ⅳ时相卵母细胞。

第二节 虾类性腺

目的与要求：

1. 掌握脊尾白虾生殖细胞发生规律。
2. 掌握脊尾白虾精巢组织学结构特点。
3. 了解脊尾白虾卵巢不同发育时期组织学结构特点。

脊尾白虾性腺结构

脊尾白虾雄性生殖系统位于头胸甲的背侧与腹部的交界处，前端在肝胰脏的上方，后端在心脏的下方，由一对精巢和两根输精管组成（图 2-2-1）。精巢左右两叶，两叶精巢的前后愈合，中间分开。在精巢中部靠后的部位向两侧发出输精管。输精管可分为前输精管、中输精管、后输精管、末端壶腹，前输精管很细，中输精管盘旋弯曲后与后输精管相连，后输精管沿鳃的后缘向腹侧延伸，最后膨大为末端壶腹，开口于第五步足基部即排精口。发育早期的精巢细线状，无色透明，从雄虾的背侧就能观察到；发育成熟的精巢呈白色半透明状，可以在雄虾的头胸甲背侧观察到“三叶草”形状的组织结构，中间一“叶”为精巢，其他两“叶”为盘旋的输精管。

脊尾白虾雌性生殖系统由一对卵巢和两根输卵管组成(图 2-2-2)。卵巢位于头胸甲的背侧与腹部的交界处，前端在肝胰脏的上方，后端在心脏的下方。整个卵巢呈 O 字形，前后端愈合在一起，中间形成一个空隙。一对输卵管由卵巢中部偏后的位置向两侧发出，沿围心腔壁向腹侧延伸，最后汇合于腹部的第三对步足即雌虾的产卵孔。发育早期的卵巢呈半透明状，体积很小，随着卵巢的发育，体积逐渐变大，前端不断向前延伸，颜色从半透明依次变为白色、淡黄色、亮黄色，卵巢膜上开始出现墨绿色小点，并随卵巢的发育墨绿色小点逐渐增多变大。卵巢成熟后，将肝胰脏完全覆盖，充满整个头胸甲，前端可达额剑后缘。此时卵巢颜色亮黄，卵巢膜变为绿色。

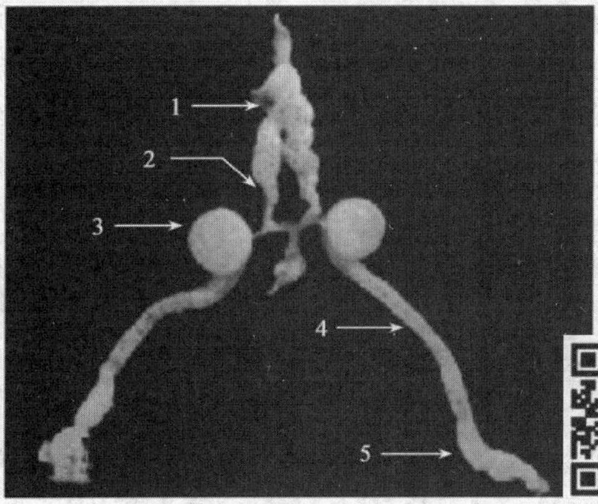

图 2-2-1　脊尾白虾雄性生殖系统形态图

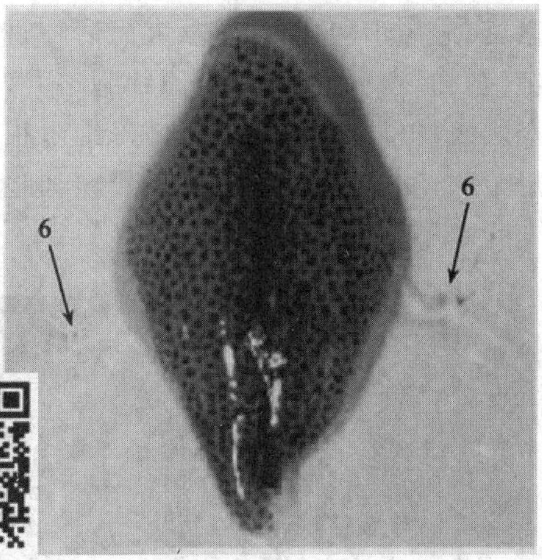

图 2-2-2　脊尾白虾雌性生殖系统形态图

1. 精巢；2. 前输精管；3. 中输精管；4. 后输精管；5. 末端壶腹；6. 输卵管

(栗治国等，2014)

实验案例：

(一)脊尾白虾雄性生殖器官(H·E 染色；栗治国等，2014)

1. 精巢

精巢包被一层极薄的结缔组织膜，根据细胞的发育情况，可将精巢分为生发区和成熟区两部分，前后两端为生发区，中部为成熟区。生发区精巢内部有许多精小管，不同精小管内的精子发育不同步，所以在繁殖季节成熟的精巢中会同时发现精原细胞、初级精母细胞、次级精母细胞、精细胞和精子的存在。精小管在成熟区逐渐汇集为一体，最后形成一个大腔与输精管相连。(图 2-2-3)

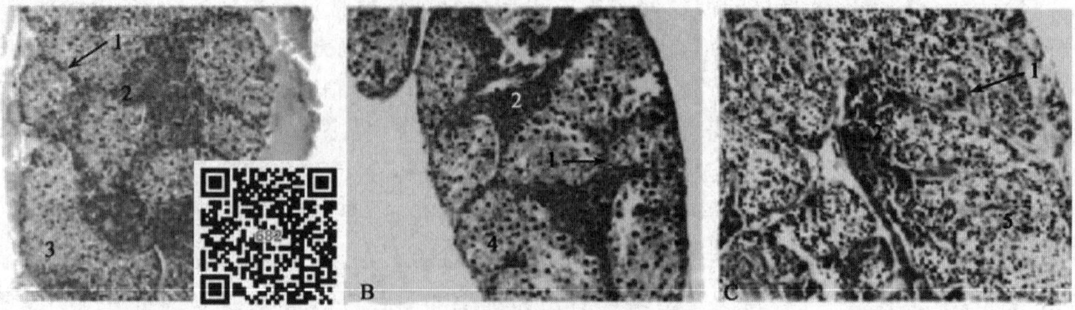

图 2-2-3　脊尾白虾精巢低倍观察

A. 休止期精巢；B. 增殖期精巢；C. 成熟期精巢

1. 结缔组织；2. 生殖上皮；3. 精原细胞；4. 精母细胞；5. 精子

2. 精子的发生

在生发区中央，各精小管的生殖上皮黏附在一起，生殖上皮由精原细胞组成。精原细胞排列紧密，边界不明显，细胞核大而清晰，核质多沿核膜分布。精原细胞不断向外分化为初级精母细胞，初级精母细胞比精原细胞略大，核大，染色深。初级精母细胞经减数第一次分裂形成两个次级精母细胞。与初级精母细胞相比，次级精母细胞体积变小，核亦变小，染色深。次级精母细胞经减数第二次分裂形成精细胞，体积变小。精细胞核发生极化，部分胞质被抛弃，然后变为精子。（图 2-2-4）

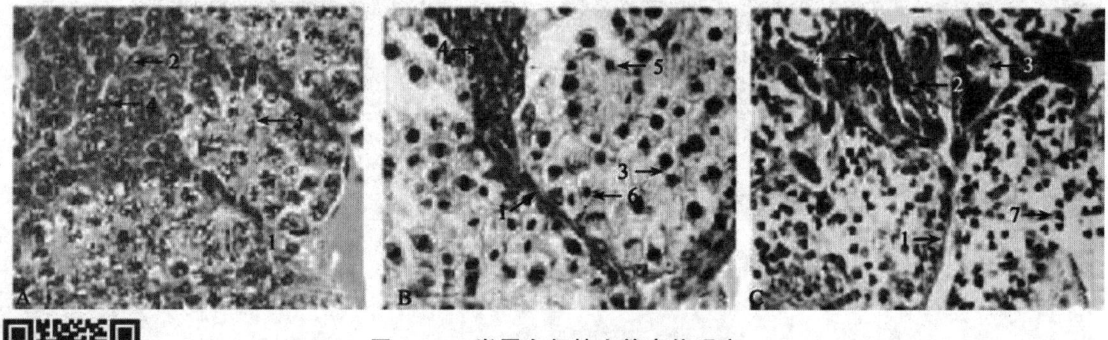

图 2-2-4　脊尾白虾精小管高倍观察

A. 休止期精小管；B. 增殖期精小管；C. 成熟期精小管

1. 结缔组织；2. 精原细胞；3. 初级精母细胞；4. 营养细胞；5. 次级精母细胞；6. 精细胞；7. 精子

3. 输精管

根据输精管形态及位置的不同将其分为前输精管、中输精管、后输精管、末端壶腹四个部分。各输精管组织学结构相似，管壁自外至内均由结缔组织、肌肉层、基膜及管壁上皮四层组成，但各层厚度及管壁上皮构成在不同部分有差异。在整条输精管管壁的一侧有 15～20 个上皮细胞排列在内陷的基膜上构成一个 Ω 形结构，这些细胞的核长圆形，强嗜碱性，并向输精管内分泌弱嗜碱性物质。（图 2-2-5）

前输精管很短，管径较小，管腔内充满精子，精子间有黏液，嗜碱性。管壁上的柱状上皮细胞排列紧密，强嗜碱性，可向管腔内分泌黏液，管壁上皮层内无嗜酸性基质。中输精管盘旋在

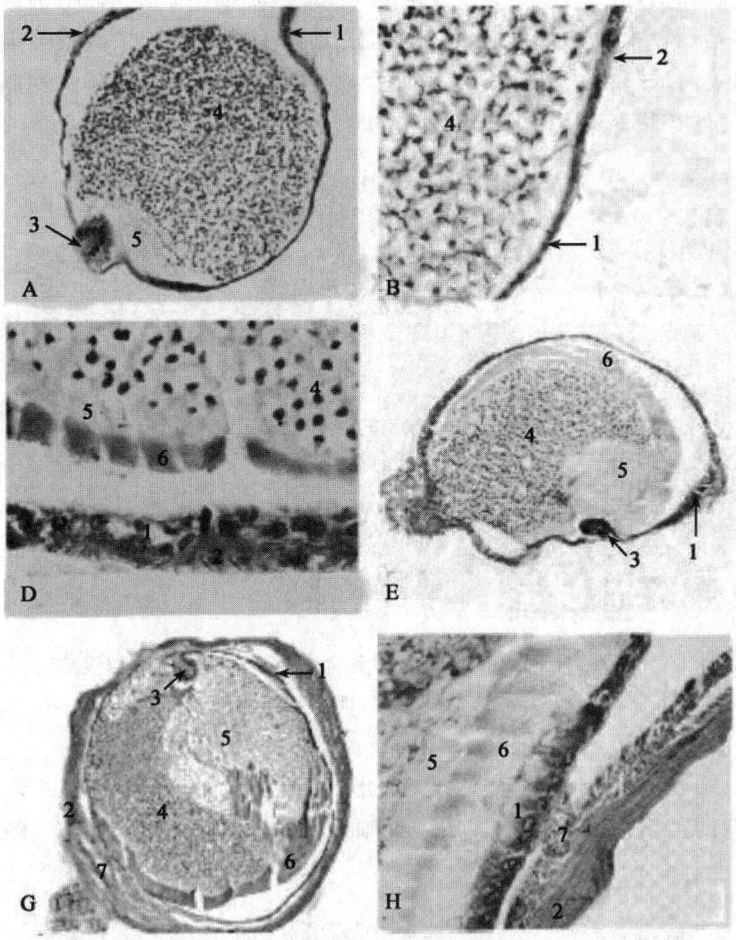

图 2-2-5　脊尾白虾输精管

A、B. 前输精管；C、D. 中输精管；E、F. 后输精管；G、H. 末端壶腹

1. 管壁上皮；2. 环肌；3. Ω 形结构；4. 精子；5. 嗜碱性基质；6. 嗜酸性基质；7. 纵肌

一起似蜗牛壳形状，管径明显增大。前段中输精管的低柱状上皮开始向管腔内分泌嗜酸性基质形成半圆形的膜；后段中输精管嗜酸性基质膜厚度增加。在中输精管内，精子被分割到不同的精荚囊中。后输精管较长，弯曲很小，管径有所减小，嗜酸性基质和嗜碱性基质明显增多。末端壶腹短且粗，肌肉层发达，外环内纵排列。管内嗜酸性基质和嗜碱性基质最多，有些末端壶腹中可观察到精子被嗜酸性基质和嗜碱性基质膜分为两个精子群。

(二)脊尾白虾卵巢(H · E 染色)

1. 卵子的发生

根据卵细胞的体积、核质比、卵黄物质的积累以及在卵巢中的分布情况，将脊尾白虾卵子的发生划分为卵原细胞、卵黄合成前期卵母细胞、内源性卵黄合成期卵母细胞、外源性卵黄合成期卵母细胞及成熟期卵母细胞五个时期。

卵原细胞：存在于任何时期卵巢的中央部位，细胞椭圆形或圆形，细胞核染色很深，几乎占据了整个细胞(图 2-2-6)。

卵黄合成前期卵母细胞：该期细胞存在于各个时期的卵巢中部、卵原细胞外围，细胞椭圆形或呈不规则多边形。细胞大小差别较大，从卵原细胞向外，细胞逐渐变大。细胞核圆形或椭圆形，核质染色较深，弥散在细胞核内，核仁 1～2 个。细胞质呈嗜碱性，染色为蓝紫色。细胞间零星分布少量滤泡细胞，从内向外数量渐渐增多。（图 2-2-7）

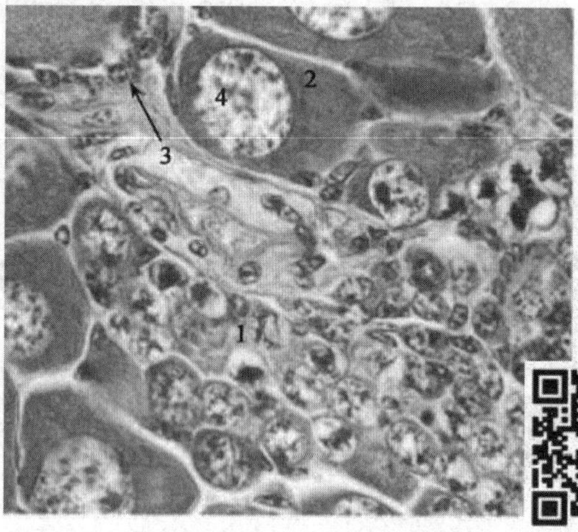

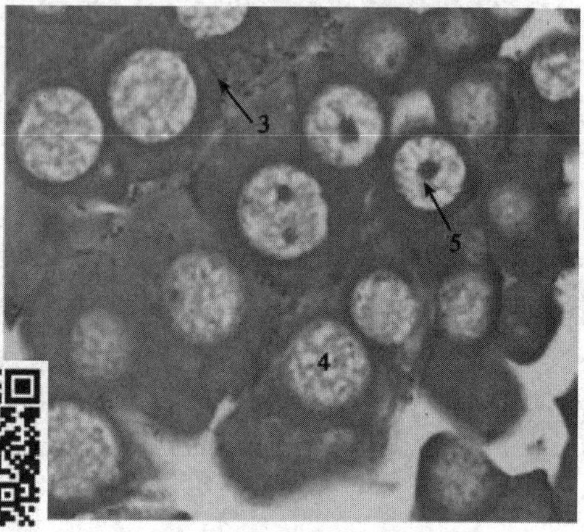

图 2-2-6　卵原细胞高倍观察　　**图 2-2-7　卵黄合成前期卵母细胞高倍观察**

1. 卵原细胞；2. 卵黄合成前期卵母细胞；3. 滤泡细胞；4. 细胞核；5. 核仁

内源性卵黄合成期卵母细胞：细胞椭圆形或呈不规则多边形，细胞质嗜酸性，具一椭圆形嗜碱性细胞核，发育后期卵母细胞的胞质外缘出现小空泡。细胞周围围绕一层滤泡细胞。（图 2-2-8，图 2-2-9）

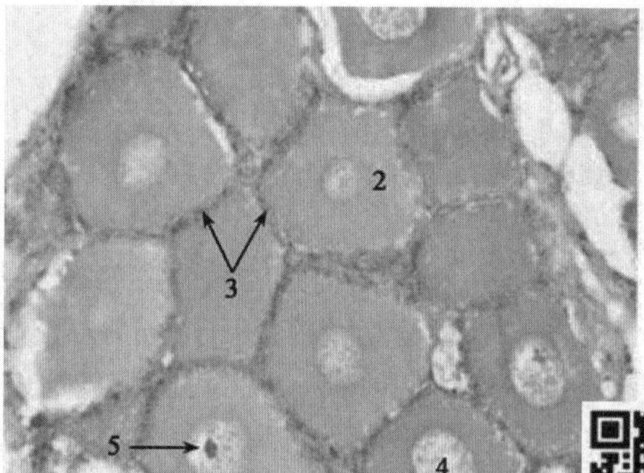

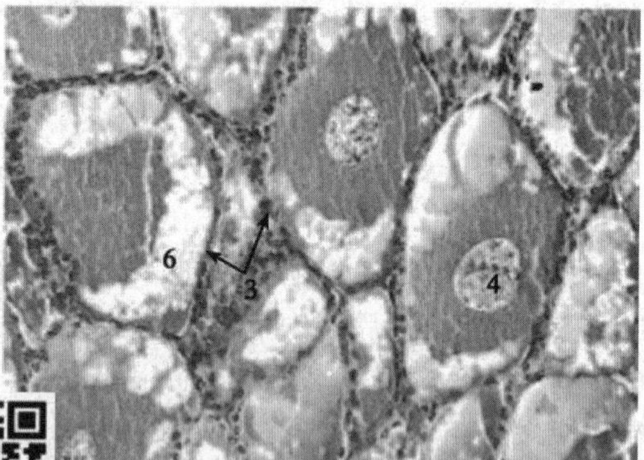

图 2-2-8　早期内源性卵黄合成期卵母细胞低倍观察　　**图 2-2-9　后期内源性卵黄合成期卵母细胞低倍观察**

1. 卵黄合成前期卵母细胞；2. 内源性卵黄合成期卵母细胞；3. 滤泡细胞；4. 细胞核；5. 核仁；6. 空泡

外源性卵黄合成期卵母细胞：细胞体积增大。早期卵母细胞边缘细胞质出现大颗粒卵黄，细胞核边界明显，核质弥散在细胞核中，细胞周围滤泡细胞椭圆形。晚期卵母细胞胞质中充满

大量大颗粒卵黄。细胞核边缘参差不齐，核质染色变浅，滤泡细胞形状狭长。(图 2-2-10)

成熟期卵母细胞：细胞形状由于相互挤压变得不规则，细胞边缘模糊，可勉强根据卵母细胞间的滤泡细胞分辨各卵母细胞。滤泡细胞狭长，染色较深。(图 2-2-11)

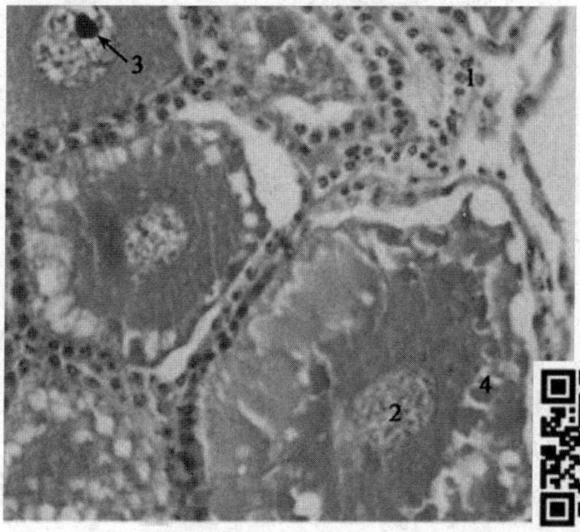

图 2-2-10　外源性卵黄合成期卵母细胞高倍观察

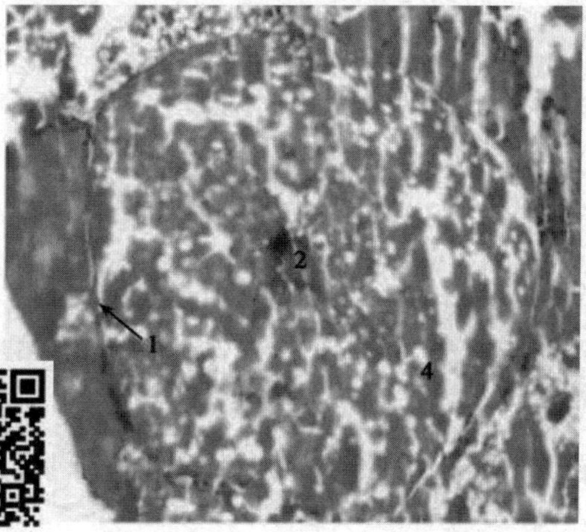

图 2-2-11　成熟期卵母细胞低倍观察

1. 滤泡细胞；2. 细胞核；3. 核仁；4. 卵黄颗粒

2. 卵巢发育周期(栗治国等，2014)

脊尾白虾的卵巢发育可分为增殖期、小生长期、大生长期、成熟期和恢复期五个时期。

增殖期：卵巢中央分布着较多卵原细胞，卵原细胞外周为卵黄合成前期卵母细胞(图 2-2-12)。

小生长期：卵巢中央可见少量卵原细胞，卵原细胞外包围大量卵黄合成前期卵母细胞，卵巢的边缘为内源性卵黄合成期卵母细胞(图 2-2-13)。

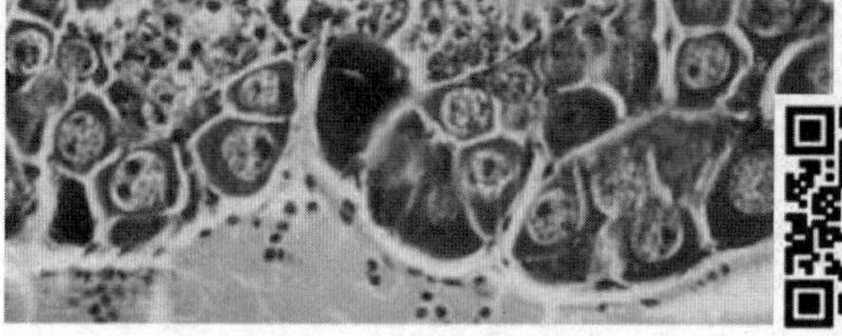

图 2-2-12　增殖期高倍观察

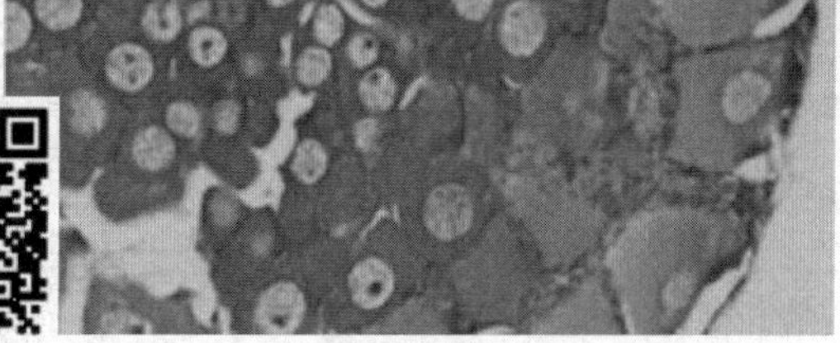

图 2-2-13　小生长期低倍观察

1. 卵原细胞；2. 卵黄合成前期卵母细胞；3. 内源性卵黄合成期卵母细胞

大生长期：卵巢中多数为外源性卵黄合成期卵母细胞，内源性卵黄合成期卵母细胞很少或无，卵巢中央可见少数卵原细胞及卵黄合成前期卵母细胞（图 2-2-14）。

成熟期：卵巢中主要为成熟期卵母细胞，外源性卵黄合成期卵母细胞较少，无内源性卵黄合成期卵母细胞，卵巢中央可见少数卵原细胞及卵黄合成前期卵母细胞（图 2-2-15）。

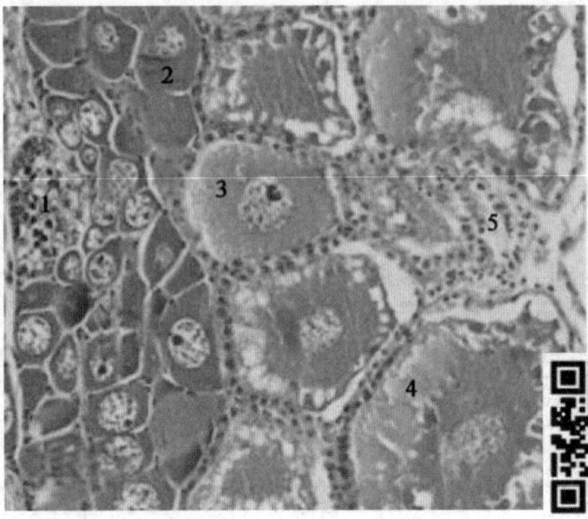

图 2-2-14 大生长期低倍观察

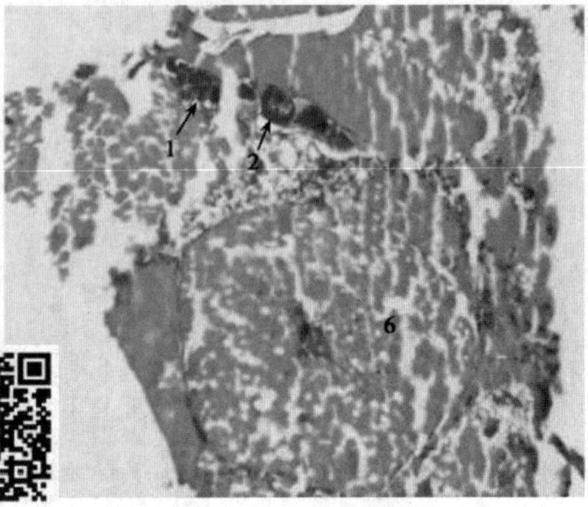

图 2-2-15 成熟期低倍观察

1. 卵原细胞；2. 卵黄合成前期卵母细胞；3. 内源性卵黄合成期卵母细胞；4. 外源性卵黄合成期卵母细胞；5. 滤泡细胞；6. 成熟卵母细胞

恢复期：卵巢内可见排卵后的空腔；卵巢细胞主要为卵原细胞及卵黄合成前期卵母细胞，排列疏松，细胞间弥散大量滤泡细胞（图 2-2-16）。

思考题：

1. 简答脊尾白虾精巢组织结构特点。
2. 简答脊尾白虾生殖细胞发生特点。

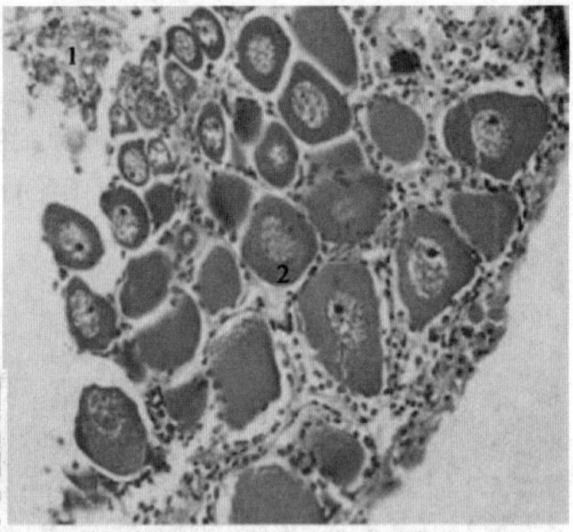

图 2-2-16 恢复期低倍观察

1. 卵原细胞；2. 卵黄合成前期卵母细胞

第三节 蟹类性腺

目的与要求：

1. 掌握蟹类性腺组织学特点。
2. 了解蟹类性腺不同发育时期特点。

一、蟹类性腺结构

雄蟹生殖系统包括精巢、输精管和副性腺。精巢一对，位于背甲下方心脏与胃之间，呈乳白色(图 2-3-1)。精巢后端各发出一条输精管，可分为三段：前段为腺质部，细而盘曲，能产生分泌物，形成精荚；中段膨大为贮精囊，是贮存精荚之处；后段为射精管，与副性腺汇合后开口于腹甲两侧的雄性生殖孔。

雌蟹生殖系统包括卵巢、输卵管和受精囊。卵巢一对，位于头胸甲内，呈橘黄色(图 2-3-2)。卵巢后端各发出一条输卵管，其末端膨大为受精囊，开口于腹甲上的雌性生殖孔。

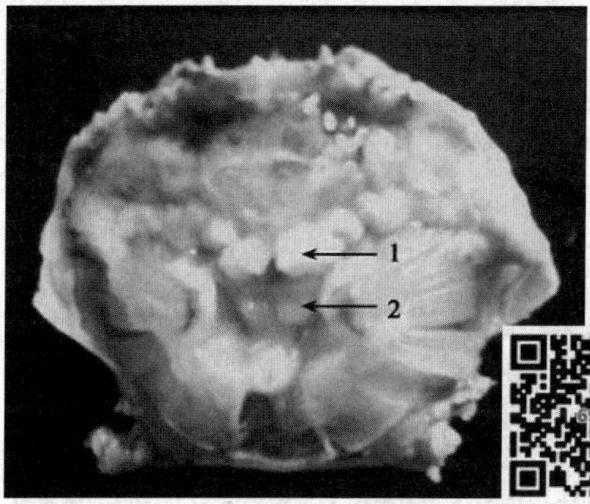

图 2-3-1　日本蟳雄性生殖系统形态图

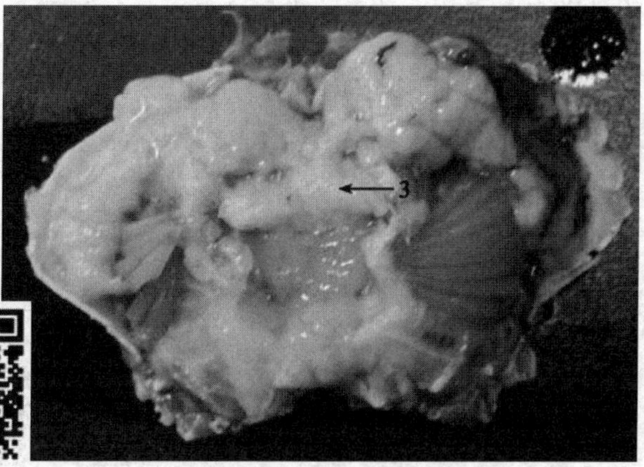

图 2-3-2　日本蟳雌性生殖系统形态图

1. 精巢；2. 贮精囊；3. 卵巢

(许星鸿等，2010)

实验案例：(许星鸿等，2010)

(一)日本蟳精巢(H·E 染色)

1. 精小管

日本蟳精巢切片上可看到直径不等的精小管，管壁上皮呈单层柱状，小管一端连着由大量精原细胞构成的生发区(图 2-3-3)。精原细胞大小不等，但都具有共同的特征：核质比大，核仁明显，核外为一薄层嗜碱性细胞质。

2. 雄性生殖细胞

在不同的精小管或同一精小管中可见处于不同发育阶段的雄性生殖细胞(图 2-3-4)。初级精母细胞直径约 8 μm，核质比较精原细胞略小，部分细胞的核内染色质偏于一侧而呈弯月状。次级精母细胞直径约 5 μm，核近圆形，染色深且均匀。精子细胞小，直径仅 3 μm 左右，核圆形。在生长期后期，有些精小管中已可见成熟精子，但管腔有较多空隙。

(二)日本蟳卵巢(H·E 染色)

1. 滤泡

日本蟳卵巢表面被覆一层结缔组织，结缔组织深入卵巢内部将卵巢分成很多滤泡，滤泡中可看到处于不同发育阶段的雌性生殖细胞(图 2-3-5)。

2. 雌性生殖细胞

日本鳗雌性生殖细胞发生经过卵原细胞、小生长期初级卵母细胞、大生长期初级卵母细胞、成熟卵子四个阶段。卵原细胞体积小,核质比大,核、质均呈嗜碱性。小生长期初级卵母细胞胞质增多,嗜碱性较强,随着卵母细胞的发育,卵径增大到 70～90 μm,胞质嗜碱性减弱,并出现空泡状和嗜酸性的液泡结构。滤泡细胞零星出现,还未形成滤泡膜。进入大生长期的初级卵母细胞开始积累卵黄,由于体积增大使细胞相互挤压而呈不规则形,卵径 75～125 μm,形成单层滤泡膜,染成鲜红色的卵黄颗粒从胞质外层开始沉积,胞质中的空泡状和粉红色的液泡数量增多。成熟卵子平均卵径达 280 μm,无明显核区。(图 2-3-6)

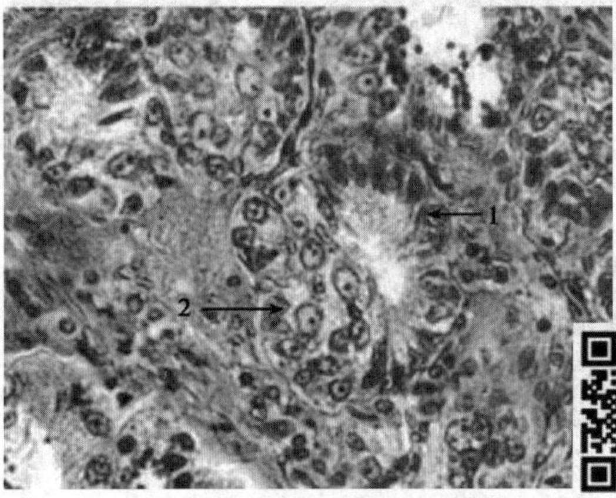

图 2-3-3　日本鳗精巢高倍观察

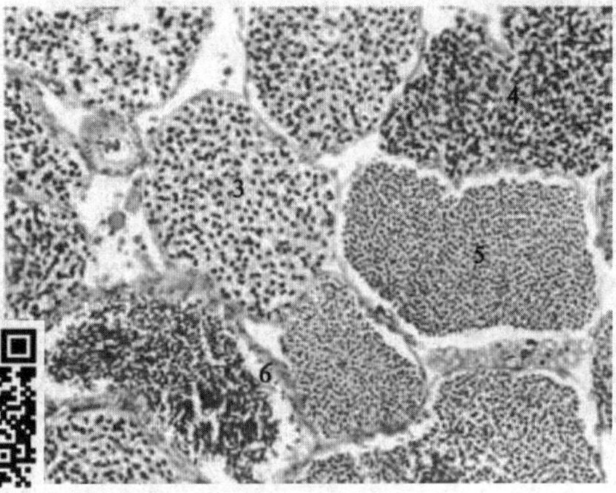

图 2-3-4　日本鳗雄性生殖细胞低倍观察

1. 精小管;2. 精原细胞;3. 初级精母细胞;4. 次级精母细胞;5. 精子细胞;6. 精子

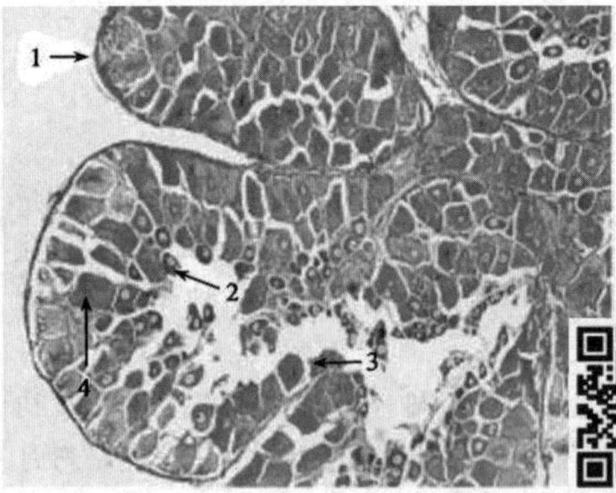

图 2-3-5　日本鳗卵巢低倍观察

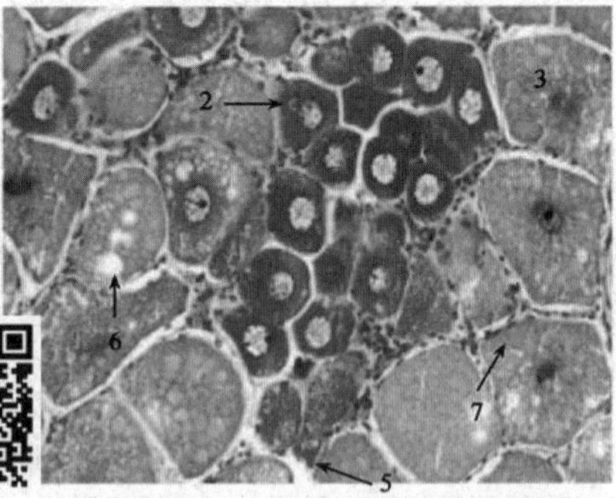

图 2-3-6　日本鳗雌性生殖细胞高倍观察

1. 滤泡;2. 小生长期初级卵母细胞;3. 大生长期初级卵母细胞;

4. 成熟卵子;5. 卵原细胞;6. 液泡;7. 卵黄

二、蟹类性腺发育周期

实验案例:(许星鸿等,2010)

(一)日本蟳精巢发育周期(H・E 染色)

根据日本蟳精巢的组织学和外部形态特征,可将精巢发育分为 5 个时期:形成期、生长期、成熟期、排放期和恢复期(图 2-3-7)。

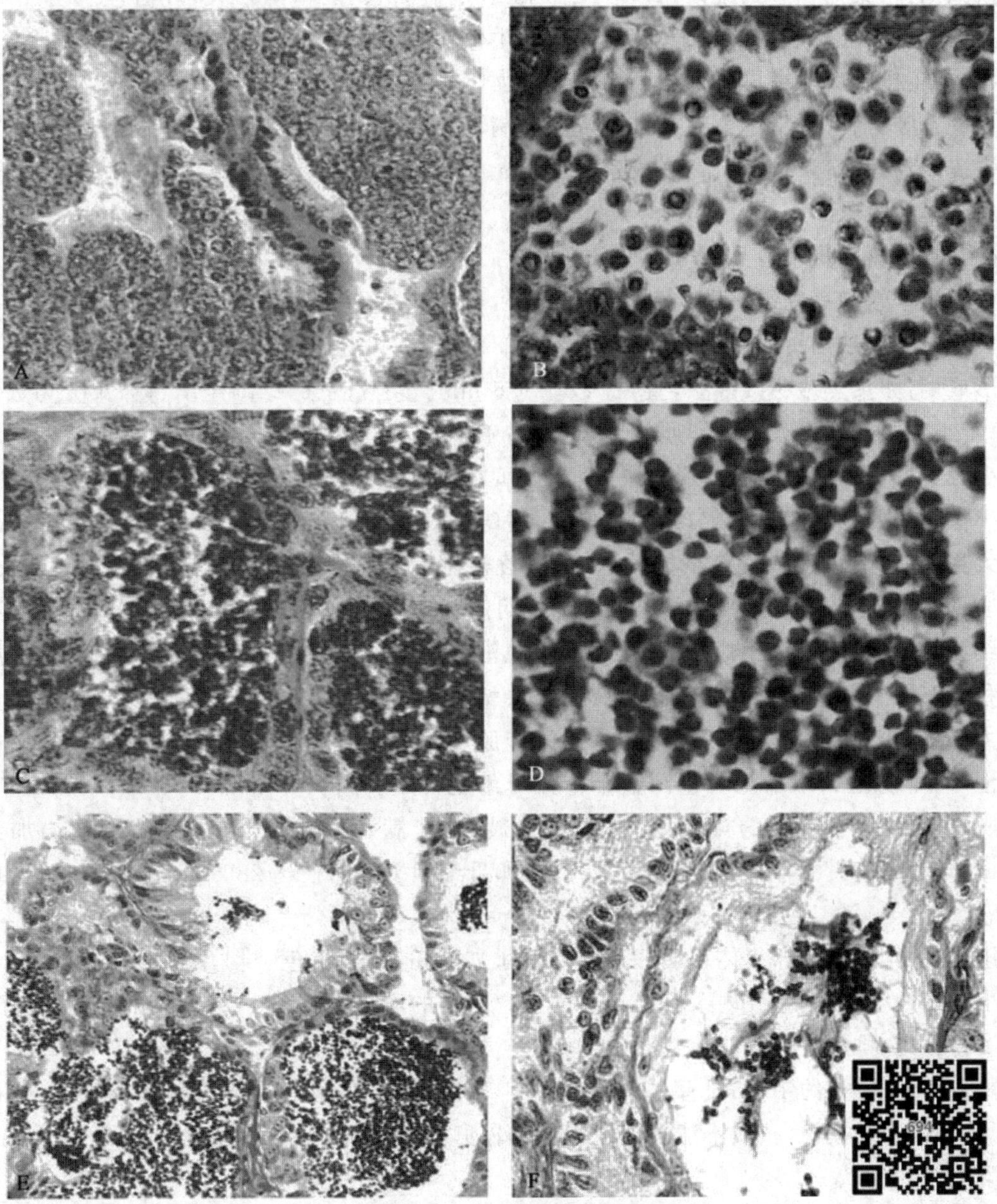

图 2-3-7　日本蟳精巢发育周期

A. 形成期;B. 生长期;C、D. 成熟期;E. 排放期;F. 恢复期

形成期:在心脏的前方两侧形成透明细线状的精巢,直径约 1 mm。切片观察,精小管细小,直径约 70 μm,管腔空虚呈扁平状;管壁为单层柱状上皮,在横切面上可见其一端连着由大量精原细胞构成的生发区。

生长期:精巢变粗,直径 2～4 mm,乳白色,向头胸甲前方及两侧延伸。切片观察,精小管由于含有大量生殖细胞而膨胀,直径 230～350 μm;管壁上皮由高柱状变为低柱状;在不同的精小管或同一精小管中可见处于不同发育阶段的雄性生殖细胞。

成熟期:精巢体积达到最大,直径 4～6 mm,呈盘曲状,贮精囊膨大,乳白色。切片观察,大部分精小管中充满成熟的精子;有些精小管中仍在产生精母细胞和精细胞。

排放期:排精后的精巢体积缩小,直径 3～4 mm,白色。切片观察,部分精小管中出现大小不等的空腔,而有些精小管暂未排放依然饱满,将和后期发育成熟的精子一起排放。

恢复期:精巢呈淡黄色,扁平状,宽约 2 mm。切片观察,精小管已基本排空,管壁塌陷,残余的精子呈崩解状。

(二)日本蟳卵巢发育周期(H·E染色)

根据日本蟳卵巢的组织学和外部形态特征,可将卵巢发育分为 6 个时期:形成期、小生长期、大生长期、成熟期、排放期和恢复期(图 2-3-8)。

形成期:卵巢呈透明细线状,直径 0.5～1.5 mm。切片观察,结缔组织将卵巢分为数个小叶,每个小叶中均产生大量的卵原细胞,构成增殖中心。

小生长期:卵巢整体呈 W 形,乳白色或淡黄色,宽 2～4 mm。切片观察,卵巢内主要含有处于小生长期的初级卵母细胞,细胞质增多,嗜碱性较强。

大生长期:卵巢呈淡黄色至橘黄色,体积逐渐增大,到此期末卵巢宽度增加到约 20 mm,并且表面呈滤泡状。切片观察,进入大生长期的初级卵母细胞开始积累卵黄,由于体积增大使细胞相互挤压而呈不规则形,形成单层滤泡膜。染成鲜红色的卵黄颗粒从胞质外层开始沉积,胞质中的空泡状和粉红色的液泡数量增多。处于大生长期晚期的卵母细胞卵黄颗粒粗大而密集,核区明显,核质染色均匀,滤泡膜变扁平。卵巢被增生的结缔组织分成很多个滤泡,每个滤泡由结缔组织包围数十个卵母细胞构成。

成熟期:卵巢呈鲜艳的橘红色,体积达到最大,充满背甲下方空间,卵巢宽度增加到约 25 mm,滤泡更加突出,卵粒可辨。切片观察,卵母细胞平均卵径达 280 μm,无明显核区,已发育成熟。

排放期:排卵后的卵巢体积明显缩小,宽约 15 mm,呈橘黄色。切片观察,部分滤泡中出现大小不等的空腔,滤泡腔内余有处于不同发育时期的卵母细胞和一些未产出的成熟卵子,将继续发育、再次排放。有些滤泡暂时未排卵依然饱满。

恢复期:卵巢宽约 10 mm,呈淡黄色。切片观察,滤泡已基本排空,残余的卵母细胞被分解吸收,细胞边缘模糊,核质不清晰。滤泡腔和输卵管中均可见到吞噬细胞,直径约15 μm,细胞质染成粉红色。

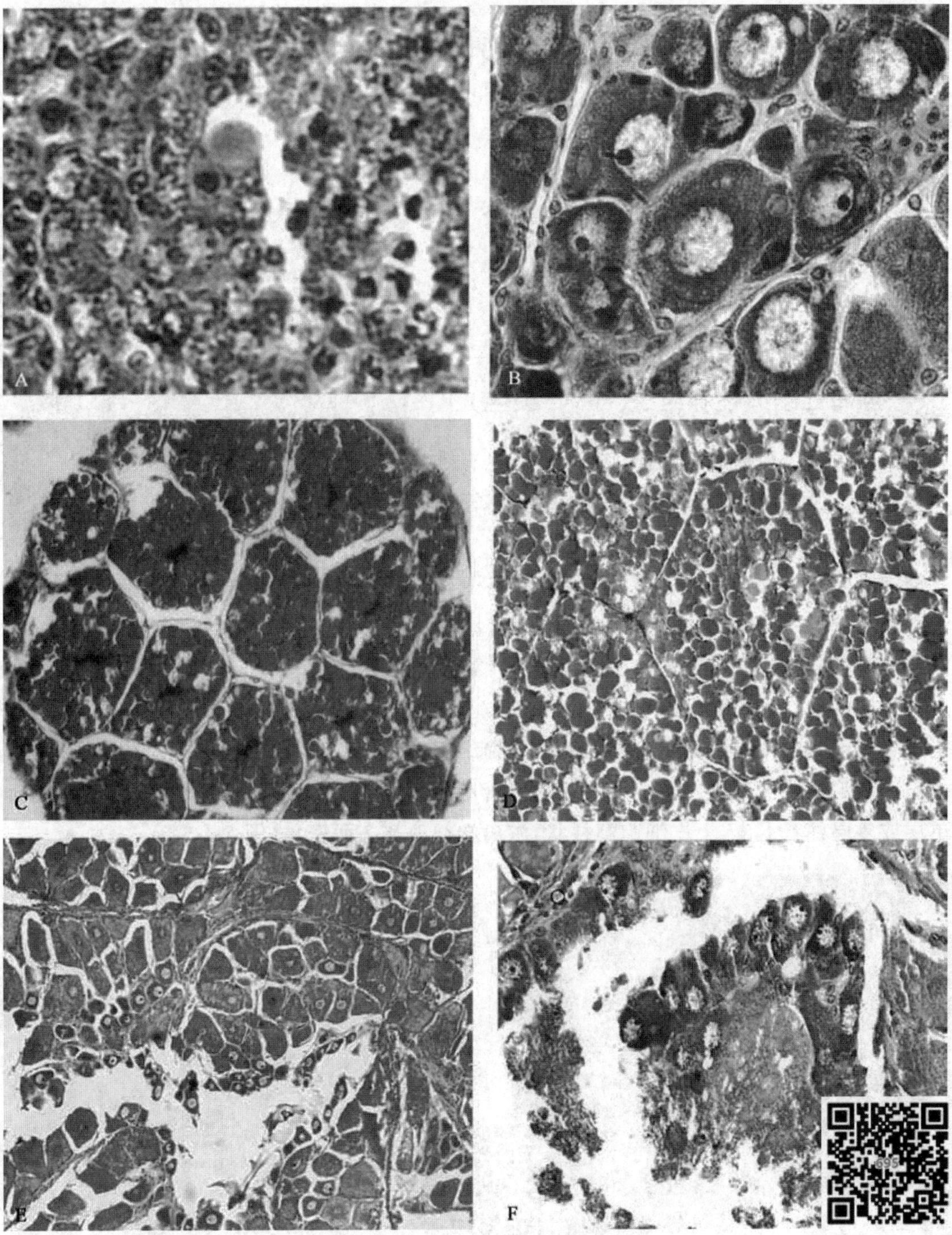

图 2-3-8　日本蟳卵巢发育周期

A. 形成期；B. 小生长期；C. 大生长期；D. 成熟期；E. 排放期；F. 恢复期

思考题：

简答蟹类生殖器官组织结构特点。

第四节　软体动物性腺

目的与要求：

1. 掌握扇贝性腺组织学结构特点。
2. 了解扇贝生殖细胞发生规律。
3. 了解扇贝性腺发育周期。

实验案例：

一、渤海红扇贝性腺组织(H·E染色)

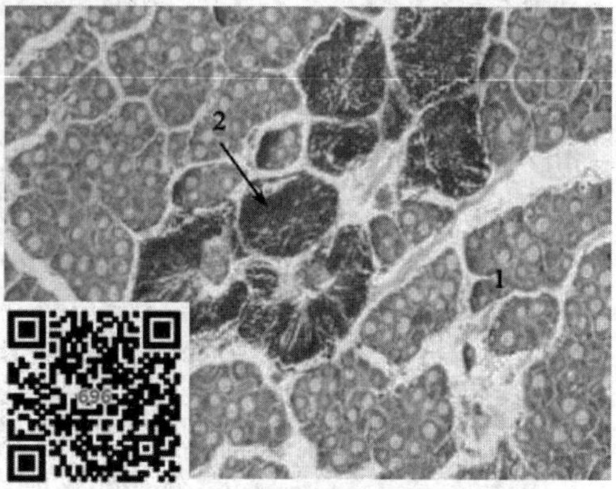

图 2-4-1　渤海红扇贝性腺低倍观察

1. 卵巢；2. 精巢

渤海红扇贝大多为雌雄同体(图 2-4-1)，也有雄性不育现象。渤海红扇贝性腺由滤泡、生殖小管和生殖输送管组成。

滤泡是生殖细胞产生的主要场所，由滤泡壁和滤泡腔两部分组成(图 2-4-2，图 2-4-3)。生殖小管末端与滤泡相连，从管腔向外依次由黏膜层、黏膜下层和外膜构成。黏膜层由单层矮柱状或立方上皮构成，上皮表面分布长短不一的纤毛，有辅助运送生殖细胞的作用。黏膜下层为疏松结缔组织，外膜为稍致密的结缔组织。(图 2-4-4)许多生殖小管汇集成生殖输送管。生殖输送管管腔更大，管壁增厚，形成肌肉层；管壁内表面覆盖单层或复层柱状上皮，上皮细胞高柱状，游离端纤毛整齐而密集(图 2-4-5)。

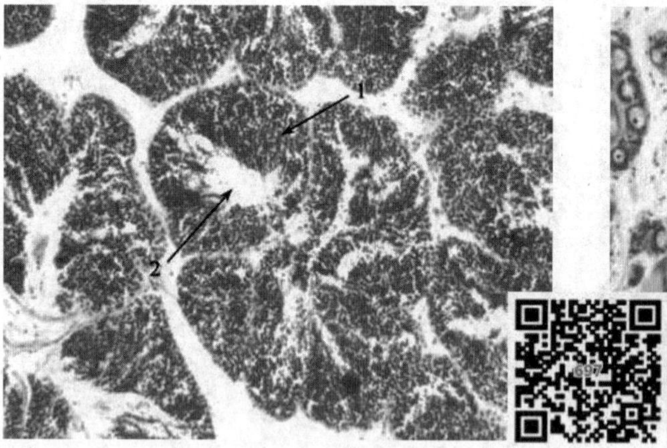

图 2-4-2　渤海红扇贝精巢低倍观察

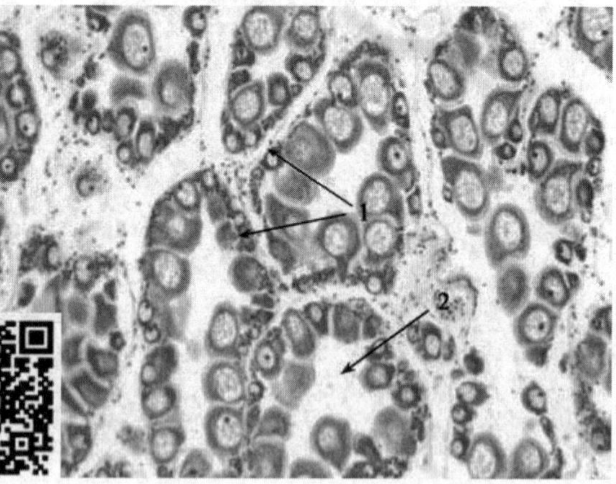

图 2-4-3　渤海红扇贝卵巢低倍观察

1. 滤泡壁；2. 滤泡腔

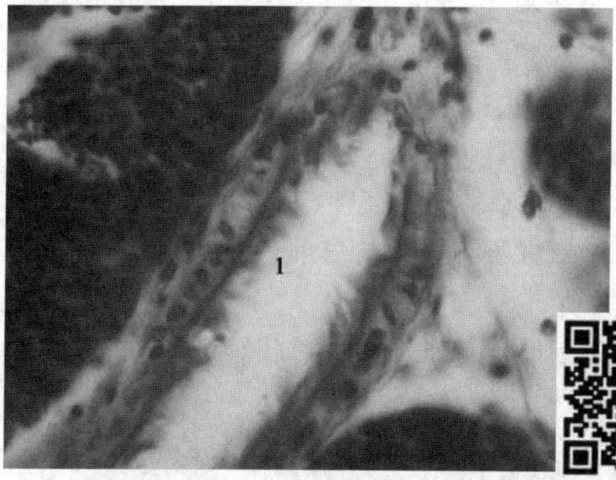

图 2-4-4　渤海红扇贝生殖小管高倍观察

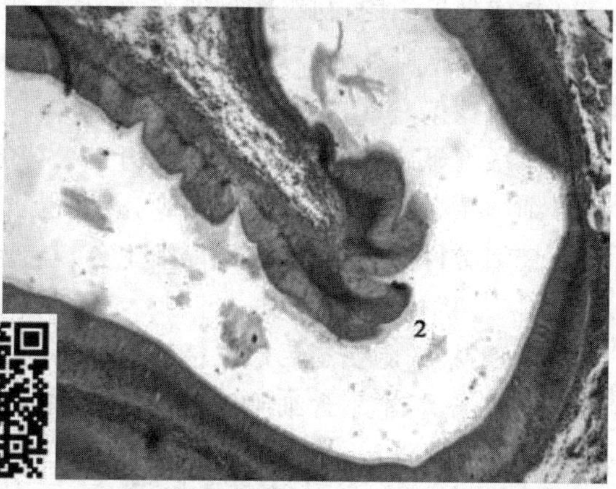

图 2-4-5　渤海红扇贝生殖输送管低倍观察

1. 生殖小管；2. 生殖输送管

二、渤海红扇贝生殖细胞发生规律(H·E染色)

(一)精子的发生

渤海红扇贝精子发生是在滤泡壁的支持细胞上进行的，经过增殖、生长、成熟和变态几个连续的时期，经历精原细胞、初级精母细胞、次级精母细胞、精细胞和精子五个阶段。支持细胞没有明显细胞界限，细胞核圆形，异染色质少，呈网状(图 2-4-6)。

精原细胞：精原细胞分成 A、B 两个阶段。精原细胞 A 为圆形，数量少，体积最大；细胞核明显，染色浅，体积大，几乎占满整个细胞，位于细胞的中间，核内无明显核仁，异染色质少，分布于核膜之下。精原细胞 B 为圆形或椭圆形，体积变小，核染色仍然较浅，但核中央形成明显核仁。(图 2-4-7)

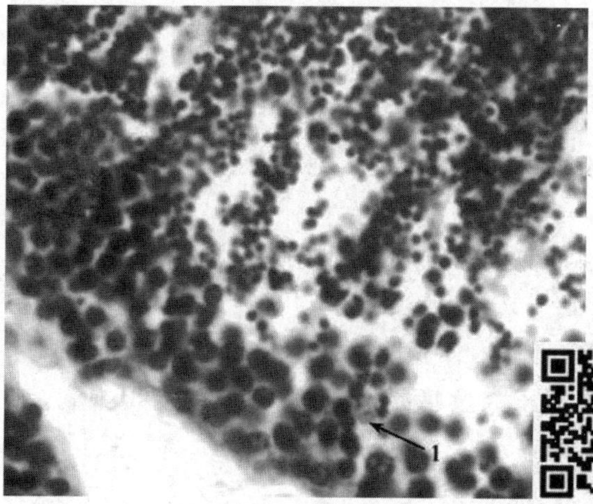

图 2-4-6　渤海红扇贝精巢高倍观察(一)

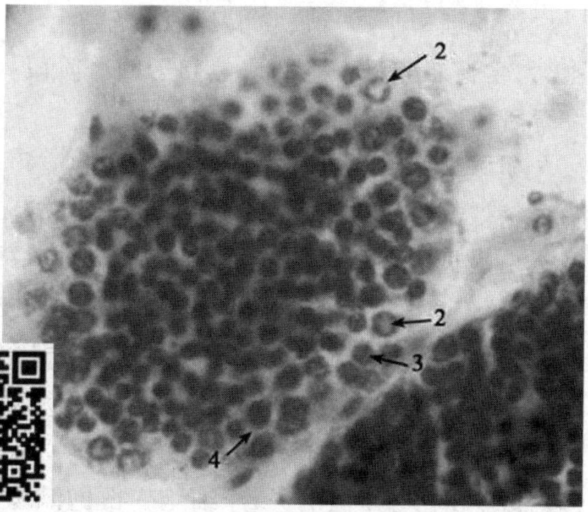

图 2-4-7　渤海红扇贝精巢高倍观察(二)

1. 支持细胞核；2. 精原细胞 A；3. 精原细胞 B；4. 初级精母细胞

初级精母细胞：初级精母细胞圆形，体积同精原细胞 B 或稍大，染色质丰富，染色比精原细胞深。根据所处分裂周期，染色质可以均匀分布于核内、核仁隐约可见，或分布于核的一侧、没有明显核仁。（图 2-4-7，图 2-4-8）

次级精母细胞：次级精母细胞由初级精母细胞经过一次成熟分裂形成，圆形，体积较初级精母细胞减小近一半，细胞质变少，核染色质浓缩使得核具有强嗜碱性（图 2-4-8）。

精细胞：精细胞由次级精母细胞分裂后形成，体积减小至次级精母细胞的 1/3 左右（图 2-4-8，图 2-4-9）。

精子：精细胞变态后形成精子，一般分布在最靠近小叶腔的位置。精子体积稍变小，头部嗜碱性最强，基本不含细胞质，具有一根细长的尾部（图 2-4-9）。

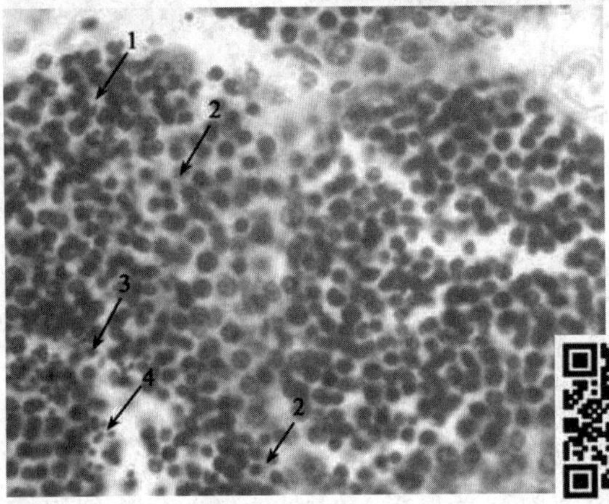

图 2-4-8 渤海红扇贝精巢高倍观察（三）

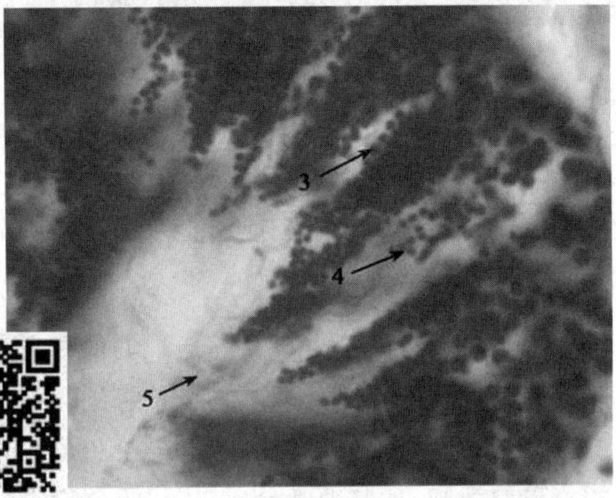

图 2-4-9 渤海红扇贝精巢高倍观察（四）

1. 初级精母细胞；2. 次级精母细胞；3. 精细胞；4. 精子；5. 精子尾部

（二）卵子的发生

渤海红扇贝卵子发生要经过增殖、生长、成熟三个时期，经历卵原细胞、小生长期卵母细胞、大生长期卵母细胞和成熟卵子四个阶段，随着季节和温度的变化，在卵巢中可观察到不同发育阶段的生殖细胞。

卵原细胞：卵原细胞体积最小，细胞质很少，染色淡，界限不明显；细胞核染色淡而亮，有一明显核仁位于核中央（图 2-4-10）。

小生长期卵母细胞：小生长期卵母细胞体积逐渐变大，圆形或多边形，没有卵柄，细胞质嗜碱性，核仁大而明显，2～3 个，靠近核膜分布（图 2-4-10）。

大生长期卵母细胞：大生长期卵母细胞开始贮存卵黄，体积明显变大，细胞变为梨形，通过卵柄和卵巢壁连接（图 2-4-11）。生长后期，卵质内积累大量嗜酸性卵黄，卵细胞变得饱满，细胞周围卵包膜明显（图 2-4-12）。

成熟卵子：卵柄消失，卵细胞变得饱满圆润（图 2-4-13）。

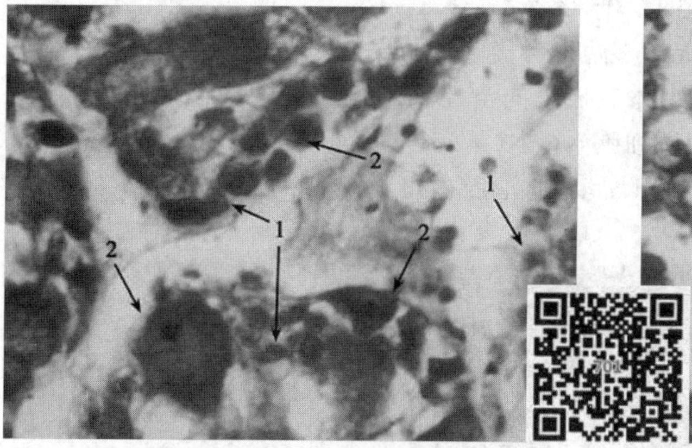

图 2-4-10 渤海红扇贝卵巢高倍观察(一)

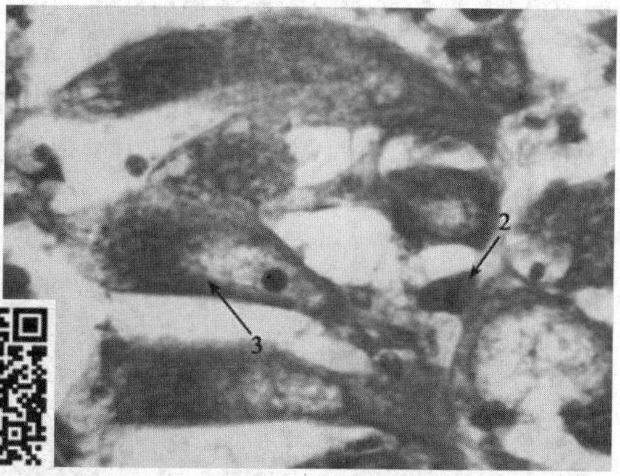

图 2-4-11 渤海红扇贝卵巢高倍观察(二)

1. 卵原细胞;2. 小生长期卵母细胞;3. 大生长期卵母细胞

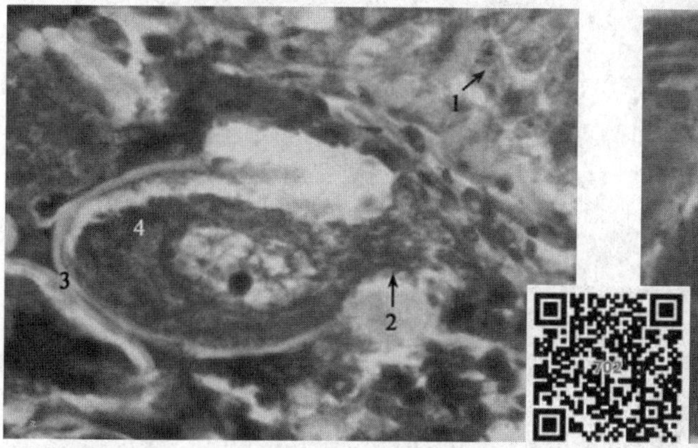

图 2-4-12 渤海红扇贝卵巢高倍观察(三)

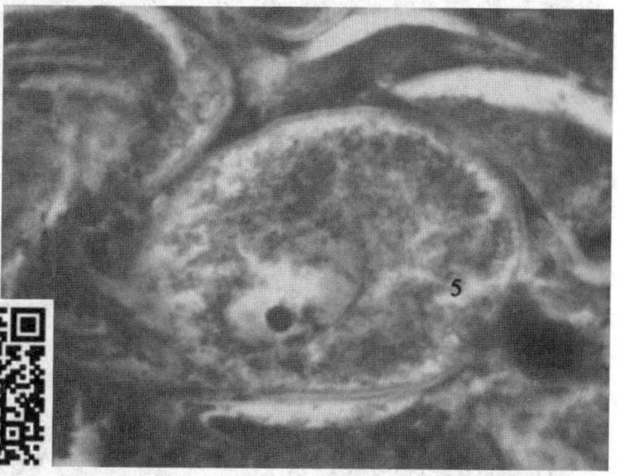

图 2-4-13 渤海红扇贝卵子高倍观察

1. 卵原细胞;2. 卵柄;3. 卵包膜;4. 大生长期卵母细胞;5. 成熟卵子

三、虾夷扇贝性腺发育周期(H·E 染色)

虾夷扇贝一般为雌雄异体,有雌雄同体现象(图 2-4-14)。根据滤泡中生殖细胞所处的阶段,将虾夷扇贝性腺发育划分为 5 个时期,即增殖期(Ⅰ期)、生长期(Ⅱ期)、成熟期(Ⅲ期)、排放期(Ⅳ)和休止期(Ⅴ期)。

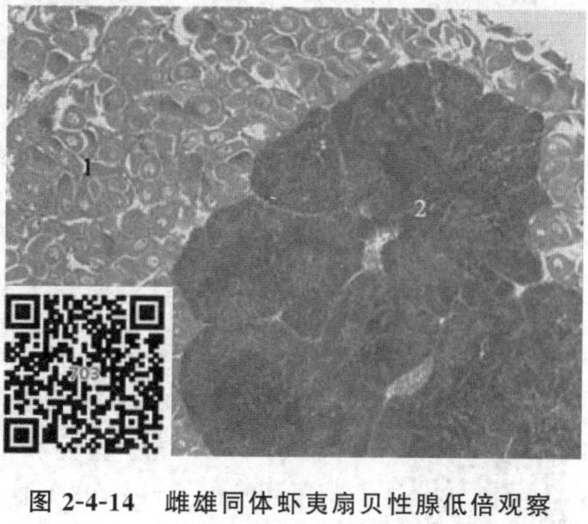

图 2-4-14 雌雄同体虾夷扇贝性腺低倍观察

1. 卵巢;2. 精巢

增殖期:结缔组织出现滤泡,滤泡壁上原始生殖细胞增多,滤泡腔为空腔(图 2-4-15A、B、C)。

生长期:雌性滤泡壁上挤满了带柄的卵母细胞,滤泡腔内出现少量成熟卵,雄性滤泡可见不同发育时期的雄性生殖细胞(图 2-4-15D、E)。

成熟期:雌性滤泡腔内充满多边形和椭圆形

的成熟卵，雄性滤泡腔内充满辐射状排列的精子(图 2-4-15F、G、H)。

排放期：排放前期，雌性滤泡腔内仍充满多边形和椭圆形的成熟卵，滤泡中央稍空；雄性滤泡腔中央精子减少。排放后期，雌性滤泡基本变成大的空腔，沿滤泡壁排列少量卵母细胞；雄性滤泡变成大的空腔，腔内残留极少量精原细胞。(图 2-4-15I、J)

休止期：雌雄滤泡腔逐渐变小，结缔组织增多，滤泡腔内可见残留的卵子和精子(图 2-4-15K、L)。

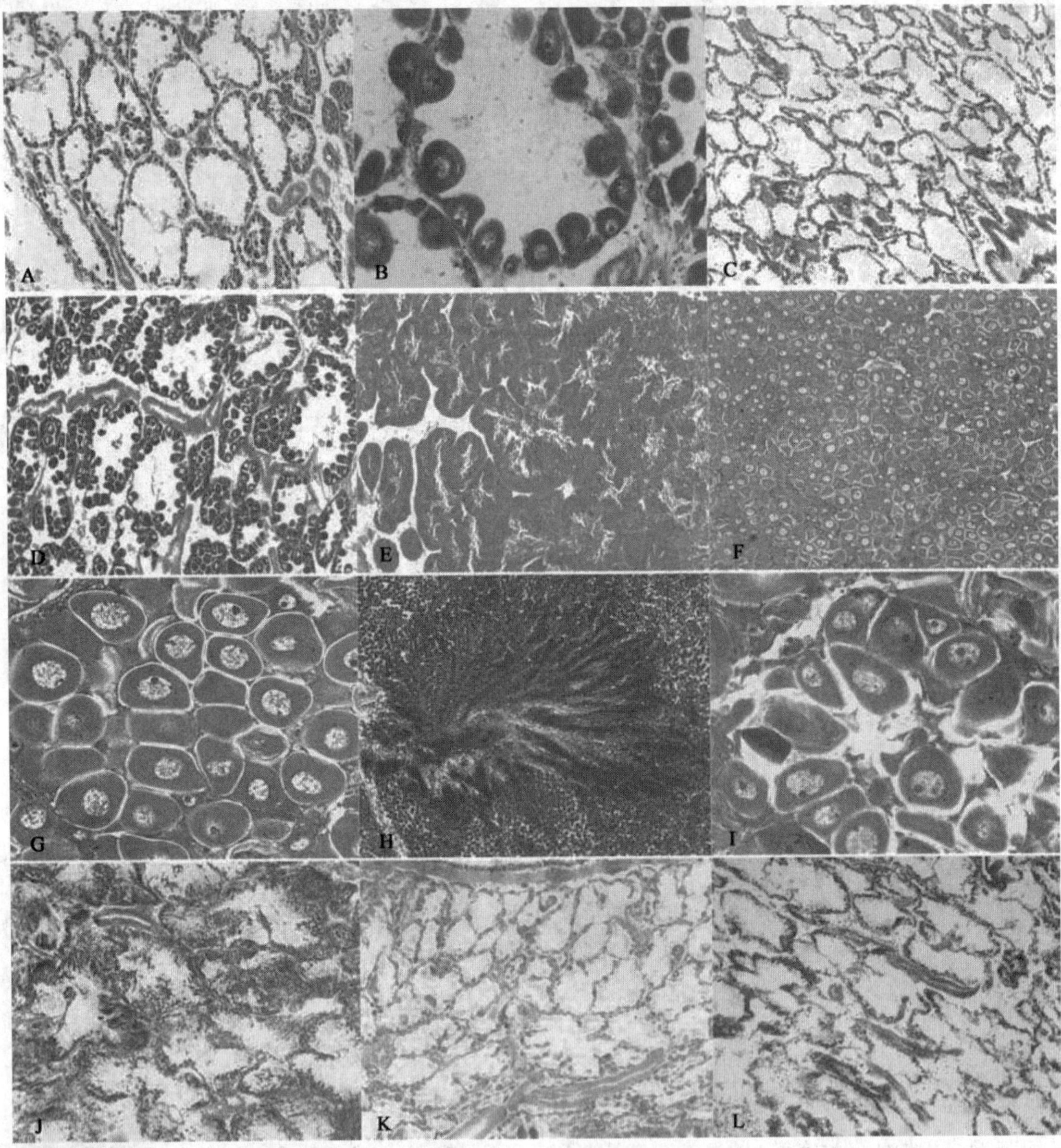

图 2-4-15　虾夷扇贝性腺不同发育时期组织学(李文姬等，2012)

A(♀，×100)，B(♀，×400)，C(♂，×100)，增殖期；D(♀，×100)，E(♂，×100)，生长期；F(♀，×100)，G(♀，×400)，H(♂，×400)，成熟期；I(♀，×400)，J(♂，×100)，排放期；K(♀，×100)，L(♂，×100)，休止期

思考题：

简答扇贝生殖细胞发生特点。

第五节 棘皮动物性腺

目的与要求：

1. 掌握刺参性腺和生殖细胞不同发育阶段组织学结构特点。
2. 掌握刺参性腺发育分期。

刺参为雌雄异体，无第二性征。生殖腺位于食道悬垂膜的两侧，由树枝状生殖小管构成，又称性腺树；其主分支数量有 11～13 条，各分支在靠近食道处汇集成生殖管，一般为 1 条，偶见 2～3 条；生殖管末端为生殖孔，一般 1 个，偶见 2～3 个，位于头背部距触手 1～3 cm 处的生殖疣上。

实验案例：

一、刺参生殖细胞发生规律(H・E 染色)

(一)精子的发生

刺参的精子发生亦经过精原细胞、初级精母细胞、次级精母细胞、精细胞和精子五个阶段。精原细胞体积较大，圆形，细胞核大，弱嗜碱性，中央有一明显核仁。初级精母细胞体积稍变小，核仁不明显。次级精母细胞体积缩小至初级精母细胞的一半，核强嗜碱性，周围有不明显的细胞质。精细胞体积比次级精母细胞又缩小一半，核周围几乎不见细胞质。(图 2-5-1)精细胞变态后形成成熟精子，精子头部呈梭形，具有长长的尾部(图 2-5-2)。

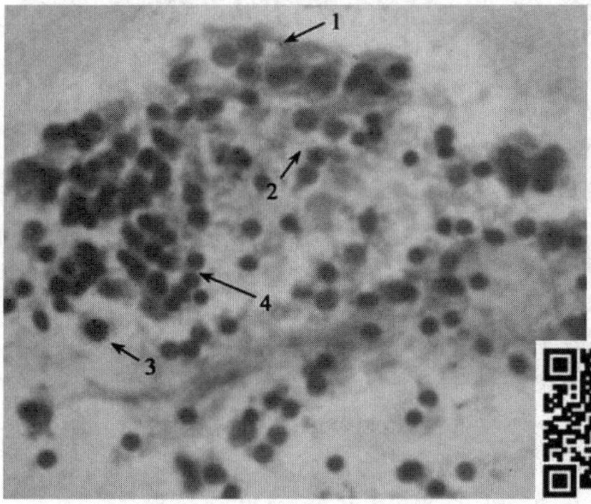

图 2-5-1 刺参精巢高倍观察(一)

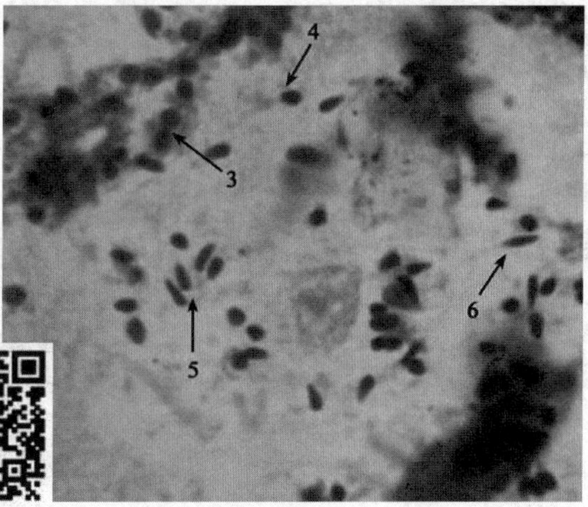

图 2-5-2 刺参精巢高倍观察(二)

1. 精原细胞；2. 初级精母细胞；3. 次级精母细胞；4. 精细胞；5. 变态中的精细胞；6. 精子

(二)卵子的发生

刺参的卵子发生经历卵原细胞、小生长期卵母细胞、大生长期卵母细胞和成熟卵子四个阶段。卵原细胞体积小,细胞质浅淡,界限不明显;细胞核弱嗜碱性,核仁较小,位于核中央。小生长期卵母细胞体积逐渐变大,圆形或多边形,细胞质嗜碱性,核仁大,分布于核膜之下。此时,卵母细胞质中仅出现极少量的原始卵黄颗粒,随着发育的进行开始形成少量蛋白性卵黄颗粒,后期出现大量脂滴。(图 2-5-3,图 2-5-4)大生长期卵母细胞随着卵黄的贮存,体积明显变大,进行两次成熟分裂形成成熟卵子(图 2-5-5,图 2-5-6)。

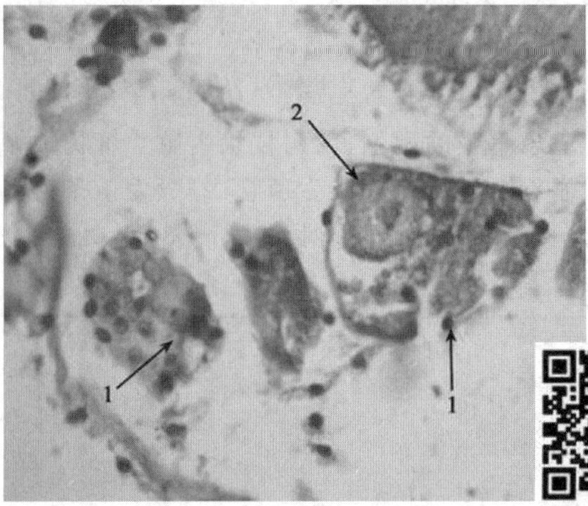

图 2-5-3 刺参卵巢高倍观察(一)

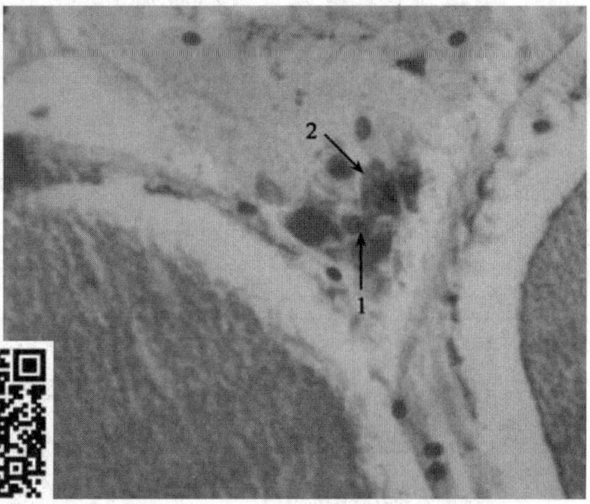

图 2-5-4 刺参卵巢高倍观察(二)

1. 卵原细胞;2. 小生长期卵母细胞

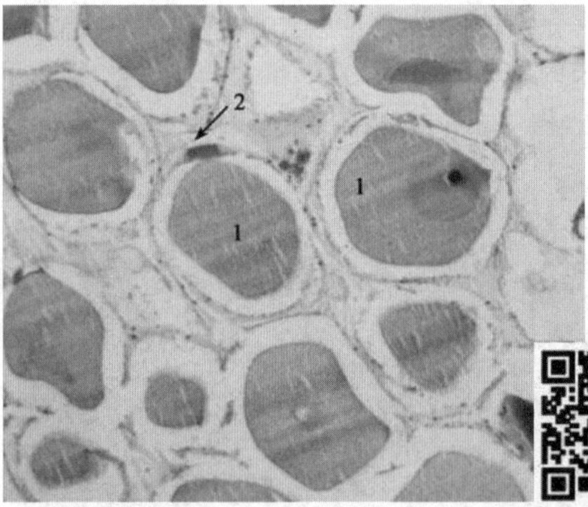

图 2-5-5 刺参卵巢低倍观察

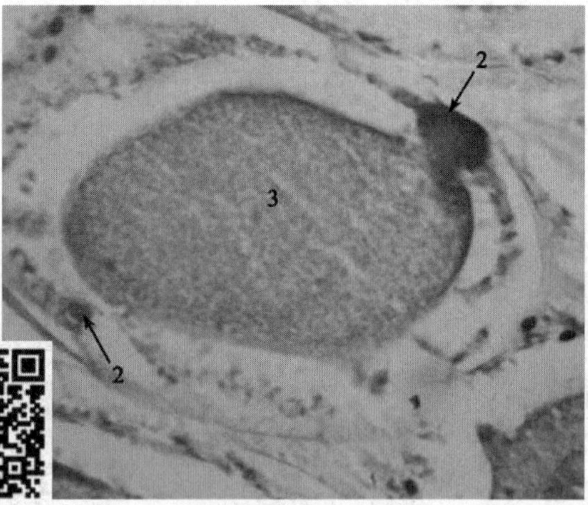

图 2-5-6 刺参卵巢高倍观察(三)

1. 大生长期卵母细胞;2. 极体;3. 成熟卵子

二、刺参性腺发育周期

刺参精巢为乳白色或浅黄色,卵巢为淡黄色或橘红色,生殖小管管壁主要由不同发育时期的生殖细胞组成。刺参性腺体积在不同发育时期差异较大，根据发育过程中生殖腺特征和组织学观察，可将刺参性腺发育过程划分为休止期、恢复期、增长期、成熟期和排放期五个时期。

(一)精巢发育周期(H・E 染色)

休止期(第Ⅰ期)：精巢外观细且短，呈透明细丝状，肉眼难以发现且不易分辨雌雄。生殖小管上皮由1～3层精原细胞或初级精母细胞组成，管壁未出现褶皱(图 2-5-7)。精原细胞与生殖小管基膜相连接，初级精母细胞位于精原细胞内侧。

恢复期(第Ⅱ期)：精巢外观无色透明，部分个体可辨雌雄。生殖小管壁较厚，沿管壁出现大量凹凸褶皱，附着大量的精原细胞和初级精母细胞，此时管腔内尚无精子出现(图 2-5-8)。

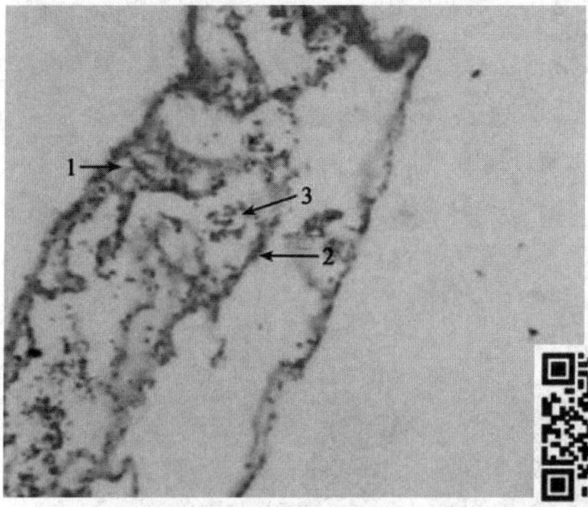

图 2-5-7　刺参第Ⅰ期精巢低倍观察

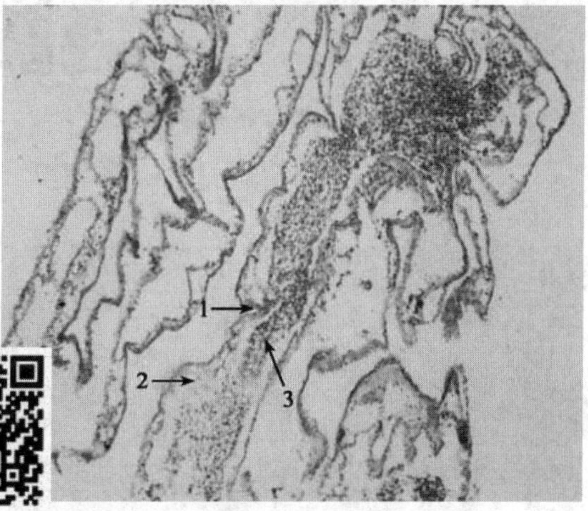

图 2-5-8　刺参第Ⅱ期精巢低倍观察

1.生殖小管壁；2.生殖上皮；3.精母细胞

增长期(第Ⅲ期)：又分为增长Ⅰ期和增长Ⅱ期。增长Ⅰ期性腺分支逐渐增多，性腺增粗，精巢外观呈杏黄色，肉眼可辨雌雄。增长Ⅱ期性腺迅速发育，颜色加深，外观明显可辨雌雄。此时精巢生殖小管壁变薄，管腔内侧出现大量迂回褶皱沟。生殖上皮沿管壁至管腔依次排列一层精原细胞、初级精母细胞、次级精母细胞和精细胞，精母细胞增殖明显，生殖管腔内出现少量精子。(图 2-5-9)

成熟期(第Ⅳ期)：性腺直径达到最大，精巢外观呈鲜艳乳黄色。生殖小管壁厚度达到最小，生殖上皮的褶皱减少或消失。精巢腔内充满大量的精子，生殖上皮仍有少量精母细胞。(图 2-5-10)

排放期(第Ⅴ期)：精子排放后，精巢内出现明显空腔。生殖小管明显缩小，生殖上皮仍具一定厚度，其上附有较多精母细胞。(图 2-5-11)

(二)卵巢发育周期(H・E 染色)

休止期(第Ⅰ期)：卵巢外观呈透明细丝状，肉眼难以分辨雌雄。生殖小管上皮一般由一层卵原细胞组成，管壁未出现褶皱。卵原细胞靠近生殖小管基膜分布。(图 2-5-12)

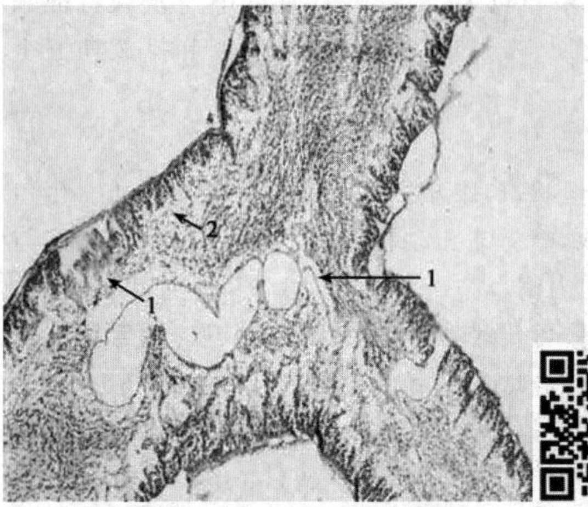

图 2-5-9 刺参第Ⅲ期精巢低倍观察

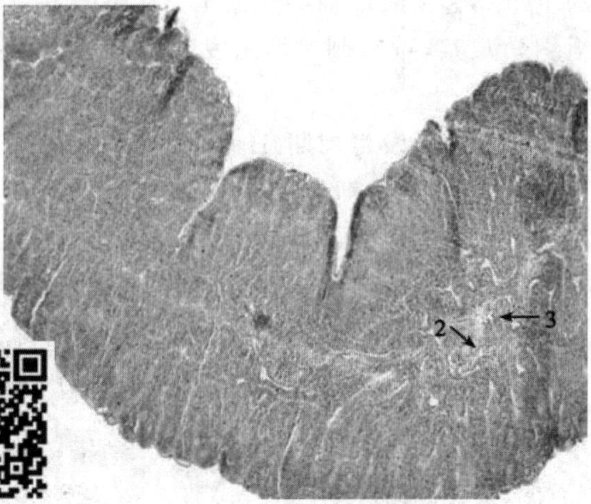

图 2-5-10 刺参第Ⅳ期精巢低倍观察

1.褶皱沟;2.精子;3.精母细胞

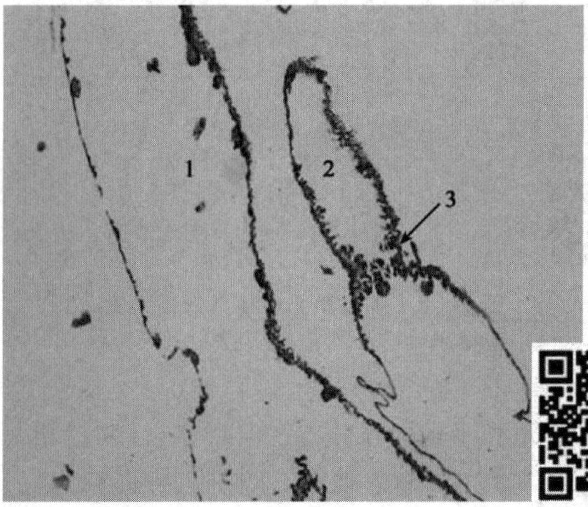

图 2-5-11 刺参第Ⅴ期精巢低倍观察

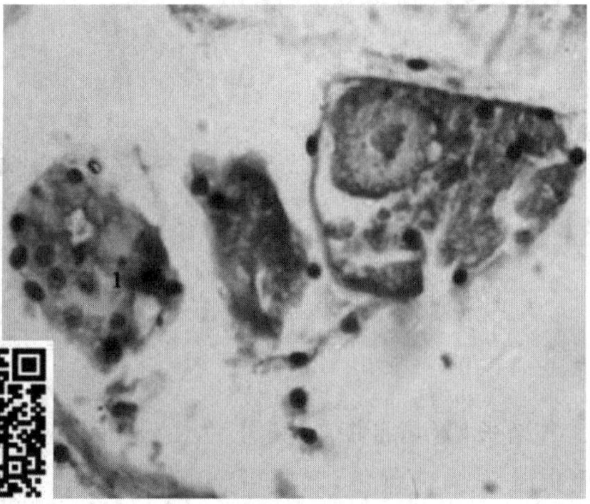

图 2-5-12 刺参第Ⅰ期卵巢高倍观察

1.生殖小管;2.精子排放后空腔;3.生殖小管壁

恢复期(第Ⅱ期):卵巢外观略呈淡黄色,部分个体可辨雌雄。生殖小管管壁由单层生殖上皮构成,生长显著,横断面呈花瓣状,有明显凹凸褶皱并附着卵原细胞。卵原细胞核呈圆形空泡状,核仁明显,胞质内出现小团块颗粒物质,营养物质已开始积累,进入小生长期。(图 2-5-13)

增长期(第Ⅲ期):又分为增长Ⅰ期和增长Ⅱ期。增长Ⅰ期性腺分支逐渐增多,性腺增粗,卵巢外观由浅黄色变为橘红色,肉眼依稀可辨雌雄。增长Ⅱ期性腺迅速发育,颜色加深,外观明显可辨雌雄。此时生殖管壁厚度有所减小,卵母细胞包裹在滤泡内,呈圆形,进入大生长期。(图 2-5-14)

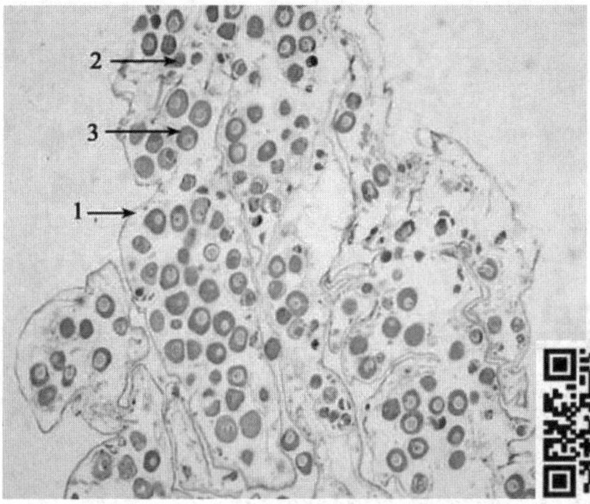

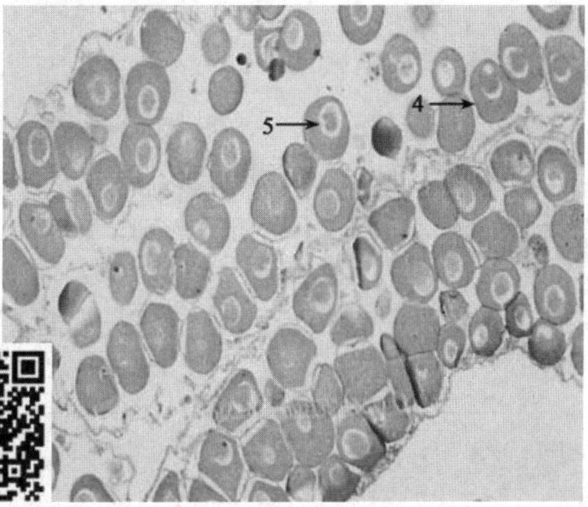

图 2-5-13　刺参第Ⅱ期卵巢低倍观察　　**图 2-5-14　刺参第Ⅲ期卵巢低倍观察**

1.生殖上皮；2.卵原细胞；3.小生长期卵母细胞；4.大生长期卵母细胞；5.细胞核

成熟期(第Ⅳ期)：性腺明显变粗，卵巢外观呈橘红色半透明状，色泽鲜艳；生殖小管壁继续变薄，卵巢内卵粒肉眼可辨。卵母细胞大小均匀并充满整个卵巢腔，出现成熟卵子。此期生殖上皮上仍附着有少量卵原细胞和早期卵母细胞。(图 2-5-15)

排放期(第Ⅴ期)：成熟卵子排放，卵巢生殖管皱缩，生殖管壁在排放初期较薄，后期厚度逐渐增大。初期生殖管内出现营养性的吞噬细胞。卵巢排空后生殖小管内出现大片空腔，管腔内仍残存少量未排放的成熟卵母细胞和成熟卵子，在产卵期过后解体散失。生殖管壁附着少量卵原细胞和早期卵母细胞。(图 2-5-16)

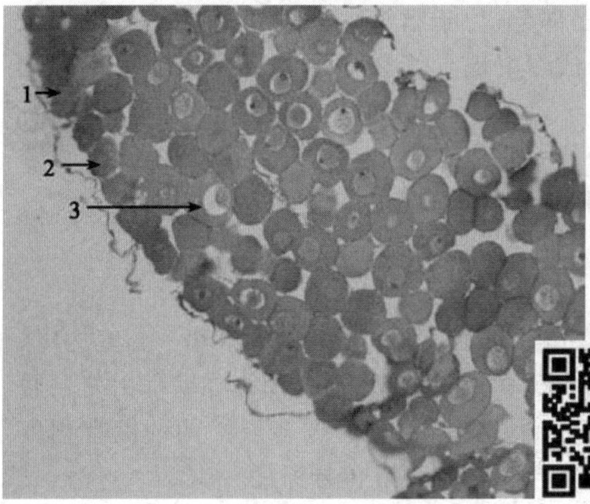

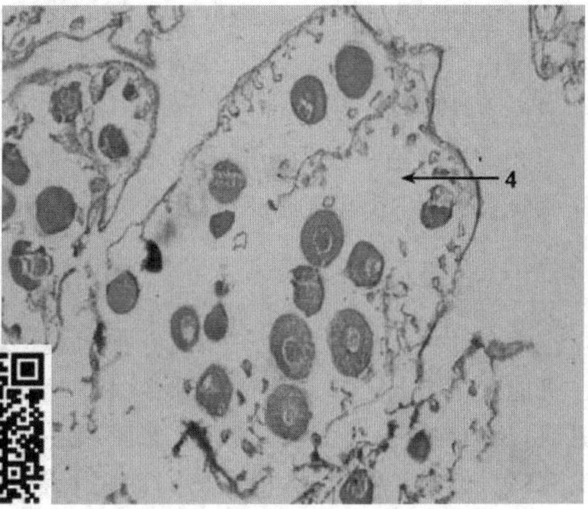

图 2-5-15　刺参第Ⅳ期卵巢低倍观察　　**图 2-5-16　刺参第Ⅴ期卵巢低倍观察**

1.卵原细胞；2.早期卵母细胞；3.成熟卵子；4.卵子排放后的卵巢空腔

绘图：

刺参成熟卵子。

第三章

循环器官

目的与要求：

1. 掌握心壁的组织结构，了解心瓣膜组织学特点。
2. 掌握大、中、小动静脉的组织结构特点。
3. 了解毛细血管光镜结构特点。
4. 掌握鱼类心脏和血管结构。
5. 了解无脊椎动物循环系统组织学特点。

循环系统是血液在体内流动的通道，由循环器官构成。脊椎动物循环系统是连续而封闭的管道系统，包括心血管系统和淋巴系统两个部分。心血管系统由心脏、动脉、毛细血管和静脉组成。淋巴系统是一个辅助的循环管道，为单程向心回流的管道系统，由毛细淋巴管、淋巴管和淋巴导管组成。毛细淋巴管为淋巴系统的起始部分，位于组织中，进入毛细淋巴管的组织液称淋巴。淋巴流经粗细不等的淋巴管，最后汇合成右淋巴导管和胸导管，导入大静脉。鱼类一般没有淋巴结。

无脊椎动物一般为开放式血液循环系统，血液从心脏搏出进入动脉，然后进入开放的血腔或血窦，直接和组织细胞接触，然后经静脉流回心脏。

一、心脏

哺乳动物心脏由两心房和两心室构成。鱼类心脏由静脉窦、一心房（心耳）和一心室构成，在机能上还有与心室相连的动脉锥（板鳃类）或动脉球（真骨鱼类）。脊椎动物心壁都由三层膜组成，从内向外依次为心内膜、心肌膜和心外膜（图 3-1-1）。但鱼类心壁各层结构的发育程度没有高等脊椎动物发达，心室的心内膜下层也不像哺乳动物有心脏传导系的分支。

1. 心内膜

心内膜为心壁的内层。心内膜内表面为内皮，与血管的内皮相连。内皮之下是内皮下层，其中除结缔组织外，还含有少许平滑肌。内皮下层与心肌膜之间是心内膜下层，由较疏松的结缔组织组成，其中含血管和神经。哺乳动物心内膜还有浦肯野细胞。心内膜可向心腔突起形成薄片状心瓣膜，瓣膜表面被覆以内皮，内部为致密结缔组织，与心骨骼的纤维环连接（图 3-1-2）。

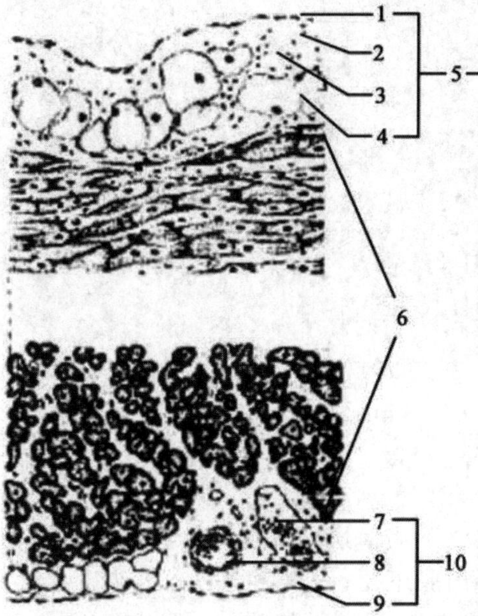

图 3-1-1 心壁模式图

(http://jpk.gxmu.edu.cn/2010/3/wlkc/study/Content/zkxqg/01.htm)

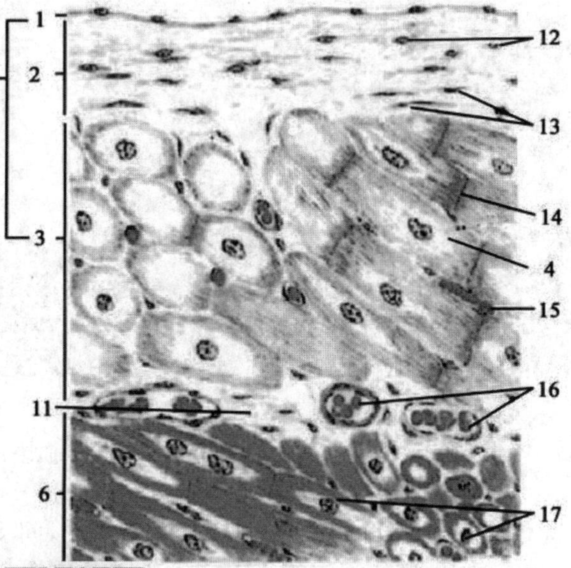

图 3-1-2 心内膜模式图

(http://dec3.jlu.edu.cn/webcourse/T000138/files/tuition/7_14.JPG)

1.内皮;2.内皮下层;3.心内膜下层;4.浦肯野纤维;5.心内膜;6.心肌膜;7.小静脉;8.小动脉;9.间皮;10.心外膜;11.疏松结缔组织;12.成纤维细胞;13.平滑肌纤维;14.闰盘;15.毛细血管;16.微血管;17.心肌纤维

2.心肌膜

心肌膜主要由心肌构成,心房的心肌较薄,心室的心肌很厚,左心室的最厚。心肌纤维呈螺旋状排列,大致可分为内纵、中环和外斜三层。心肌纤维多集合成束,肌束间有较多的结缔组织和丰富的毛细血管。

心室和心房肌纤维的结构和功能基本相同,但也各有一些特点。心室的肌纤维较粗较长,心房的肌纤维较细较短。

3.心外膜

心外膜为浆膜,即表层是间皮,间皮之下为薄层结缔组织,与心肌膜相连。心外膜中含血管和神经,并常有脂肪组织。

实验案例:

1.人心壁切片(H·E染色)

低倍镜下,心壁主要由心肌膜构成,心外膜和心内膜所占比例很小(图 3-1-3,图 3-1-4)。心内膜突向心腔形成薄片状心瓣膜,瓣膜表面被覆以内皮,内部为致密结缔组织(图 3-1-5)。

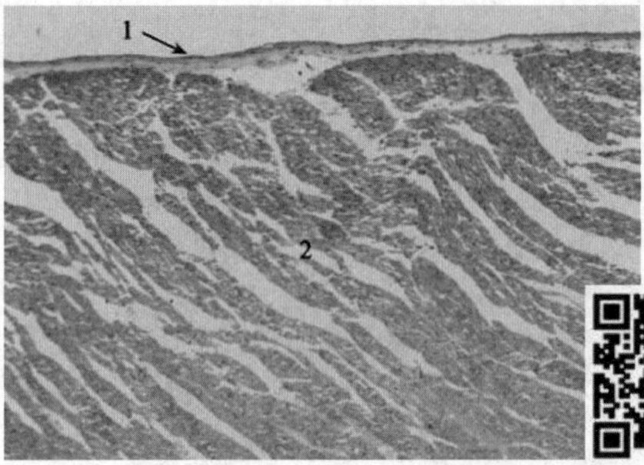

图 3-1-3 心外膜侧低倍观察

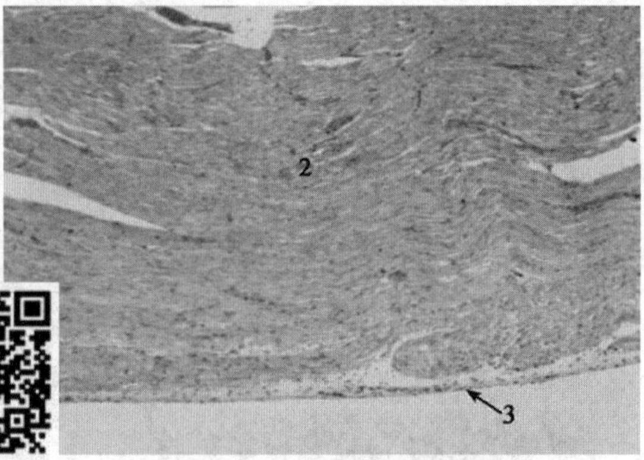

图 3-1-4 心内膜侧低倍观察

1. 心外膜；2. 心肌膜；3. 心内膜

高倍镜观察（图 3-1-6），心外膜表层是间皮，间皮之下为薄层结缔组织。心内膜内表面为内皮，之下是内皮下层。内皮下层与心肌膜之间是心内膜下层，内皮下层较心内膜下层致密，心内膜下层内有浦肯野细胞分布。浦肯野细胞也称束细胞，是一种特殊的心肌纤维，属心脏传导系统的组成成分，较普通心肌细胞短而宽，胞质中有丰富的线粒体和糖原，而肌原纤维较少，且多位于细胞周边，故在 H·E 染色的切片中其胞质着色较普通心肌细胞浅。浦肯野细胞间的连接结构较多，闰盘较多见。

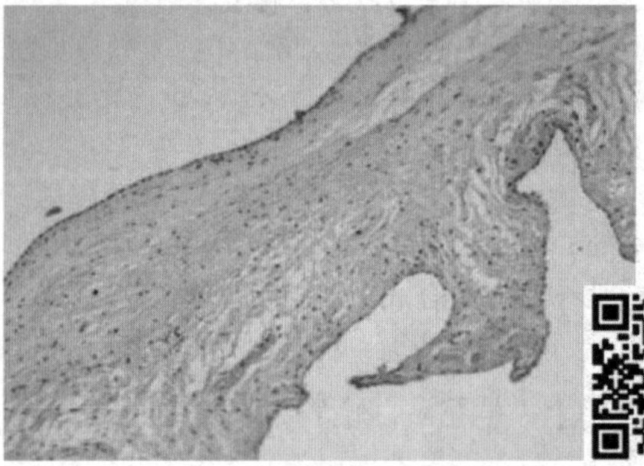

图 3-1-5 心瓣膜低倍观察

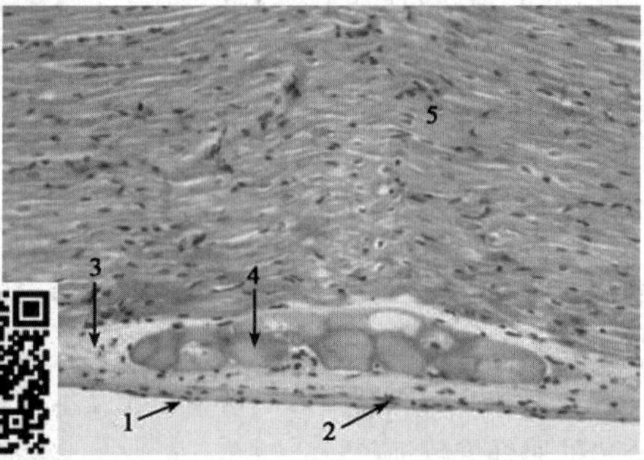

图 3-1-6 心内膜高倍观察

1. 内皮；2. 内皮下层；3. 心内膜下层；4. 浦肯野细胞；5. 心肌纤维

2. 孔雀鱼心脏切片（H·E 染色）

低倍镜观察，孔雀鱼心脏位于围心腔内，由静脉窦、一心房和一心室构成。心房和心室壁都比较薄，内壁不光滑，向腔内伸出许多瓣膜。心室壁瓣膜发达，使心室内呈海绵状。（图 3-1-7）

高倍镜观察，心房和心室壁瓣膜由肌层与内膜向内突起形成，瓣膜之间腔隙中充满了血液。心肌有主心肌细胞和特殊心肌细胞两类。主心肌细胞数量较多，相互连接呈条索状分布，细胞分支圆柱状，具不明显横纹，无闰盘或闰盘不明显。特殊心肌细胞数量少，一般单个分布，细胞体积较大，胞质染色深，无横纹，细胞核大，椭圆形，染色浅。（图 3-1-8）

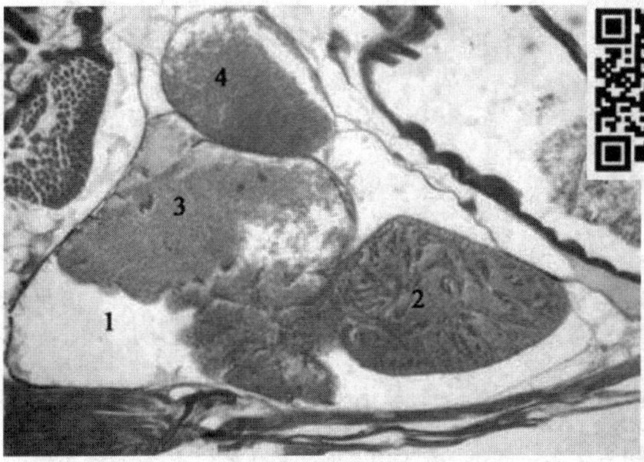

图 3-1-7 孔雀鱼心脏低倍观察

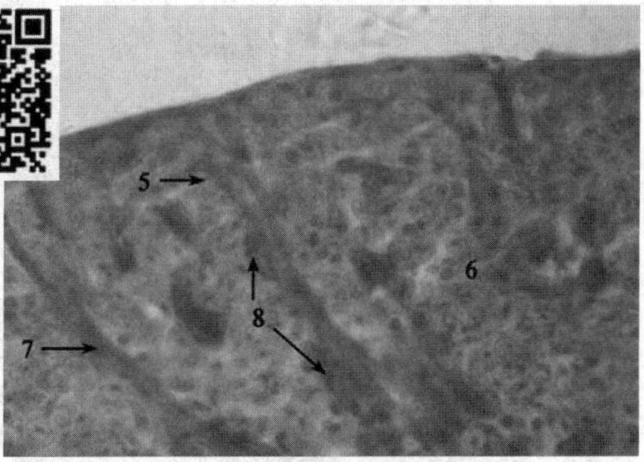

图 3-1-8 孔雀鱼心室高倍观察

1. 围心腔；2. 心室；3. 心房；4. 静脉窦；5. 瓣膜；6. 血液；7. 主心肌细胞；8. 特殊心肌细胞

3. 囊螺心脏切片(H·E 染色)

囊螺心脏位于围心腔内，由一心房和一心室构成，心房和心室之间有房室瓣相隔。心房壁很薄，内壁光滑，心室较厚，内壁向腔内伸出许多瓣膜。(图 3-1-9，图 3-1-10)

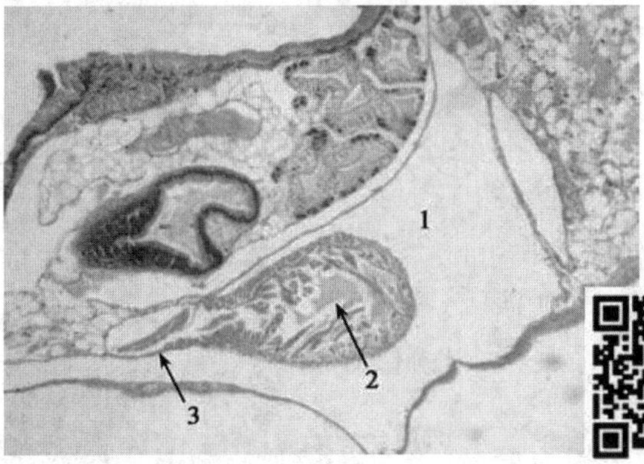

图 3-1-9 囊螺心脏低倍观察(一)

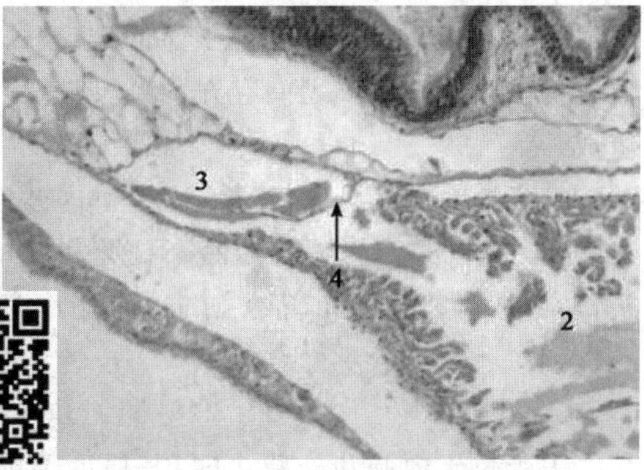

图 3-1-10 囊螺心脏低倍观察(二)

1. 围心腔；2. 心室；3. 心房；4. 房室瓣

囊螺心室呈水滴状，外被一层单层扁平上皮，往里为纵横交错排列的肌层，无明显的内膜结构。心室肌纤维为骨骼肌类型，和哺乳动物骨骼肌比较，肌纤维较细，横纹不明显。(图 3-1-11，图 3-1-12)

二、血管

除毛细血管外，血管壁从管腔面向外依次由内膜、中膜和外膜构成，管壁内还有营养血管和神经分布(图 3-1-13)。不过与伴行的动脉相比，静脉管壁薄而柔软，三层膜常无明显的界限。静脉壁的平滑肌和弹性组织不及动脉丰富，结缔组织成分较多，因此弹性小，切片标本中的静脉管壁常呈塌陷状，管腔变扁或呈不规则形。

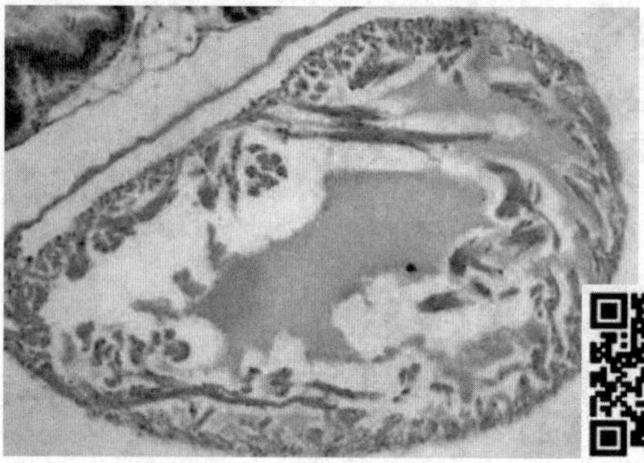

图 3-1-11 囊螺心室低倍观察

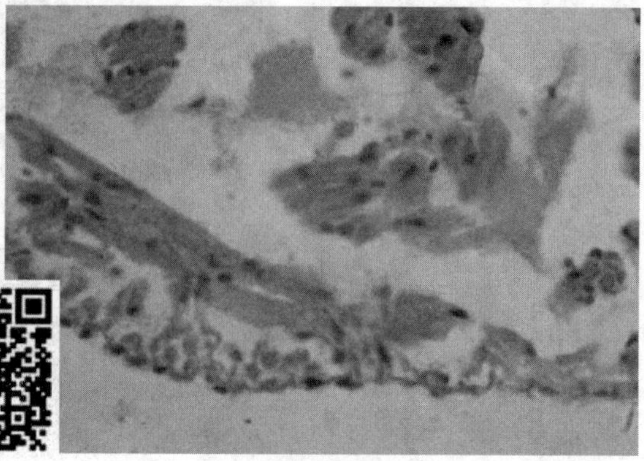

图 3-1-12 囊螺心室高倍观察

1. 内膜

内膜是管壁的最内层，由内皮、内皮下层和内弹性膜组成，是血管壁三层结构中最薄的一层。内皮为衬贴于血管腔的单层扁平上皮，便于血液流动和物质的透过。内皮下层是位于内皮和内弹性膜之间的薄层结缔组织。有些血管内皮下层和中膜之间存在内弹性膜，主要由弹性纤维组成。

管径 2 mm 以上的静脉内皮和内皮下层向管腔突出，形成静脉瓣。静脉瓣为两个彼此相对的半月形薄片，根部与内膜相连，游离缘朝向血流方向，可防止血液逆流。

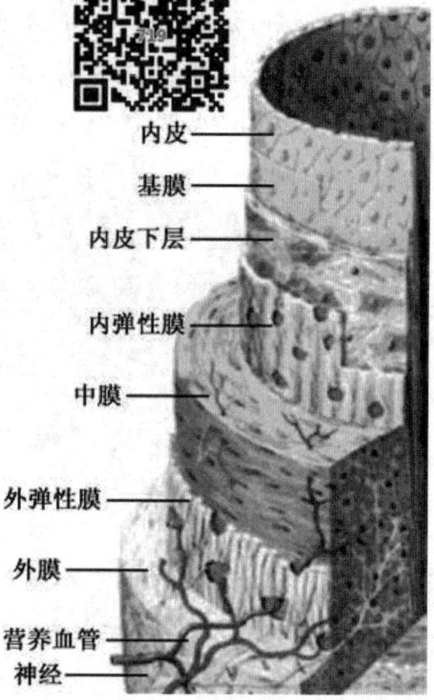

图 3-1-13 血管壁结构模式图

2. 中膜

中膜位于内膜和外膜之间，其厚度及组成成分因血管种类而异。大动脉以弹性膜为主，间有少许平滑肌；中小动脉主要由平滑肌组成。血管平滑肌纤维较内脏平滑肌纤维细，并常有分支。

3. 外膜

外膜由疏松结缔组织组成，其中含螺旋状或纵向分布的弹性纤维和胶原纤维。有的动脉中膜和外膜的交界处，有密集的弹性纤维组成的外弹性膜。

4. 血管壁的营养血管和神经

管径 1 mm 以上的动脉和静脉管壁中，都分布有血管壁的小血管，称营养血管。这些小血管进入外膜后分支成毛细血管，分布到外膜和中膜。内膜一般无血管，其营养由腔内血液直接渗透供给。特殊染色法可显示包绕在血管壁上的网状神经丛。

实验案例：

1. 大动脉切片（H・E 染色）

低倍镜观察：大动脉管壁较厚，内膜和中膜染色深，界限不明显，厚，外膜染色浅，薄。（图 3-1-14）

高倍镜观察：内膜很薄，可见淡染的内皮下层，但由于中膜也含有较多的弹性纤维，使得内、外弹性膜不明显。中膜弹性纤维呈粉红色，波浪状，之间有平滑肌分布。（图 3-1-15）

图 3-1-14　大动脉横切低倍观察

1. 中膜和内膜；2. 外膜

外膜是疏松结缔组织，含有小动脉、小静脉，统称营养血管（图 3-1-16）。小动脉管壁厚，有 1～2 层平滑肌细胞形成的中膜；小静脉管壁薄，无中膜；两种血管的外膜和周围的结缔组织融合在一起，没有明显界限。

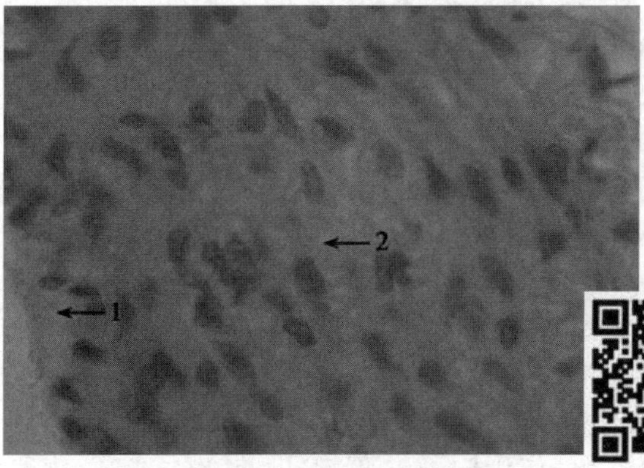

图 3-1-15　大动脉中膜和内膜横切高倍观察

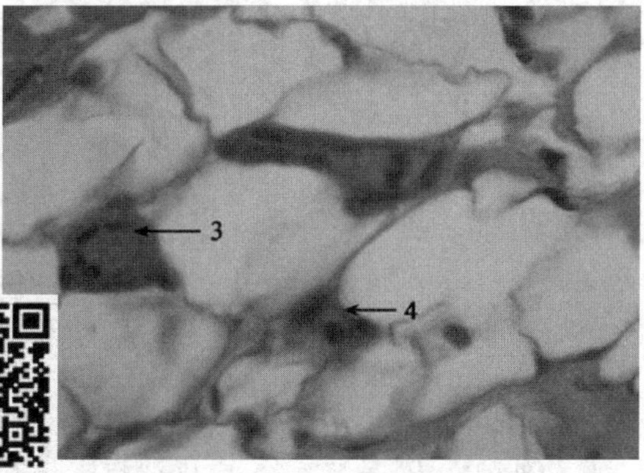

图 3-1-16　大动脉外膜横切高倍观察

1. 内膜；2. 弹性纤维；3. 小动脉；4. 小静脉

2. 大静脉切片（H・E 染色）

低倍镜观察：和大动脉比较，大静脉血管壁较薄，外膜厚、明显，中膜和内膜很薄，内膜可见有静脉瓣形成，管腔经常有潴留的血液（图 3-1-17）。

高倍镜观察：管壁绝大部分为外膜。内膜极薄，内皮层较明显，内皮下层薄，之外无内弹性膜。中膜为 2～3 层平滑肌细胞。（图 3-1-18）

3. 中等动、静脉切片（H・E 染色）

低倍镜观察（图 3-1-19）：切面上有两个管腔，管壁厚、管径小、管腔相对规则的为中等动脉，管壁薄、管径大、管腔相对不规则的为中等静脉。中等动脉中膜和外膜厚度基本一致，中等静脉管壁绝大部分为外膜，内膜和中膜不明显。

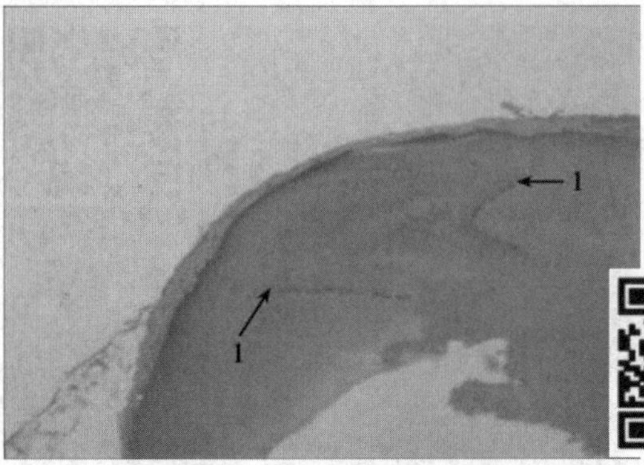

图 3-1-17　大静脉横切低倍观察

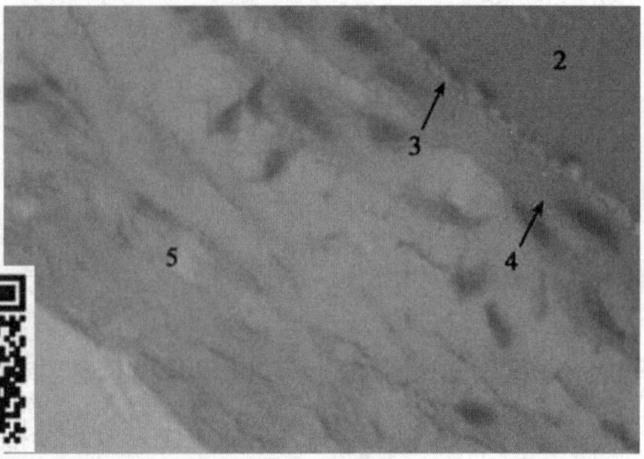

图 3-1-18　大静脉横切高倍观察

1. 静脉瓣；2. 血液；3. 内皮细胞核；4. 中膜；5. 外膜

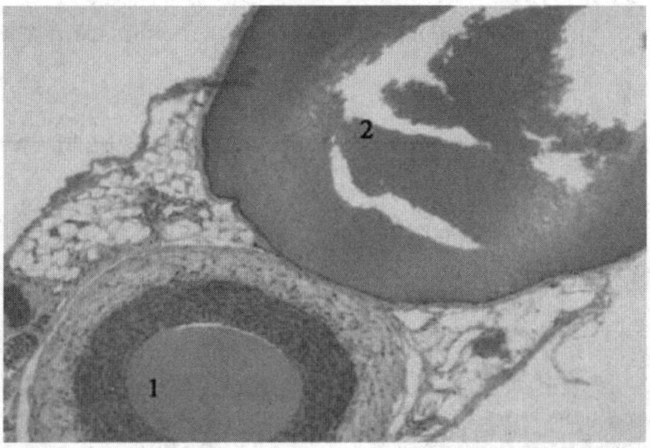

图 3-1-19　中等动静脉横切低倍观察

1. 中等动脉；2. 中等静脉

高倍镜观察：中等动脉中膜为多层环形排列的平滑肌层，中膜内外两侧分别有明显的内弹性膜和外弹性膜，呈波浪状，内皮细胞核圆形或椭圆形，位于内弹性膜内侧(图 3-1-20)。中等静脉管壁绝大部分为外膜。内膜极薄，内皮细胞核梭形或椭圆形，排列规则，内皮下层不明显。中膜为 1～2 层平滑肌细胞，内外两侧无弹性膜。(图 3-1-21)

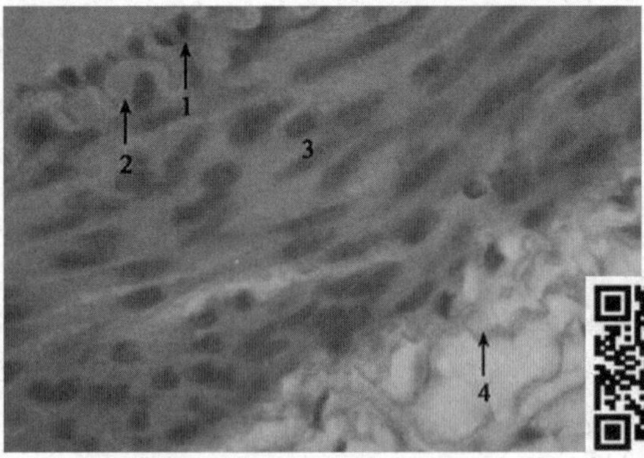

图 3-1-20　中等动脉横切高倍观察

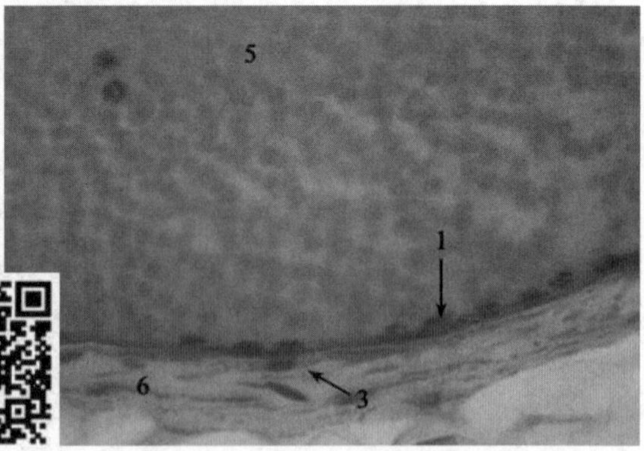

图 3-1-21　中等静脉横切高倍观察

1. 内皮细胞核；2. 内弹性膜；3. 中膜；4. 外弹性膜；5. 血液；6. 外膜

4. 毛细血管(肠系膜铺片,H·E 染色)

低倍镜观察:可见有两条相互靠近、几近平行排列的血管,管径稍小的为微动脉,管径稍大的为微静脉(图 3-1-22)。两类血管反复分支,分支相互连接形成毛细血管网。

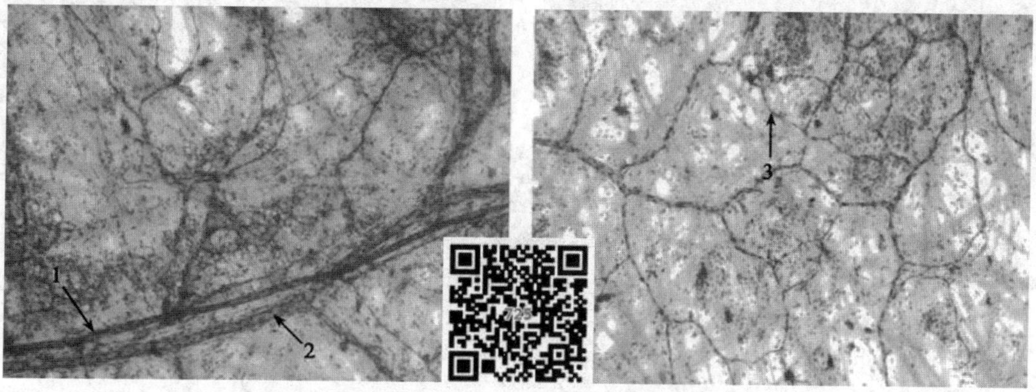

图 3-1-22　肠系膜毛细血管网低倍观察

1. 微动脉;2. 微静脉; 3. 毛细血管网

高倍镜观察:将一支毛细血管放大观察,可见毛细血管管壁主要由一层内皮细胞和基膜组成(图 3-1-23)。

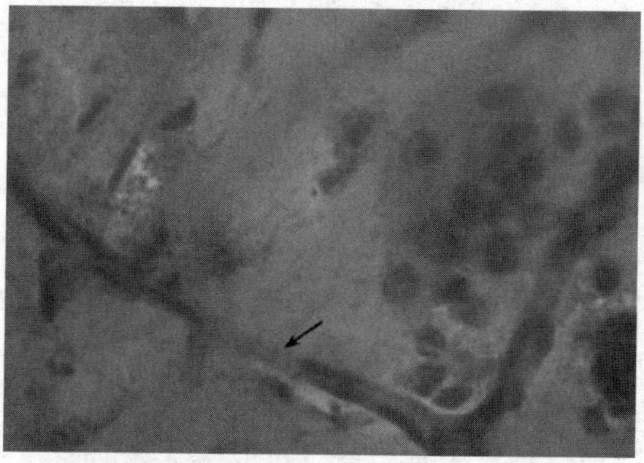

图 3-1-23　肠系膜毛细血管网高倍观察

箭头示毛细血管

三、淋巴管

淋巴管结构和静脉相似,不过管径更大、不规则,管壁更薄。管腔染色较浅,无红细胞。(图 3-1-24)

实验案例:淋巴管(肝脏切片,H·E 染色)

肝脏切片上,在肝小叶之间的门管区可见淋巴管分布。淋巴管管壁极薄,管腔淡染或透明。(图 3-1-25)

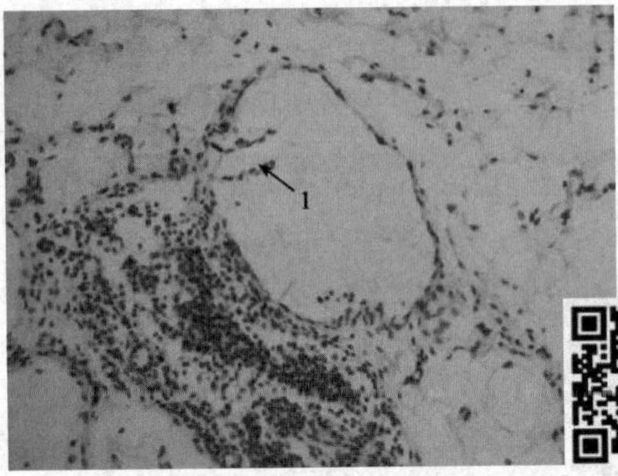

图 3-1-24　淋巴管低倍观察

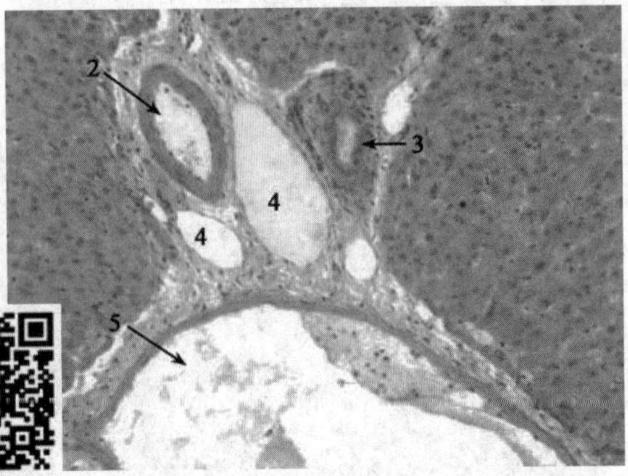

图 3-1-25　肝脏门管区低倍观察

1. 淋巴管瓣膜；2. 小叶间动脉；3. 小叶间胆管；4. 小叶间淋巴管；5. 小叶间静脉

思考题：

通过观察，比较动、静脉组织结构的异同点。

绘图：

绘图说明中等动、静脉形态结构特点。

第四章

呼吸器官

不同动物呼吸方式各不一样，其呼吸器官的形态结构也各不相同，但都具有以下特点：①与外界环境接触面积大；②呼吸面壁膜薄；③呼吸面与丰富的毛细血管相联系。

第一节　鱼类呼吸器官——鳃

目的与要求：

掌握硬骨鱼类主要呼吸器官——鳃的结构特点。

硬骨鱼类的鳃由鳃弓和鳃丝构成。鳃弓横切面为半圆形，表面被覆复层扁平上皮，中央为透明软骨组成的半圆弧状鳃弓软骨。在鳃弓内凹的一面有两支血管，靠近鳃丝方向的是入鳃动脉，靠近鳃弓软骨的是出鳃动脉。鳃弓的口腔侧长有鳃耙，另一侧有鳃丝。鳃丝一端固着在鳃弓上，另一端游离，形如马刀，表面被覆的复层扁平上皮与鳃弓表皮相接。每一根鳃丝由鳃丝软骨支持，软骨长度约为鳃丝全长的2/3。鳃丝内侧为入鳃丝动脉，外侧为出鳃丝动脉，两动脉发出分支与鳃小片窦状隙相连。鳃小片为鳃丝表面的片状突起，基部较粗，着生在鳃丝上，另一端游离。鳃小片内外两面为单层扁平上皮细胞，这些细胞无基膜，直接与柱状支持细胞膜相连。柱状支持细胞上下两端膨大呈“工”字状，相邻的柱状支持细胞中间膨大形成窦状隙，其内流动着血液。（图4-1-1）

实验案例：孔雀鱼鳃（H·E染色）

低倍镜观察：鳃弓表面被覆复层扁平上皮，中央为强嗜碱性的鳃弓软骨，软骨内侧有两支血管，靠近鳃丝方向的为入鳃动脉，靠近鳃弓软骨的为出鳃动脉。鳃丝一端固着在鳃弓上，另一端游离，每一根鳃丝由鳃丝软骨支持，鳃丝基部鳃丝软骨内侧有骨骼肌分布。鳃丝内侧为入鳃丝动脉，外侧为出鳃丝动脉。鳃丝表面有许多羽状结构为鳃小片。（图4-1-2）

高倍镜观察：鳃小片由三层细胞组成，内外表面为单层扁平上皮细胞，中间为支持细胞。支持细胞中部向内收缩，上下两端向外扩张，使整个细胞呈“工”字状，核大而圆，浅蓝色，中位。相邻的柱状支持细胞中间膨大形成窦状隙，其内有许多血细胞。（图4-1-3）

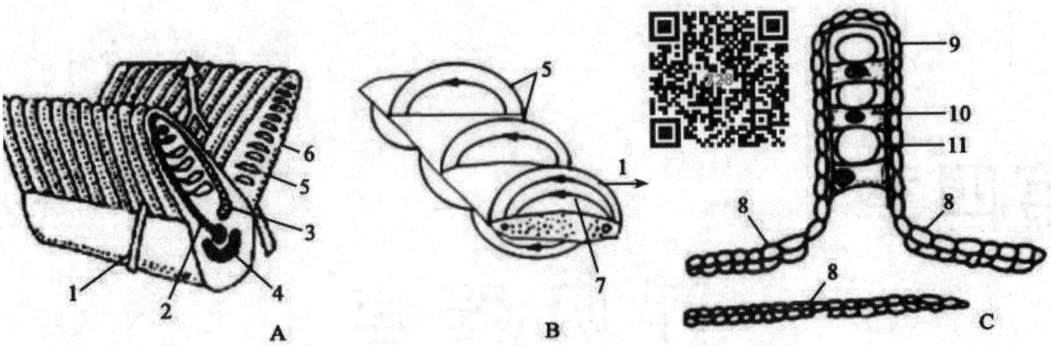

图 4-1-1　硬骨鱼类鳃的结构

A. 鳃弓整体结构；B. 鳃丝及鳃小片；C. 鳃小片微细结构

1. 水流方向；2. 出鳃动脉；3. 入鳃动脉；4. 鳃弓软骨；5. 鳃小片；6. 鳃丝；7. 血流方向；

8. 鳃丝上皮；9. 鳃小片上皮；10. 支持细胞；11. 窦状隙

（http://www.longyaojy.gov.cn/renjiao/冀教初中/sw/jjxkb7s/1-3-3-1/kw3.htm）

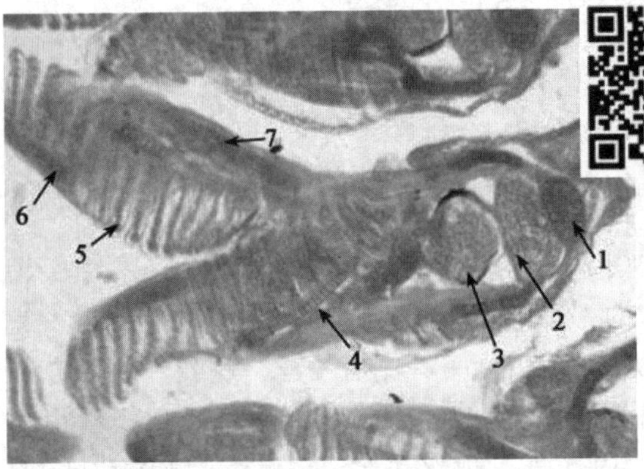

图 4-1-2　孔雀鱼鳃组织低倍观察

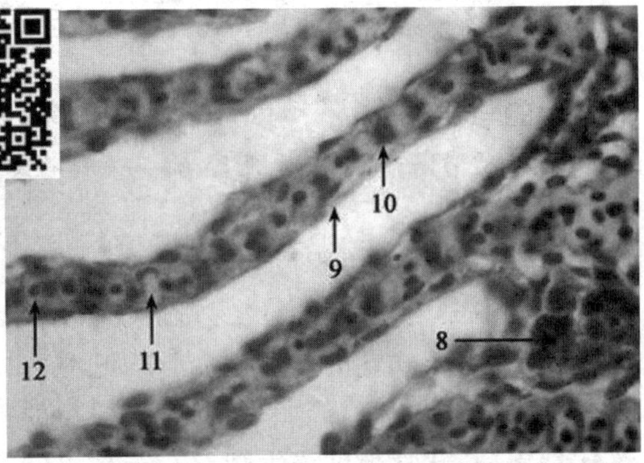

图 4-1-3　孔雀鱼鳃组织高倍观察

1. 鳃弓软骨；2. 出鳃动脉；3. 入鳃动脉；4. 鳃丝软骨；5. 鳃小片；6. 入鳃丝动脉；

7. 出鳃丝动脉；8. 鳃丝上皮；9. 鳃小片上皮；10. 支持细胞；11. 血窦；12. 血细胞

思考题：

说明鱼类鳃小片扁平上皮没有基膜的生物学意义。

第二节　无脊椎动物呼吸器官

目的与要求：

了解扇贝和刺参呼吸器官组织学结构特点。

一、软体动物呼吸器官

(一)肺螺类呼吸器官

肺螺类动物鳃消失,鳃的位置变成肺囊。肺囊由外套膜褶襞和许多血管组成,能使动物在空气中进行呼吸。

实验案例:囊螺肺囊(H·E 染色)

低倍镜观察:囊螺外套膜向外突起许多褶皱,构成囊泡状的肺囊(图 4-2-1)。

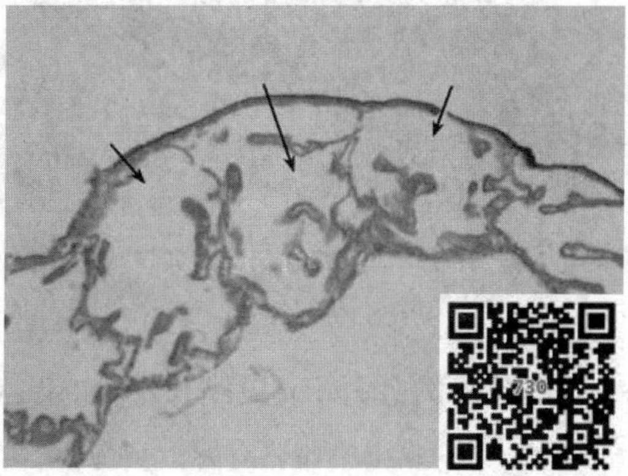

图 4-2-1 囊螺肺囊低倍观察(箭头示肺囊)

高倍镜观察:肺囊上皮为单层上皮,根据分布的位置不同,上皮的形态也有变化。螺口附近外套膜边缘的上皮细胞立方形,游离面平直,细胞界限不明显,细胞核位于游离面,细胞内有明显的纵纹,可能和离子的转运有关。(图 4-2-2)螺口深处的肺囊上皮细胞为立方形或矮柱状,细胞游离面向肺囊囊腔凸出呈弧线形,细胞核位于细胞中央或偏向基底面,细胞没有明显纵纹(图 4-2-3)。

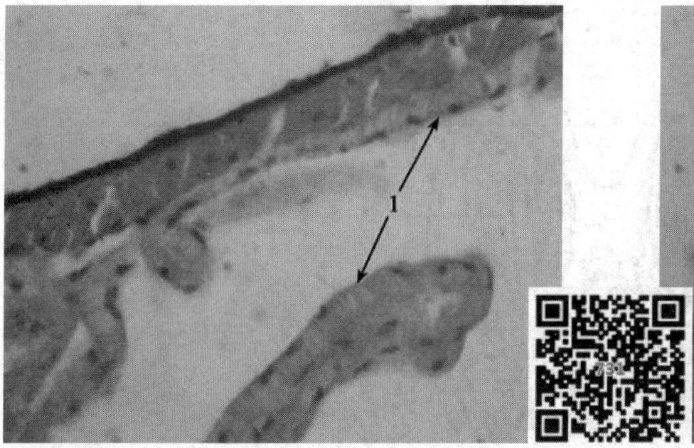

图 4-2-2 囊螺肺囊上皮高倍观察(一)

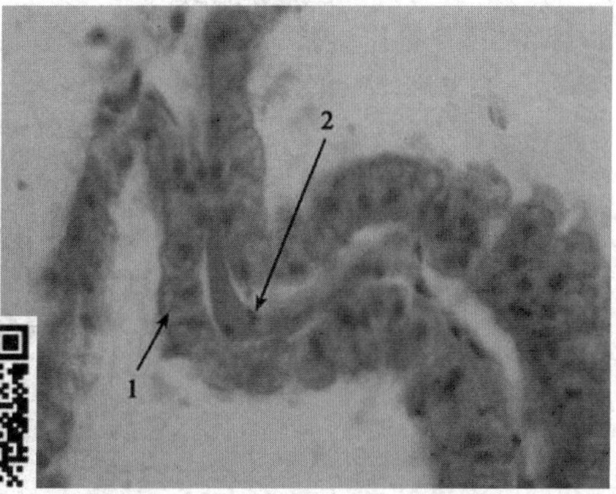

图 4-2-3 囊螺肺囊上皮高倍观察(二)

1.肺囊上皮;2.血液

(二)瓣鳃类呼吸器官

瓣鳃纲动物的鳃多呈瓣状,故名瓣鳃,其不仅是呼吸器官,而且是滤食器官,由外套膜内侧壁延伸而成,因动物种类的不同又有不同的类型。瓣鳃类一般有两个鳃瓣,左右分列于外套腔两侧,中间被内脏团及腹足隔开。每一鳃瓣由上行和下行鳃小瓣构成,靠近贝壳的称上行鳃小瓣(外鳃瓣),靠近内脏团的称下行鳃小瓣(内鳃瓣)。两鳃小瓣靠瓣间连接联系在一起(图 4-2-4),同一个鳃瓣的两个鳃小瓣之间的空腔即为鳃内腔。上、下行鳃小瓣的背缘均与外套腔背壁愈合,上、下行鳃小瓣腹缘的交界处有凹陷的食物沟。每一鳃小瓣均由众多与身体纵轴垂直的鳃丝组成,鳃丝之间有丝间连接(图 4-2-5)。

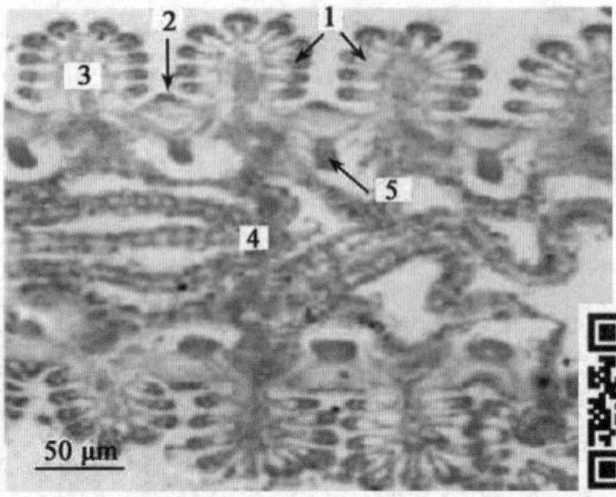

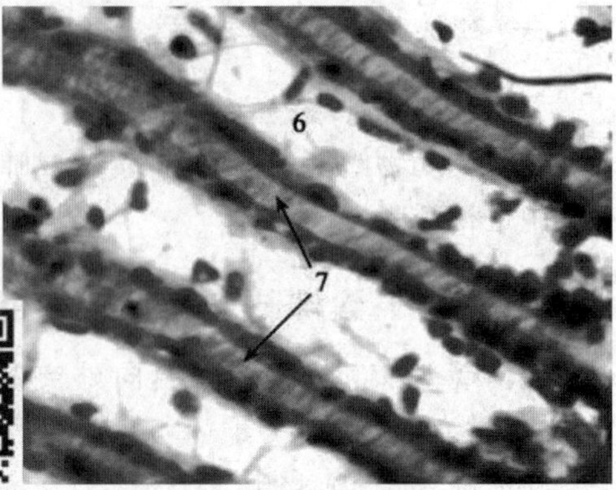

图 4-2-4　合浦珠母贝鳃丝低倍观察(陈飞飞等,2012)　　　**图 4-2-5　海湾扇贝鳃丝高倍观察**

1. 普通鳃丝;2. 主鳃丝;3. 普通鳃丝簇内连接;4. 瓣间连接;5. 血腔;6. 鳃丝;7. 鳃丝间纤毛连接

实验案例:海湾扇贝鳃(H·E 染色)

海湾扇贝鳃位于外套腔内,左右两侧各具两个鳃瓣。鳃瓣的折叠程度由背部至腹部逐渐降低,整个鳃围绕闭壳肌呈新月形。每个鳃瓣由一排紧密排列的鳃丝组成。(图 4-2-6)

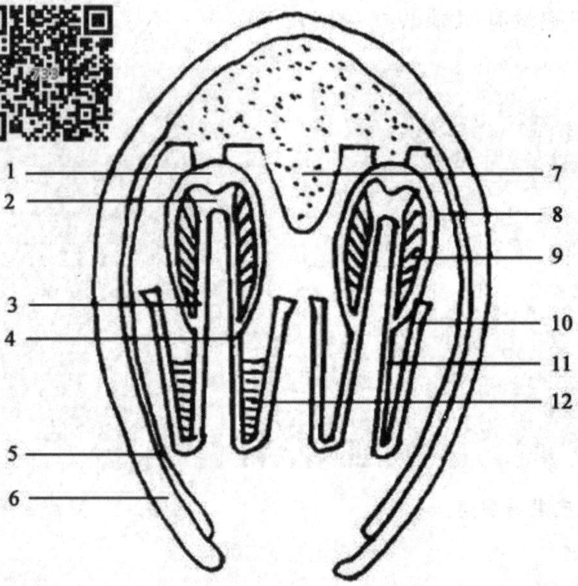

图 4-2-6　海湾扇贝鳃横断面模式图(仿崔龙波等,1998)

1. 入鳃血管;2. 出鳃血管;3. 外鳃瓣;4. 内鳃瓣;5. 外套膜;6. 贝壳;7. 内脏团;8. 主鳃丝回血管;9. 呼吸褶膜;10. 主鳃丝上行支;11. 主鳃丝下行支;12. 板间连接

海湾扇贝鳃属异丝鳃型,鳃丝有主鳃丝和普通鳃丝之分。每一侧的两个鳃瓣包括位于外侧的外鳃瓣和位于内侧的内鳃瓣两部分,外、内鳃瓣的背缘愈合在一起,主鳃丝由此向腹侧垂下,形成鳃丝的下行支;在达到鳃瓣腹缘时,鳃丝向背侧折转(外鳃瓣向外,内鳃瓣向内),形成鳃丝的上行支,上行支高度约为下行支的 2/3 ,其背缘游离。成排的主鳃丝下行支和上行支分别构成鳃瓣的下行鳃板和上行鳃板。同一鳃瓣的下行和上行鳃板之间的空腔即为鳃内腔。在主鳃丝的内侧，从鳃轴发出一斜向的主鳃丝回血管，向腹侧延伸至主鳃丝下行支中部并与之相愈合。在主鳃丝回血管与主鳃丝下行支之间连有斜向或横向高度折叠的呼吸褶膜。主鳃丝下行支腹部 1/3 与其上行支腹部 1/2 之间由隔膜状的板间连接相连接。(图 4-2-6，图 4-2-7)

从每根主鳃丝背缘根部发出 4～6 根普通鳃丝，普通鳃丝较主鳃丝细，内无几丁质支撑结构，上下行支之间没有板间连接相连；不具有主鳃丝回血管、呼吸褶膜等结构。普通鳃丝和主鳃丝之间通过丝间连接联系(图 4-2-8)。主鳃丝和普通鳃丝均由单层上皮细胞及其围绕的血腔构成。主鳃丝比普通鳃丝粗大数倍，鳃丝中央有几丁质支架支撑，鳃丝内有结缔组织和少量的肌纤维(图 4-2-8，图 4-2-9)。

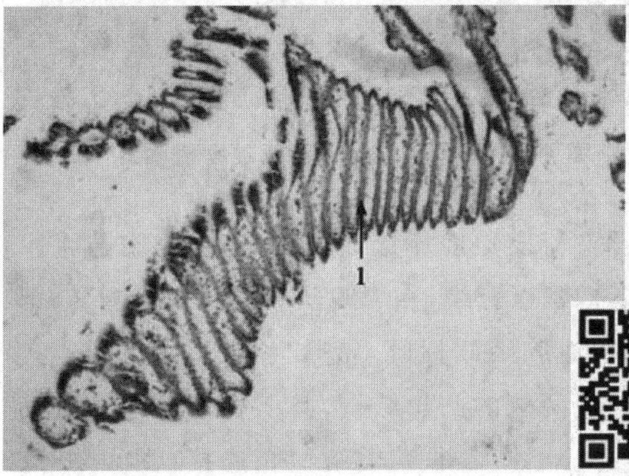

图 4-2-7　海湾扇贝板间连接低倍观察

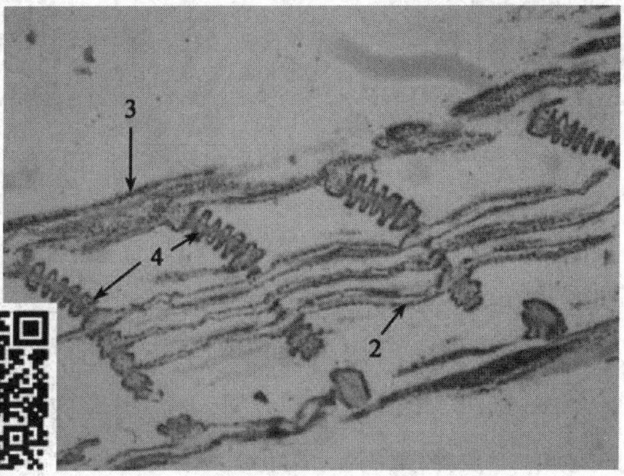

图 4-2-8　海湾扇贝丝间连接低倍观察

1. 板间连接；2. 普通鳃丝；3. 主鳃丝；4. 丝间连接

主鳃丝结构随分布位置不同而有所变化。呼吸褶膜和板间连接鳃丝由单层低立方细胞或扁平细胞及其中间的腔隙构成(图 4-2-10)，其余部分鳃丝上皮主要由单层纤毛低柱状上皮细胞组成。普通鳃丝内无几丁质支架，鳃丝上皮由单层具纤毛的立方上皮细胞或无纤毛的扁平细胞组成，单层细胞与血腔之间只有基膜相隔(图 4-2-11，图 4-2-12)。

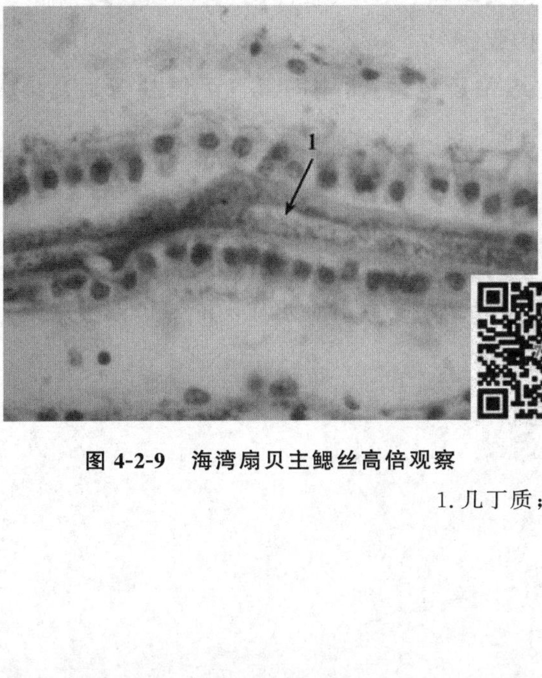

图 4-2-9　海湾扇贝主鳃丝高倍观察

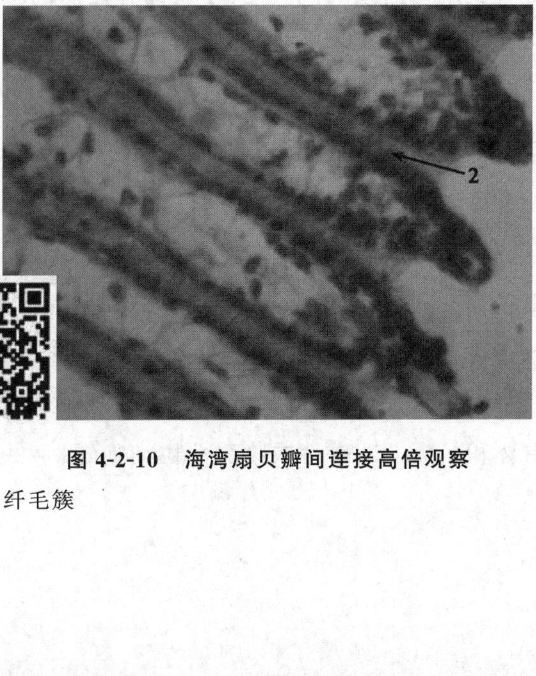

图 4-2-10　海湾扇贝瓣间连接高倍观察

1. 几丁质；2. 纤毛簇

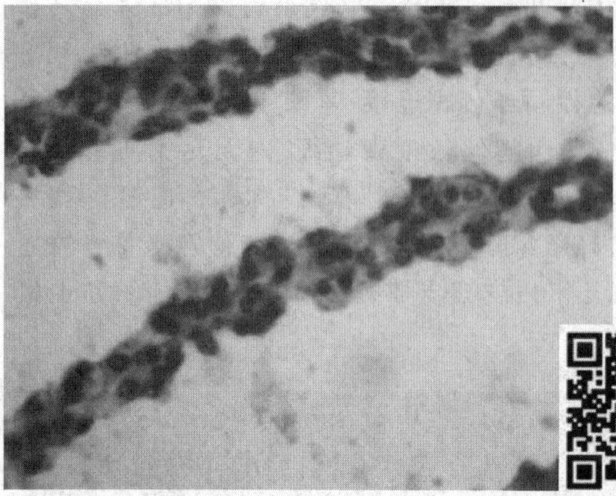

图 4-2-11　海湾扇贝普通鳃丝高倍观察(一)

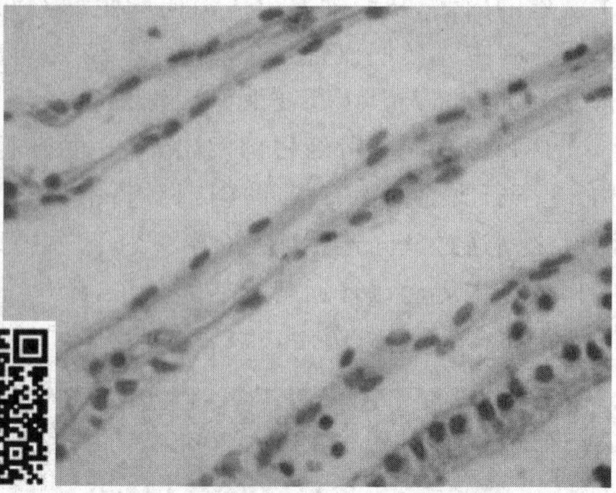

图 4-2-12　海湾扇贝普通鳃丝高倍观察(二)

呼吸褶膜的腔隙将主鳃丝回血管管腔与主鳃丝下行支血腔相连通，板间连接的腔隙将主鳃丝下行支的血腔与其上行支的血腔相连通。在下行鳃板背缘，相邻鳃丝的侧面相互融合，即所有鳃丝外表面及内表面分别连在一起，所有鳃丝的血腔因此相通。鳃瓣各鳃丝由丝间连接结合在一起。丝间连接是位于普通鳃丝内侧或主鳃丝两侧的凸出结构，其上皮由纤毛柱状细胞组成，上皮下充满结缔组织，相邻丝间连接仅通过纤毛簇而非实质组织相连接(图 4-2-8)。在鳃瓣腹缘以及上行鳃板背缘，鳃丝之间也由纤毛簇相互连接(图 4-2-10)。丝间连接和瓣间连接均被覆立方或扁平上皮，上皮下具丰富的结缔组织，内含血腔，使得相邻鳃丝之间及两个鳃小瓣之间的血腔因此而相通。

二、棘皮动物呼吸器官

刺参的呼吸系统是呈树枝状漂浮于体腔中的呼吸树。呼吸树分左右两支，左支比较粗大，延伸到咽部附近，并和上升小肠的背血窦网状结构交织在一起，其根部位于排泄腔的上端。呼吸树的细小分支末端呈小囊状，由数层扁平上皮构成。

管足也是刺参呼吸系统中不可或缺的一部分，由于壁薄，水中的氧气可以被管足直接吸收，而代谢产生的二氧化碳也经此排出体外。

实验案例：刺参呼吸树(H·E 染色)

低倍镜观察：刺参呼吸树和消化道在组织学上同源，为管状结构，内壁为呼吸上皮，往外是致密的结缔组织，继之为外环内纵的肌肉层，最外面是结缔组织。呼吸树内壁上皮向管腔突起形成许多纵行排列的褶皱，褶皱中轴为血窦。(图 4-2-13)

高倍镜观察：内壁呼吸上皮为单层扁平或立方上皮，在上皮和上皮之外的结缔组织内分布有体积较大的嗜碱性或嗜酸性粒细胞(图 4-2-14)。

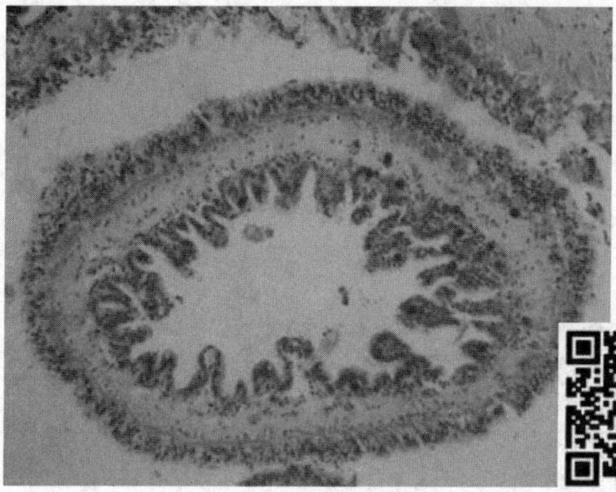

图 4-2-13 刺参呼吸树低倍观察

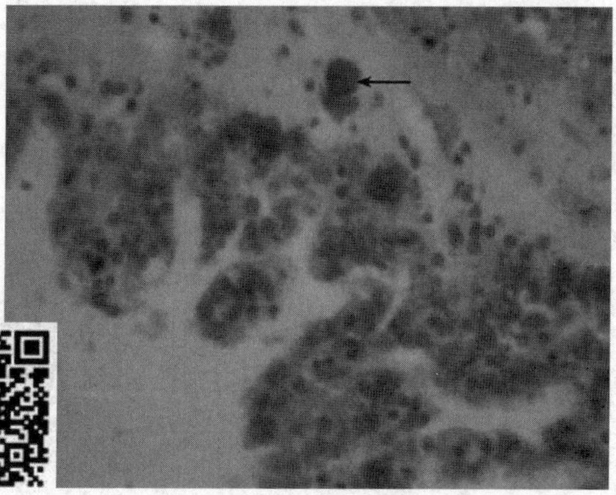

图 4-2-14 刺参呼吸上皮高倍观察

箭头示粒细胞

思考题：

简答动物呼吸器官的结构特点。

绘图：

绘制孔雀鱼鳃小片高倍组织结构图。

第五章

鱼类排泄器官——中肾

目的与要求:

掌握鱼类中肾结构特点。

机体的代谢废物除 CO_2 由呼吸器官排出之外,其余废物基本都通过血液循环输送到排泄器官进行处理,最终以尿液形式排出体外。

排泄器官包括肾、输尿管、膀胱和尿道等器官。

一、肾脏

在系统发生上,脊椎动物的肾脏经过三个阶段,按时间先后依次为前、中、后肾(图5-1-1)。

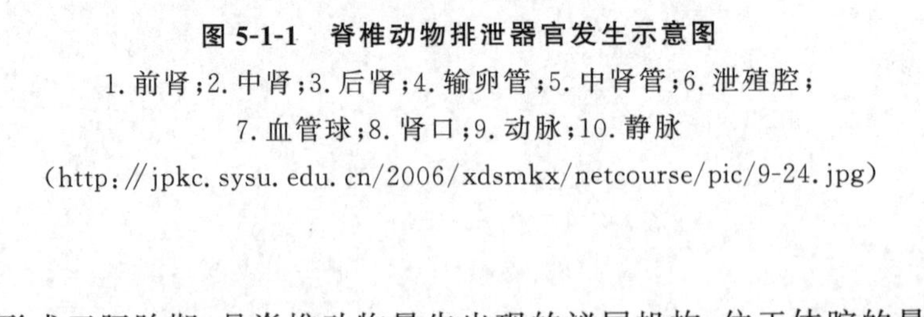

图 5-1-1 脊椎动物排泄器官发生示意图

1. 前肾;2. 中肾;3. 后肾;4. 输卵管;5. 中肾管;6. 泄殖腔;

7. 血管球;8. 肾口;9. 动脉;10. 静脉

(http://jpkc.sysu.edu.cn/2006/xdsmkx/netcourse/pic/9-24.jpg)

(一)前肾

又叫原肾,形成于胚胎期,是脊椎动物最先出现的泌尿机构,位于体腔的最前端,但只有鱼类和两栖类的胚胎时期,前肾才有作用。大部分鱼类成体的前肾退化,但在一些鱼类成体中残留形成头肾,此时已不具有排泄功能,而是造血或免疫器官。

前肾由前肾小管和血管球构成。每一前肾小管一端开口于体腔,开口呈漏斗状,上有纤毛,称为肾口。小管的另一端汇入一总的导管,称为前肾管(输尿管),末端通入泄殖腔或泄殖窦。在肾口附近有背主动脉分支形成的裸露毛细血管球，以过滤的方式把血液中的代谢废物排入体腔中，借助肾口纤毛的摆动，将体腔中的代谢废物收集入肾小管，再经过前肾管由泄殖腔排出体外。

(二)中肾

发育时间上接着前肾，由紧接在前肾后面的一系列生肾节发育而成，整个中肾呈块状，位于体腔背壁，是鱼类和两栖类成体阶段执行排泄机能的器官。

中肾小管的肾口已显著退化，有些小管的肾口甚至完全退化，不能直接与体腔相通。靠近肾口附近的中肾小管外凸成为小支，小支末端膨大内陷成为双层的囊状结构，叫作肾小囊，又称鲍曼氏囊，把血管球包入其中，共同形成肾小体，又称马氏体。肾小体和它的肾小管一起构成肾单位。

在中肾阶段，原来的前肾管纵裂为二，其一成为汇集排泄尿液的总管道，即中肾管（输尿管），在雄性动物兼有输精管的作用；另一管在雄体已退化，在雌体则演变为输卵管。

(三)后肾

后肾是脊椎动物肾脏中最高级的类型，是爬行类、鸟类、哺乳类等羊膜动物成体的排泄器官，其位置靠近体腔的后段，外部形态因动物种类不同而有差别。

后肾小管末端只有肾小体，肾口已完全消失。各肾小管运送尿液汇入总管道，即输尿管。后肾发生后，中肾和中肾管都失去了泌尿的机能而转成生殖系统的组成部分，中肾管完全成为输精管，遗留下来的中肾排泄小管发育成附睾等构造。

二、膀胱

脊椎动物的膀胱有三类，即管状膀胱、泄殖膀胱和尿囊膀胱。管状膀胱见于一般鱼类，由输尿管末端膨大而成；泄殖膀胱见于肺鱼类、两栖类及单孔类，是泄殖腔的一个突起，与输尿管并不直接相连；尿囊膀胱见于一部分爬行类和绝大多数哺乳类，由胚胎时期尿囊柄基部膨大而成。

膀胱是一个储尿器官。在哺乳类，它是由平滑肌组成的一个囊形结构，其后端开口与尿道相通。膀胱与尿道的交界处有括约肌，可以控制尿液的排出。

三、鱼类排泄器官

鱼类排泄系统包括中肾、输尿管、膀胱。中肾位于脊柱两侧，暗红色，呈三角形，被体腔膜覆盖。中肾主要由肾主质和肾间质构成，另外有时可见甲状腺滤泡。肾主质具有泌尿功能，包括肾单位、集合小管和集合管；肾间质含有丰富的造血细胞，具有造血功能。

实验案例：鲤鱼中肾（H·E 染色）

低倍镜观察：和哺乳动物比较，鲤鱼肾脏没有皮质和髓质之分，整体染色较深，嗜碱性较强，由一些团块状结构（肾小体）、管道（肾小管、集合管）和肾间质细胞构成（图 5-1-2）。

高倍镜观察：肾小体也由肾小球和肾小囊构成，其中肾小囊比哺乳动物更明显（图 5-1-3）。肾小管管壁有内分泌细胞分布。内分泌细胞一般位于管壁上皮细胞之间，靠近管腔，银染呈棕黑色（图 5-1-4）。

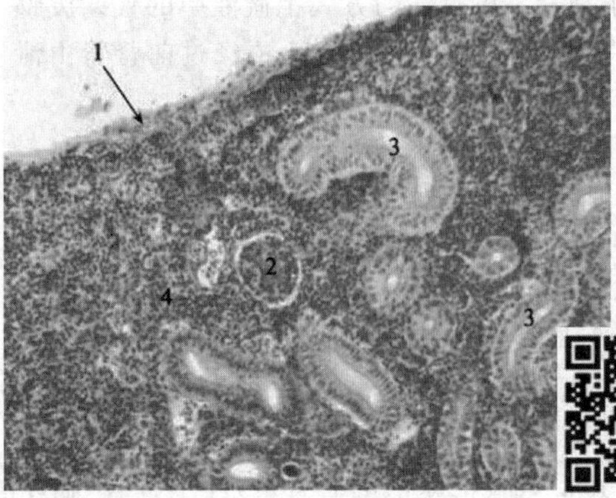

图 5-1-2 鲤鱼中肾低倍观察

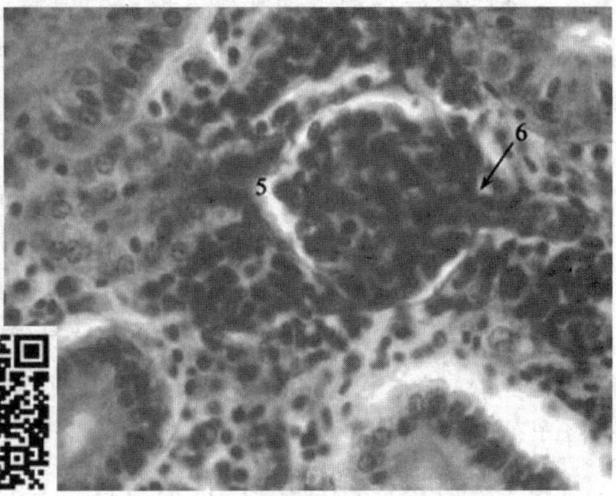

图 5-1-3 鲤鱼肾小体高倍观察

1.上皮;2.肾小体;3.肾小管;4.间质;5.尿极;6.血管极

肾小管分成颈段、第一近曲小管、第二近曲小管、间段和远曲小管。颈段管腔窄,管腔界限不明显;上皮细胞从扁平移行到锥形,界限不清楚,胞质弱嗜酸性;核椭圆形,嗜碱性较强,靠近基底部;细胞游离端刷状缘明显。(图 5-1-5)

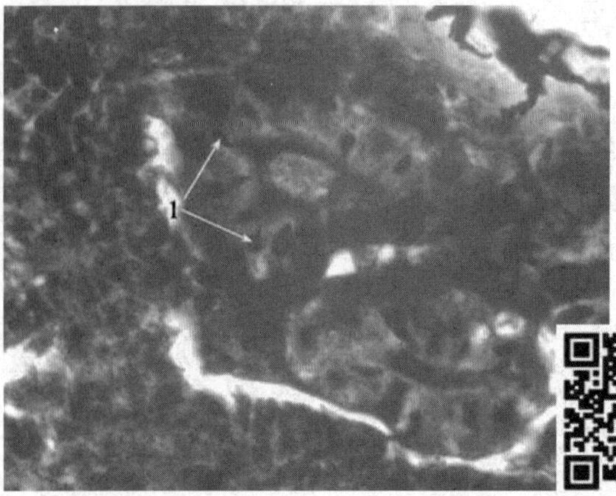

图 5-1-4 鲤鱼中肾高倍观察(银染法)

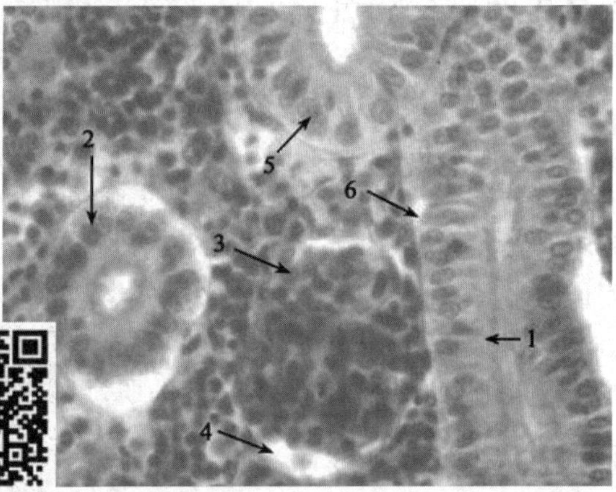

图 5-1-5 鲤鱼中肾高倍观察(H·E 染色)

1.内分泌细胞;2.颈段横切;3.肾小球;4.肾小囊;
5.第一近曲小管横切;6.第二近曲小管纵切

第一近曲小管上皮细胞从锥形移行到高柱状,界限不明显;胞质淡染,内含空泡,使得染色不均匀;核长椭圆形,多位于基底部;游离面刷状缘非常明显。细胞游离端内分泌细胞较多。(图 5-1-6)

和第一近曲小管相比,第二近曲小管上皮细胞更窄,排列更紧密,细胞界限较明显;胞质嗜酸性增强;核位于细胞近基底部或中央,排列规则;刷状缘比较短。内分泌细胞少。(图 5-1-5)

间段数目比较少,管腔界限整齐。间段上皮细胞为锥形,细胞轮廓不明显,排列紧密;胞质嗜酸性,染色均匀;细胞无刷状缘,核圆且大。(图 5-1-7)

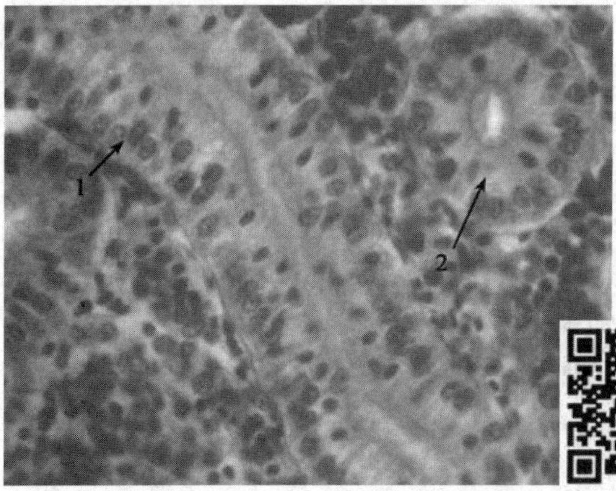

图 5-1-6　鲤鱼第一近曲小管高倍观察

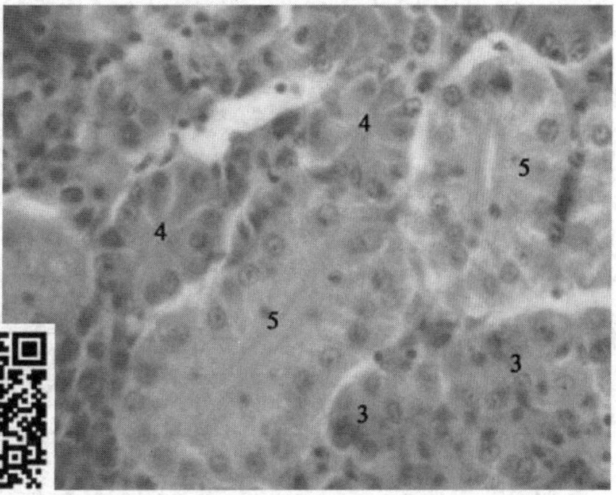

图 5-1-7　鲤鱼肾小管间段高倍观察

1.第一近曲小管纵切;2.第一近曲小管横切;3.间段横切;4.远曲小管横切;5.第二近曲小管

远曲小管上皮由单层立方或锥形细胞组成,细胞形状如石蜡带,间隔明显,胞质嗜酸性较强,染色均匀。细胞无刷状缘,核多中位,圆形,较大。远曲小管上皮细胞易与基膜脱离,收缩在管腔内。(图 5-1-8)

集合管上皮细胞多呈长方形或立方形,胞质染色较均匀,嗜碱性;细胞游离面无刷状缘,核多呈圆形或椭圆形。集合管管腔平整,管径较大,腔内可见一些分泌物。(图 5-1-9)

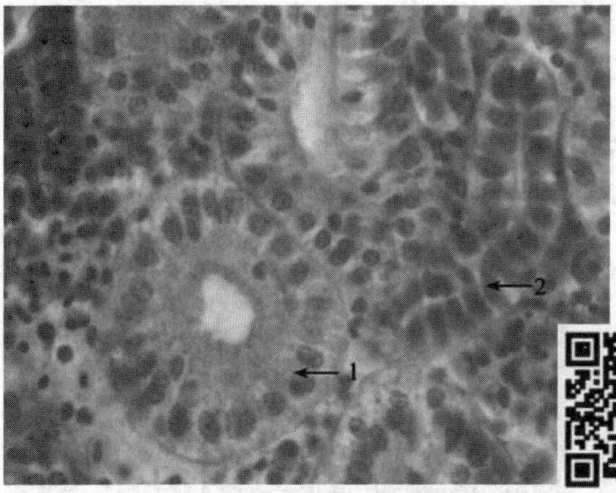

图 5-1-8　鲤鱼远曲小管高倍观察

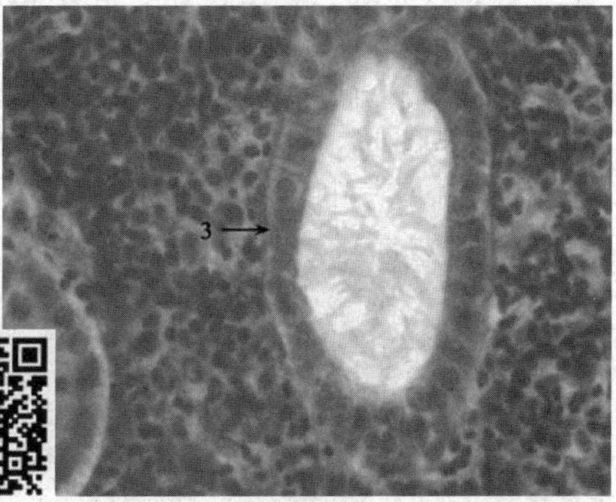

图 5-1-9　鲤鱼集合管高倍观察

1.第一近曲小管横切;2.远曲小管纵切;3.集合管横切

绘图:

绘图说明中肾的形态结构特点。

第六章

内分泌器官

目的与要求：

掌握鲤鱼脑垂体的组织结构特点。

内分泌腺由腺细胞和少量间质构成，含有丰富的血管，无导管，分泌物直接释放入血液中，对机体的生长发育及代谢起调节作用。鱼类的内分泌腺包括脑垂体、尾垂体、后肾间组织、性腺、胰岛和甲状腺等。

实验案例：鲤鱼脑垂体(H · E 染色)

鲤鱼脑垂体分为神经垂体和腺垂体两大部分。神经垂体是激素贮存、释放的部位，由神经纤维束、束间的垂体细胞和微血管组成。垂体细胞染色呈浅蓝色，分布于神经垂体的各部。（图 6-1-1）腺垂体是脑垂体激素分泌部位，对鱼体的生长、代谢、生殖及渗透压调节等起着关键作用。腺垂体中有不同类型的分泌细胞，根据染色分为嗜酸性细胞、嗜碱性细胞和嫌色细胞。（图 6-1-2）

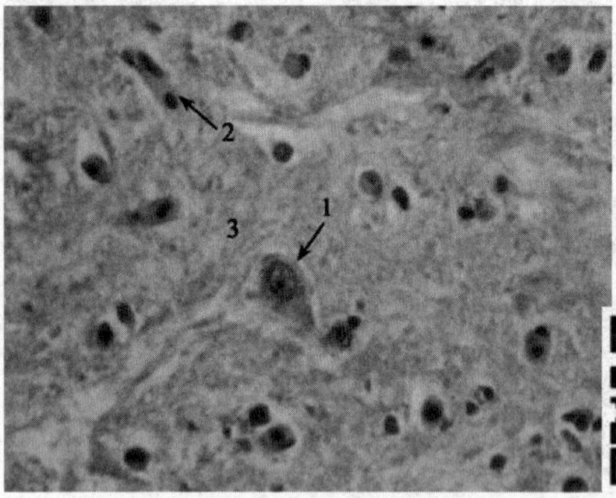

图 6-1-1　鲤鱼神经垂体高倍观察

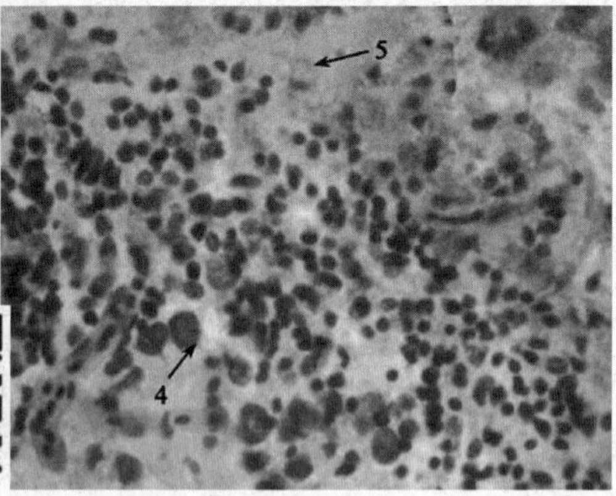

图 6-1-2　鲤鱼腺垂体高倍观察

1. 垂体细胞；2. 微血管；3. 神经纤维束；4. 嗜碱性细胞；5. 嫌色细胞

思考题：

鲤鱼脑垂体可分为哪几部分？神经垂体和腺垂体的组织结构及功能如何？

第七章

免疫器官

目的与要求：

掌握鲤鱼脾脏的结构特点。

鱼类免疫系统主要包括胸腺、骨髓、头肾及脾脏等。

实验案例：鲤鱼脾脏（H·E染色）

低倍镜观察：脾脏由被膜、脾髓和网状组织构成。脾髓分布于整个脾脏，可以分为白髓和红髓两部分。白髓和红髓混杂在一起，两者没有明显界限。网状组织彼此连接构成脾脏的支架，网眼内充满淋巴细胞和红细胞。

脾脏被膜没有粗大的结缔组织深入实质中，脾小梁不明显，白髓紧接被膜分布，较薄，含有密集淋巴细胞的淋巴组织，嗜碱性较强，染色较深，为深蓝色。白髓往里为红髓。红髓染色较浅，有大量的红细胞分布，由髓索和髓窦组成。髓索为吻合成网状的淋巴组织索，主要由大量的淋巴细胞组成。髓窦是分布在髓索之间的血窦。在红髓里还可看到随血管进入的胰腺。（图 7-1-1）

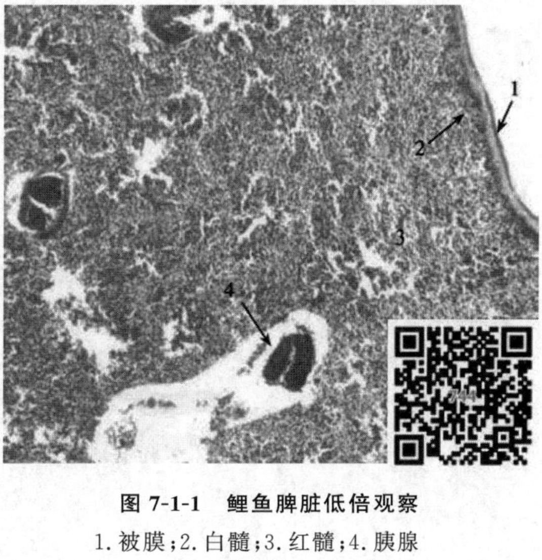

图 7-1-1 鲤鱼脾脏低倍观察

1.被膜；2.白髓；3.红髓；4.胰腺

高倍镜观察：脾脏被膜表面被覆有间皮，之下是致密的结缔组织，再往里为疏松结缔组织和白髓相接。被膜中没有平滑肌纤维的分布。白髓主要由淋巴细胞构成，另外还有巨噬细胞、网状细胞、浆细胞和其他类型血细胞。网状细胞体积较大，有的具双核，其细胞质染色较浅。由于淋巴细胞和红细胞的分布过于密集，其他类型的细胞不易分辨。（图 7-1-2）

红髓髓索也是网状淋巴组织索，髓窦壁衬有梭形内皮细胞（图 7-1-3）。

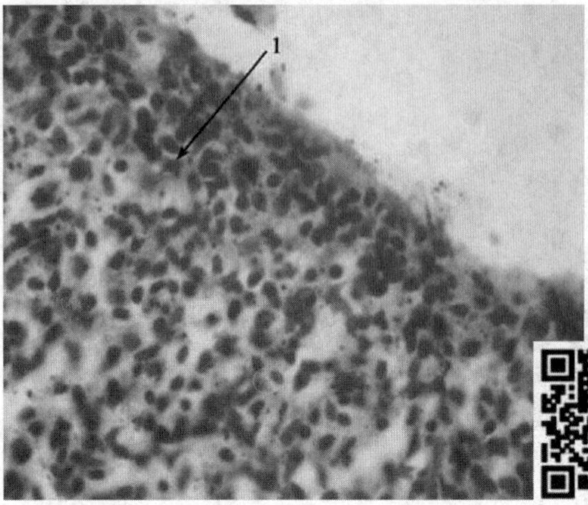

图 7-1-2　鲤鱼脾脏白髓高倍观察

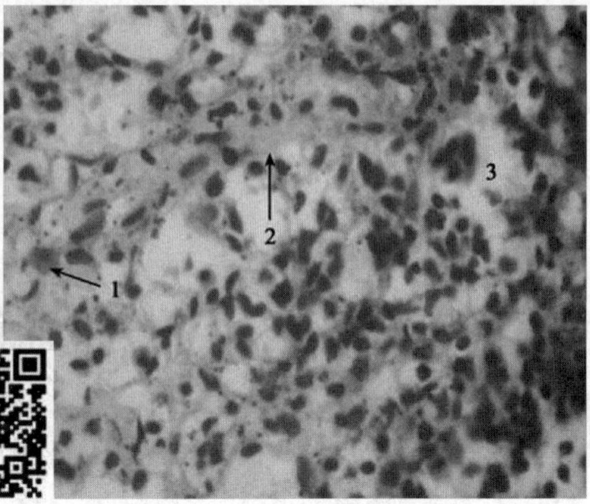

图 7-1-3　鲤鱼脾脏红髓高倍观察

1. 网状细胞；2. 髓索；3. 髓窦

思考题：

鲤鱼脾脏组织结构有何特点？

第八章

感觉器官

第一节 鱼类皮肤感受器

目的与要求:

掌握鱼类感觉芽、丘状感觉器的结构特点与功能。

鱼类皮肤中除了有感受温度、味觉的感受器外,还有感受水流、水压及测定方位等机能作用的感受器。最简单的是极细小的芽状突起,称为感觉芽;较为复杂的呈小丘状,称为丘状感觉器(陷器);最高度分化的是侧线系统。

实验案例:孔雀鱼皮肤感觉芽与丘状感觉器(H·E染色)

光镜观察,感觉芽和丘状感觉器分散在表皮细胞之间,感觉芽顶端宽大平坦,整体呈梯形(图 8-1-1);丘状感觉器的感觉细胞低于其周围的细胞,顶端较细,整体呈锥形(图 8-1-2)。这两种感受器的一个共同结构特点是都由两种细胞组成,一种是柱状的支持细胞,另一种是感觉细胞。感觉细胞为双极神经细胞,其游离端具有不动的纤毛,即感觉毛,被胶质顶包裹;感觉细胞基底端具有突起,与神经纤维的末端相联系。

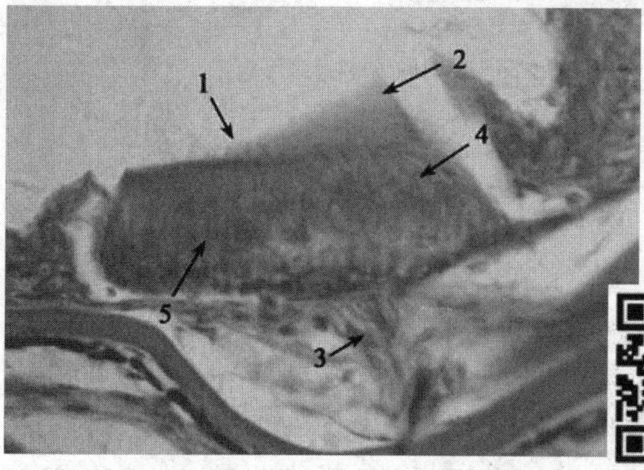

图 8-1-1 孔雀鱼感觉芽高倍观察

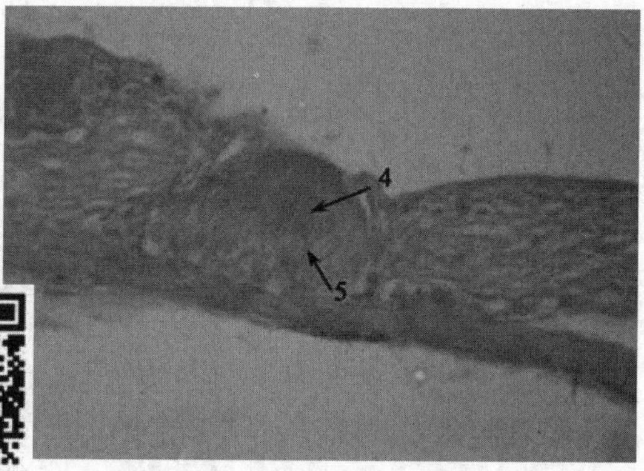

图 8-1-2 孔雀鱼丘状感觉器高倍观察

1. 感觉毛;2. 胶质顶;3. 神经纤维;4. 感觉细胞;5. 支持细胞

绘图：

高倍镜下丘状感觉器。

第二节 视觉器官——眼

目的与要求：

1. 掌握哺乳类和鱼类眼球壁及屈光装置的结构和功能。
2. 了解甲壳动物复眼结构。

一、脊椎动物眼球结构

眼是视觉器官，脊椎动物因种类不同，眼的外形和结构也有差异，但基本结构相似，都由眼球和眼副器构成。眼球由眼球壁和屈光间质（眼球内容物）两部分组成，眼球壁自外向内由纤维膜、血管膜和视网膜构成，屈光间质包括房水、晶状体和玻璃体，均无色透明，与角膜一起组成眼球的屈光介质。眼副器包括眼睑、泪腺等。（图 8-2-1）

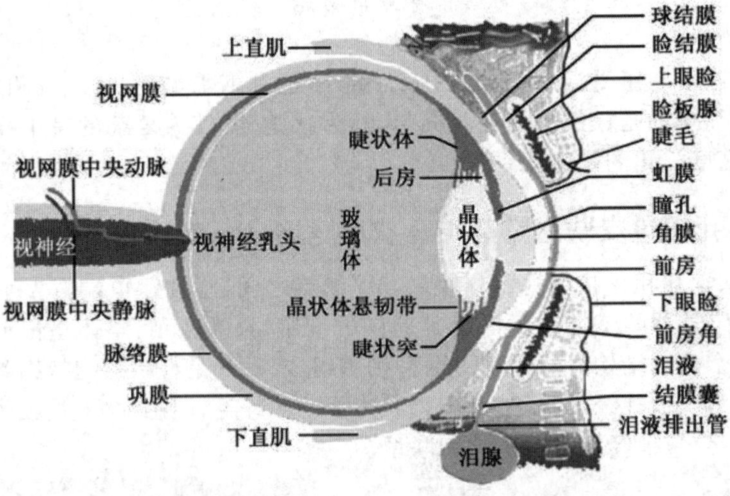

图 8-2-1 脊椎动物眼结构模式图

（一）眼球壁

1. 纤维膜

纤维膜位于眼球壁的最外层，主要为致密结缔组织，前 1/6 透明部分称角膜，后 5/6 部分称巩膜（图 8-2-1）。

生活状态下，角膜呈透明的圆盘状，略向前方突出，边缘与巩膜相连，从外向里由角膜上皮、前界层、角膜基质、后界层、角膜内皮五层组成。巩膜呈瓷白色，质地坚硬，由大量粗大的胶原纤维交织而成。角膜与巩膜交界处的纤维由透明变成白色不透明，形成明显分界，称角膜缘。角膜缘内侧部的巩膜静脉窦和小梁网是房水循环的重要结构。在巩膜静脉窦内侧，巩膜组织略向前突，称巩膜距。（图 8-2-2）

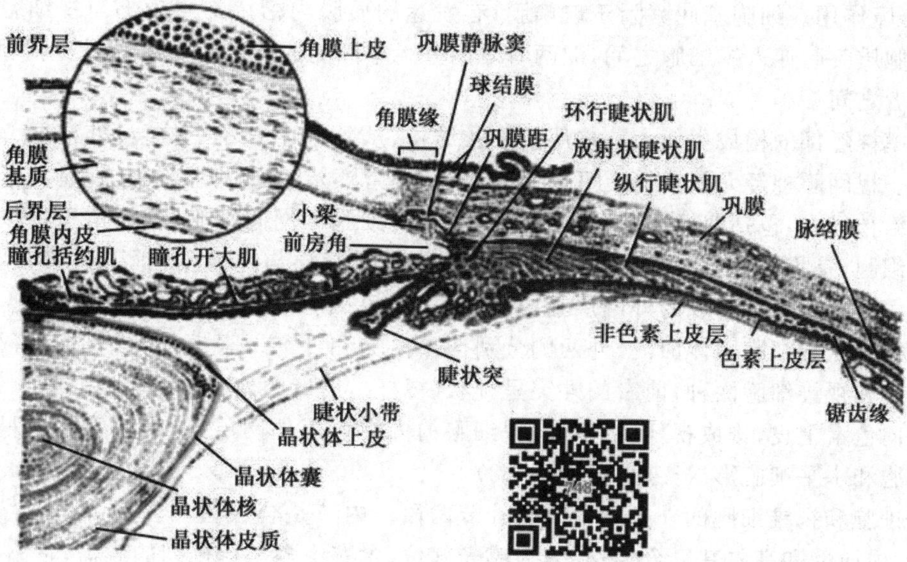

图 8-2-2 脊椎动物眼球前部结构纵切面模式图

(http://gzy.hainmc.edu.cn/jingpin/zupei/jinrukecheng/tuku/tuku.htm)

2.血管膜

血管膜为含大量血管和色素细胞的疏松结缔组织，由虹膜、睫状体和脉络膜组成。

(1)虹膜：虹膜位于角膜后方，为一环板状薄膜，中央为瞳孔。虹膜与角膜之间的腔隙为前房，虹膜与晶状体之间的腔隙为后房，两者通过瞳孔相沟通。虹膜的根部与睫状体相连，与角膜缘所夹之角称前房角(图 8-2-2)。

虹膜基质中分布有色素细胞，色素细胞胞质中含大量的色素颗粒。不同人种，甚至不同个体的色素颗粒的形状、密度和分布有一定的差异，造成不同人的眼睛颜色不一样。虹膜上皮由两层色素细胞组成，前层特化为肌上皮细胞，其中近瞳孔缘的肌纤维呈环形排列，称瞳孔括约肌，受副交感神经支配，收缩时使瞳孔缩小；在括约肌外侧呈放射状排列的肌纤维为瞳孔开大肌，受交感神经支配，收缩时使瞳孔开大。

(2)睫状体：睫状体位于虹膜与脉络膜之间，脉络膜和睫状体的交界处凹凸交错成锯齿状，称锯齿缘。睫状体前段肥厚并伸出放射状的睫状突；后段渐平坦，终止于锯齿缘，称睫状环。睫状体中有纵行、放射状和环行排列的睫状肌。睫状突与晶状体之间通过细丝状的睫状小带相连。睫状肌收缩时，睫状小带松弛；反之，则紧张，借此使晶状体的位置和曲度发生改变，从而对视力进行调节。(图 8-2-2)

(3)脉络膜：血管膜后 2/3 部分为脉络膜，填充在巩膜与视网膜之间，是含血管和色素细胞的疏松结缔组织。

3.视网膜

视网膜是眼球壁的最内层，其中睫状体和虹膜内面视网膜无感光作用，为视网膜盲部。脉络膜内面视网膜具感光作用，为视网膜视部，从视神经乳头(视神经盘)向前到锯齿缘为止。视网膜通常指能感光的视部而言。

视网膜分为色素上皮层和神经部。色素上皮细胞之间有紧密连接、中间连接和缝隙连接等，具有屏障作用。细胞基底紧附于玻璃膜，有发达的质膜内褶。细胞顶部与视细胞相接触，并有大量胞质突起伸入视细胞之间，但两者之间并无牢固的连接结构。所以，视网膜脱离常发生在这两者之间。

视网膜神经部的构成类似大脑皮层的层状结构，从外至内分三个核层：外核层、内核层和节细胞层。视网膜神经元从功能上可分为三类：一类为感光细胞，即视细胞，胞体位于外核层；一类为联络神经元，包括双极细胞、水平细胞、无长突细胞和网间细胞，胞体位于内核层；还有一类为节细胞，是投射神经元，其胞体构成节细胞层。外核层与内核层之间及内核层与节细胞层之间是由神经元突起构成的外网层和内网层。（图 8-2-3）

（1）视细胞：视细胞胞体向内、外两侧分别伸出内突和外突。根据外突的形态将视细胞分为视杆细胞和视锥细胞两种，前者的外突呈杆状（视杆），后者的外突呈锥状（视锥）。视杆与视锥垂直伸向色素上皮，构成视杆视锥层。视细胞的内突伸入外网层，内突末端膨大呈小球状，与双极细胞和水平细胞形成突触。（图 8-2-3）

视杆细胞和视锥细胞的外突分内节与外节两段。内节是合成蛋白质的部位，含丰富的线粒体、粗面内质网和高尔基复合体；外节为感光部位，含有许多平行排列的膜盘，它们是由外节基部一侧的胞膜内陷而成。视杆细胞内节的膜盘与胞膜分离而独立存在，顶部衰老的膜盘不断脱落，并被色素上皮细胞吞噬。视锥细胞的顶部膜盘大多与细胞膜不分离，也不脱落。视杆细胞外节膜盘上镶嵌的感光物质称视紫红质，感弱光；视锥细胞外节膜盘上嵌有能感受强光和色觉的视色素，分别有红敏色素、蓝敏色素和绿敏色素，分别感受红色、蓝色和绿色（图 8-2-4）。

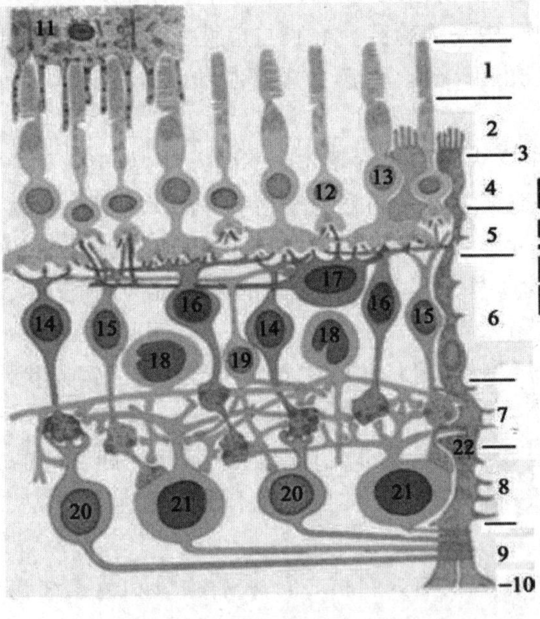

图 8-2-3　视网膜结构示意图

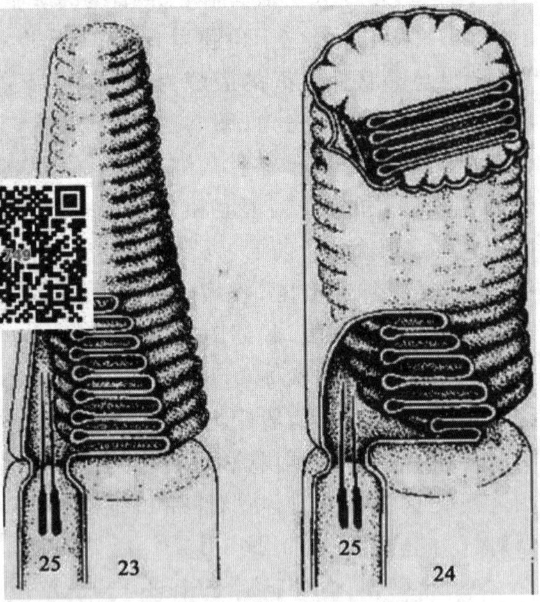

图 8-2-4　视细胞外节超微结构模式图

1. 视细胞外节层；2. 视细胞内节层；3. 外界膜；4. 外核层；5. 外网层；6. 内核层；7. 内网层；8. 节细胞层；9. 视神经纤维层；10. 内界膜；11. 色素上皮细胞；12. 视杆细胞；13. 视锥细胞；14. 侏儒双极细胞；15. 杆状双极细胞；16. 扁平双极细胞；17. 水平细胞；18. 无长突细胞；19. 网间细胞；20. 侏儒节细胞；21. 弥散节细胞；22. Müller 细胞；23. 视锥细胞外节；24. 视杆细胞外节；25. 连接纤毛

（http://gzy.hainmc.edu.cn/jingpin/zupei/jinrukecheng/tuku/tuku.htm）

(2)双极细胞：双极细胞是连接视细胞和节细胞的纵向联络神经元，胞体位于内核层。外侧的树突伸入外网层，与视细胞内突形成突触；内侧的轴突伸入内网层，与节细胞的树突形成突触。双极细胞可分侏儒双极细胞、杆状双极细胞和扁平双极细胞三种，侏儒双极细胞的树突分别只与一个视锥细胞形成突触，其轴突也只与一个节细胞的树突建立突触；杆状双极细胞的树突可与多个视杆细胞形成突触；扁平双极细胞的树突可与多个视锥细胞形成突触。(图8-2-3)

(3)节细胞：节细胞是长轴突的多极神经元，胞体较大，位于节细胞层，多排列成单行。其树突伸入内网层，与双极细胞、无长突细胞和网间细胞形成突触。其轴突构成视神经纤维层，并向眼球后极汇集形成视神经穿出眼球。节细胞也分两类：一类为胞体较小的侏儒节细胞，只接受单一的视锥细胞和双极细胞的信息；另一类为胞体较大的弥散节细胞，与多个双极细胞形成突触联系。(图8-2-3)

(4)水平细胞、无长突细胞和网间细胞：这三种细胞均为中间神经元，参与视网膜内层局部环路的组成。水平细胞的胞体位于内核层的外侧部，发出许多水平走向的分支伸入外网层的内侧部，与视杆细胞、双极细胞及网间细胞形成突触。无长突细胞的胞体较双极细胞大，呈烧瓶形，在内核层的内侧部排成2～3行，其突起兼有树突和轴突的特点，在内网层内与双极细胞的轴突、节细胞及网间细胞的突起形成突触。网间细胞数量较少，胞体位于无长突细胞之间，突起在内、外网层中广泛伸展，与无长突细胞和水平细胞形成突触。网间细胞主要是从内网层接收信息，传送至外网层，因此是视网膜内视觉信息传递的一条离心性反馈调节通路。(图8-2-3)

视网膜内的胶质细胞主要是放射状胶质细胞，又称米勒(Müller)细胞。细胞长而不规则，突起为叶片状，分布于神经元之间，胞体位于内核层，细胞外侧突末端常膨大分叉，在神经纤维层内表面相互连接成内界膜(图8-2-3)。放射状胶质细胞具有营养、支持、绝缘和保护作用。视网膜内还有一些星形胶质细胞、少突胶质细胞和小胶质细胞等。

(5)黄斑和视神经乳头：视网膜后部有一浅黄色区域，称黄斑，其中央有一小凹，称中央凹。视神经穿出眼球的部分，称视神经乳头。此处缺乏视细胞，故又称盲点，视网膜中央动脉和静脉由此进出眼球。

实验案例：人眼球(H·E染色)

1. 角膜

低倍镜观察(图8-2-5)：角膜位于眼球最前方，两侧染色稍深，中间染色较淡。从外向里由角膜上皮、前界层、角膜基质、后界层、角膜内皮五层组成，角膜基质约占整个角膜厚度的9/10。

高倍镜观察(图8-2-6)：角膜上皮为未角化的复层扁平上皮，细胞排列整齐，有5～6层。上皮基部平坦，基底层细胞常见分裂象，有较强的再生能力。前界层为胶原原纤维和基质构成的无细胞均质膜。

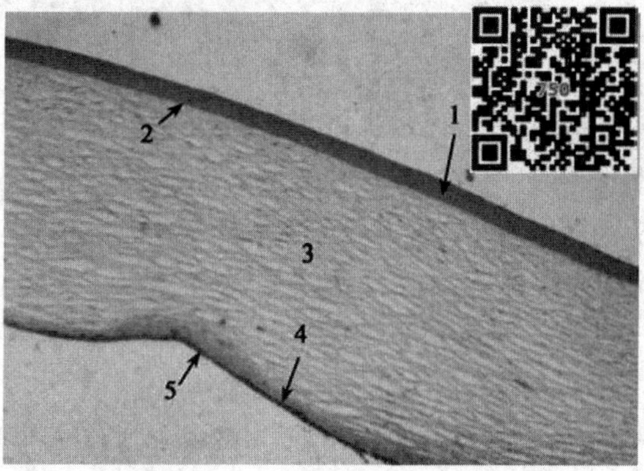

图8-2-5　人眼角膜纵切低倍观察

1. 角膜上皮；2. 前界层；3. 角膜基质；4. 后界层；5. 角膜内皮

角膜基质由大量与表面平行的胶原板层组成，板层之间有成纤维细胞分布，无血管，营养由房水和角膜缘的血管供应。后界层亦为一透明均质膜，较前界层薄，由角膜内皮分泌形成，随年龄增长而增厚。角膜内皮为单层扁平上皮。（图 8-2-7）

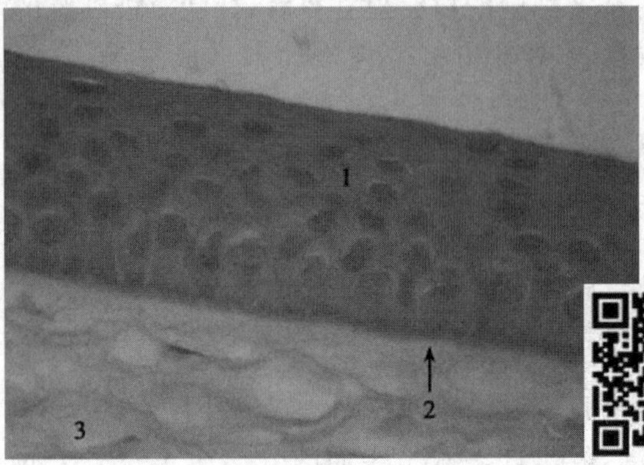

图 8-2-6 人眼角膜纵切高倍观察（一）

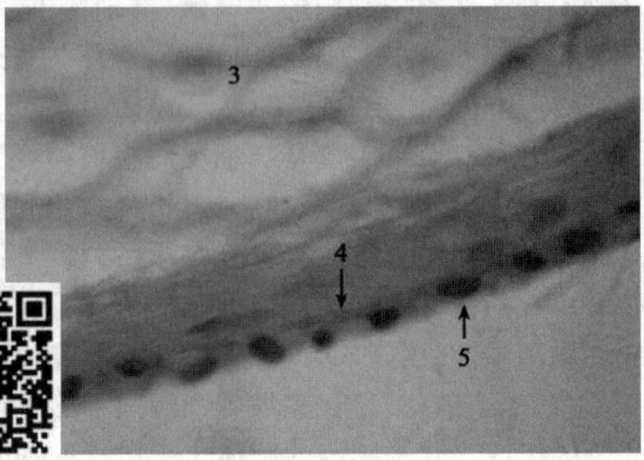

图 8-2-7 人眼角膜纵切高倍观察（二）

1. 角膜；2. 前界层；3. 角膜基质；4. 后界层；5. 角膜内皮

2. 巩膜

低倍镜观察，巩膜颜色较角膜加深，组织排列失去规律性，由大量粗大的胶原纤维交织而成，内含少量血管、神经、成纤维细胞及色素细胞（图 8-2-8）。巩膜与角膜交界处称角膜缘，其内侧有巩膜静脉窦和小梁网。巩膜静脉窦是一环形管道，管壁由内皮、不连续的基膜和薄层结缔组织构成，腔内充满房水。小梁网由角膜基质纤维、后界膜和角膜内皮向后扩展而成，覆盖在巩膜静脉窦的内侧。小梁的轴心为胶原纤维，表面覆以内皮细胞，小梁之间为小梁间隙。（图 8-2-9）

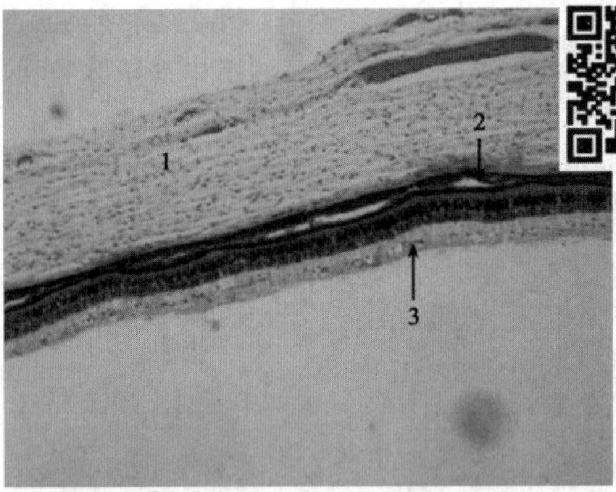

图 8-2-8 人眼球壁纵切低倍观察

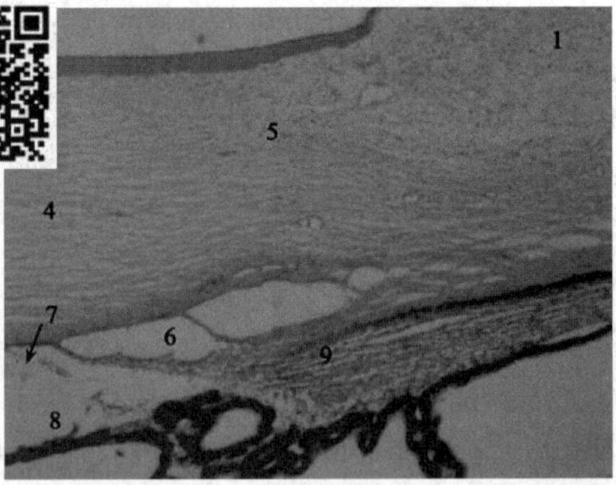

图 8-2-9 角膜、巩膜交界处纵切低倍观察

1. 巩膜；2. 血管膜；3. 视网膜；4. 角膜；5. 角膜缘；6. 巩膜静脉窦；7. 小梁网；8. 前房角；9. 睫状体

3. 虹膜

低倍镜观察：虹膜由虹膜基质和虹膜上皮两部分组成。虹膜基质为含有大量色素细胞与

血管的疏松结缔组织。在虹膜前表面，扁平的成纤维细胞和色素细胞较多，形成不连续的前缘层。(图 8-2-10)基质中的色素细胞呈星形或圆形，胞质中含大量的色素颗粒。

高倍镜观察：虹膜上皮由两层色素细胞组成，前层特化为肌上皮细胞，后层细胞较大，呈立方形，胞质内充满色素颗粒(图 8-2-11)。

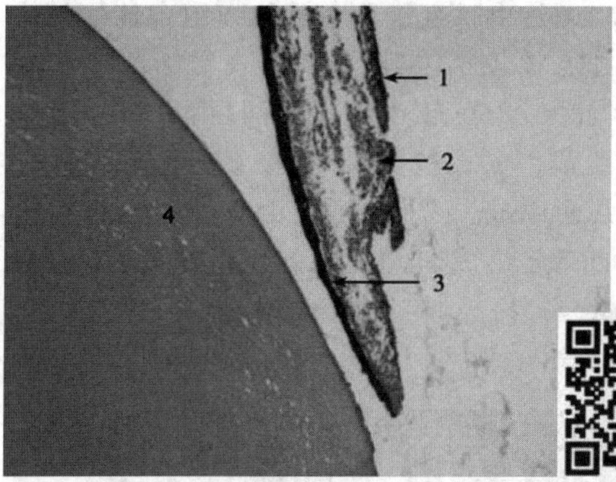

图 8-2-10　人眼球虹膜纵切低倍观察

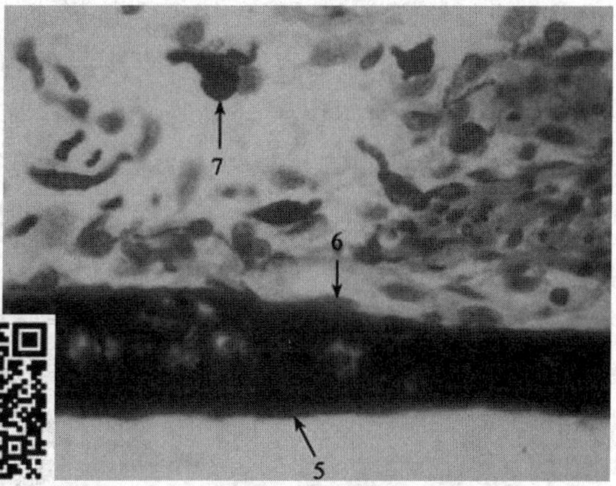

图 8-2-11　人眼球虹膜纵切高倍观察

1.前缘层；2.虹膜基质；3.虹膜上皮；4.晶状体；5.后层色素上皮；6.前层色素上皮；7.色素细胞

4.睫状体

低倍镜观察：睫状体为三角形结构，由睫状肌、基质与上皮组成(图 8-2-12)。

高倍镜观察：睫状肌为平滑肌。睫状体基质为富含血管和色素细胞的结缔组织。睫状体上皮也由两层细胞组成(图 8-2-13)，外层上皮细胞为立方形的色素细胞，内有粗大的色素颗粒；内层为立方形或矮柱状的非色素细胞，能合成胶原蛋白，分泌房水。

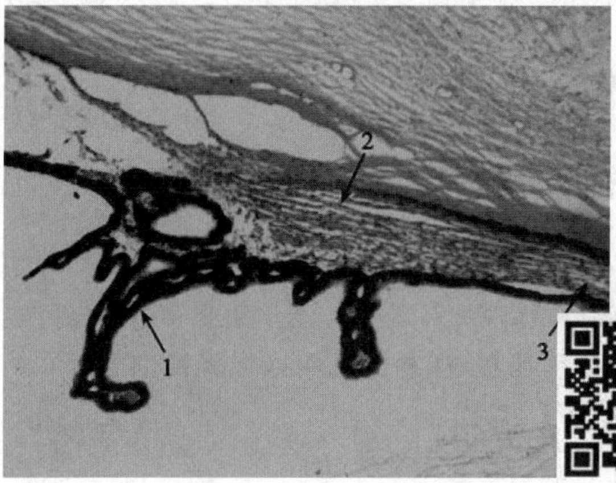

图 8-2-12　人眼球睫状体纵切低倍观察

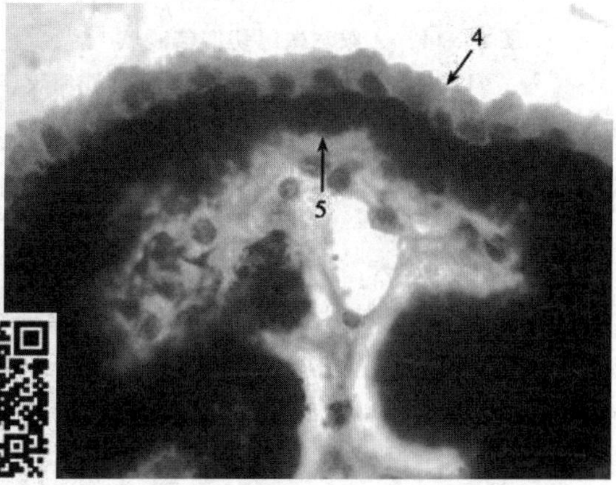

图 8-2-13　人眼球睫状体纵切高倍观察

1.睫状突；2.睫状体基质；3.睫状环；4.内层睫状体上皮细胞；5.外层睫状体上皮细胞

5.脉络膜

脉络膜是富含血管和色素细胞的疏松结缔组织。脉络膜的最内层称玻璃膜，是由纤维和基质组成的薄层均质透明膜。(图 8-2-14)

6. 视网膜

光镜下观察，视网膜自外向内可分 10 层（图 8-2-14，图 8-2-15）：①色素上皮层：是视网膜的最外层，为单层矮柱状上皮，胞质内含有大量粗大的圆形或卵圆形黑素颗粒，可防止强光对视细胞的损害。②视杆视锥层：由视杆和视锥组成，故又称感光层。③外界膜：由 Müller 细胞外侧端之间的连接复合体形成。④外核层：由视杆细胞和视锥细胞含核的胞体部组成，其中视杆细胞胞体位于外核层的内侧，细胞核较小，染色较深。视锥细胞形态与视杆细胞相似，胞体位于外核层的外侧，细胞核较大，染色较浅。⑤外网层：由视细胞的内侧突和双极细胞的树突以及水平细胞的突起组成。⑥内核层：由双极细胞、水平细胞、无长突细胞、网间细胞以及 Müller 细胞的胞体共同组成。⑦内网层：由双极细胞的轴突与节细胞的树突，以及无长突细胞和网间细胞的突起组成。⑧节细胞层：由节细胞的胞体组成。⑨视神经纤维层：由节细胞的轴突组成。⑩内界膜：由 Müller 细胞内侧端相互连接而成。

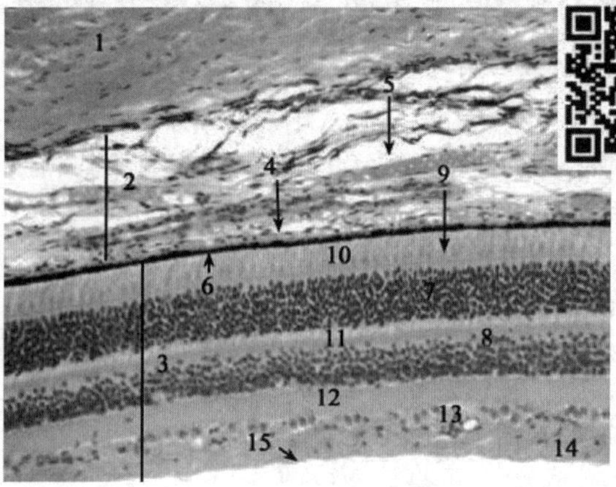

图 8-2-14　人眼球壁纵切低倍观察

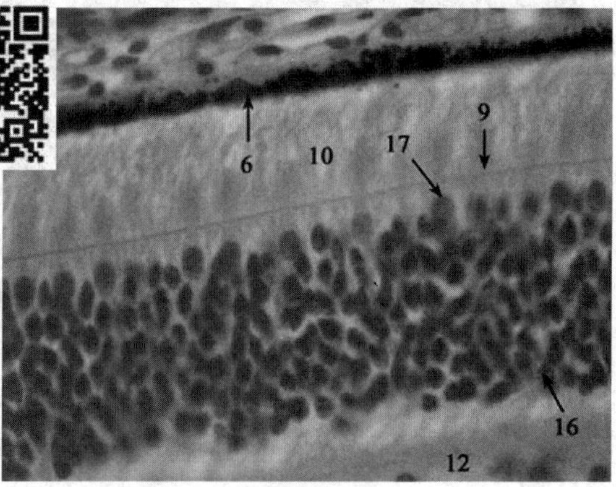

图 8-2-15　人眼球视网膜纵切高倍观察

1. 巩膜；2. 脉络膜；3. 视网膜；4. 玻璃膜；5. 血管；6. 色素上皮层；7. 外核层；8. 内核层；9. 外界膜；10. 视杆视锥层；11. 外网层；12. 内网层；13. 节细胞层；14. 视神经纤维层；15. 内界膜；16. 视杆细胞；17. 视锥细胞

7. 视神经乳头

肉眼观察，在眼球后侧部，有一视神经穿出的部分，称视神经乳头。低倍镜观察，神经纤维束平行或交叉、沿视神经纵行排列（图 8-2-16）。高倍镜观察，视神经乳头区域无视细胞分布，称盲点，视网膜中央动脉和静脉也由此进出眼球（图 8-2-17）。

8. 黄斑

低倍镜观察，在盲点附近有一视网膜较薄区域，即黄斑（图 8-2-18）。高倍镜下，黄斑中央视网膜最薄，此处除色素上皮外，只有视锥细胞。此处的双极细胞和节细胞均斜向外周排列，光线直接落在中央凹陷的视锥细胞上，是视觉最敏感的区域，称中央凹。在中央凹的边缘才开始有视杆细胞，再向外，视杆细胞逐渐增多，视锥细胞则逐渐减少。（图 8-2-19）

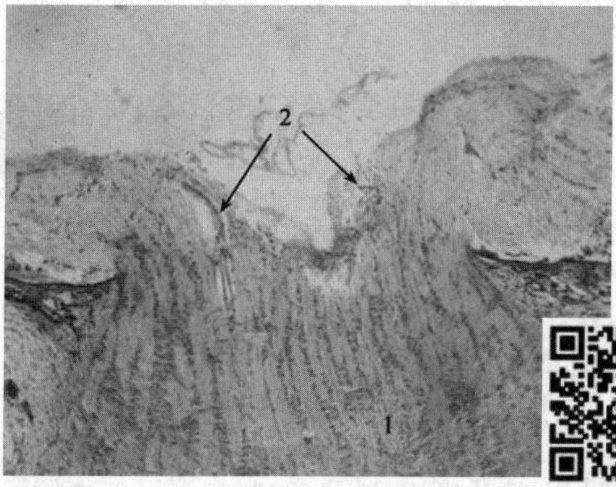

图 8-2-16　人眼球视网膜视神经乳头纵切低倍观察

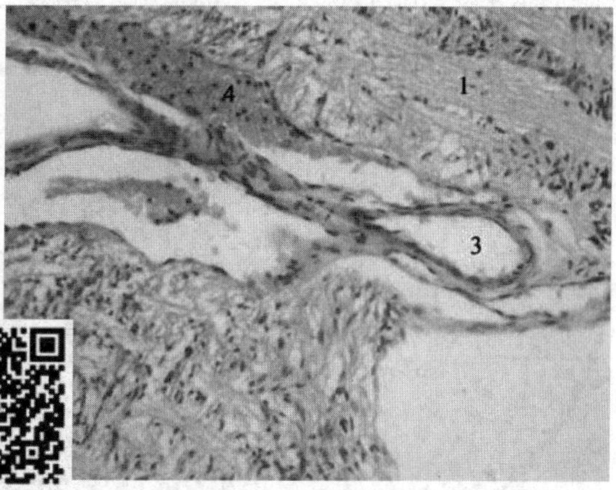

图 8-2-17　人眼球视网膜视神经乳头纵切高倍观察

1.视神经;2.视网膜中央血管;3.动脉;4.静脉

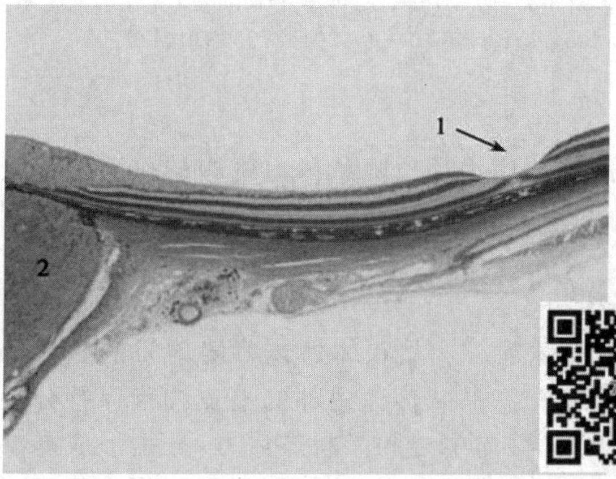

图 8-2-18　人眼球视网膜纵切低倍观察

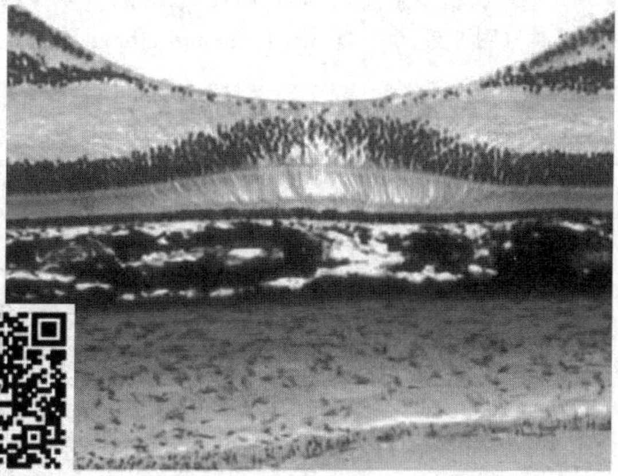

图 8-2-19　人眼球黄斑高倍观察

1.黄斑;2.视神经

(http://dec3.jlu.edu.cn/webcourse/T000138/files/chapters/tuition14_1.html)

(二)眼球内容物

1.晶状体

晶状体是具有弹性的双凸透明体,外包薄层均质的晶状体囊。晶状体的前表面有一层立方形晶状体上皮,晶状体赤道部的上皮细胞保持分裂能力,渐变为长柱状的晶状体纤维,并移向中心。位于浅层的晶状体纤维构成晶状体的皮质,纤维与表面平行,呈环层状排列。中心部位的纤维构成晶状体核,纤维内充满均质状的蛋白质,细胞核消失。晶状体内无血管和神经,营养由房水供给。(图 8-2-20)

2.玻璃体

玻璃体位于晶状体和视网膜之间,为无色透明的胶状物,其中水分占 99%,还含有透明质酸、玻璃蛋白及胶原原纤维等。玻璃体中央有一个从晶状体后极至视神经乳头的透明管,是胚胎时期玻璃体动脉(图 8-2-21)的遗迹。玻璃体内还有一些透明细胞,胞质内含有空泡和颗粒。玻璃体流失后不能再生,由房水填充。

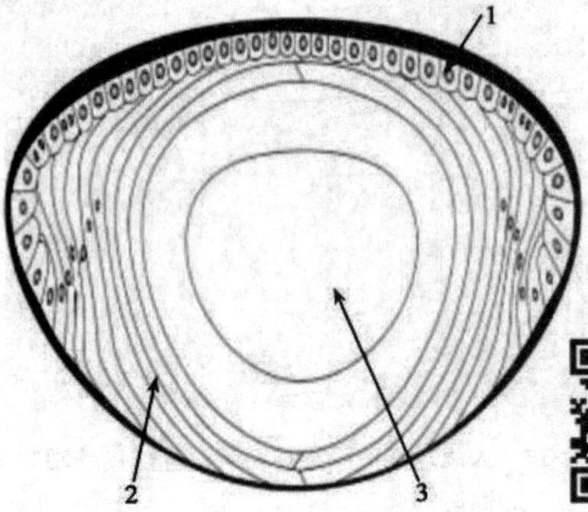

图 8-2-20 晶状体结构示意图

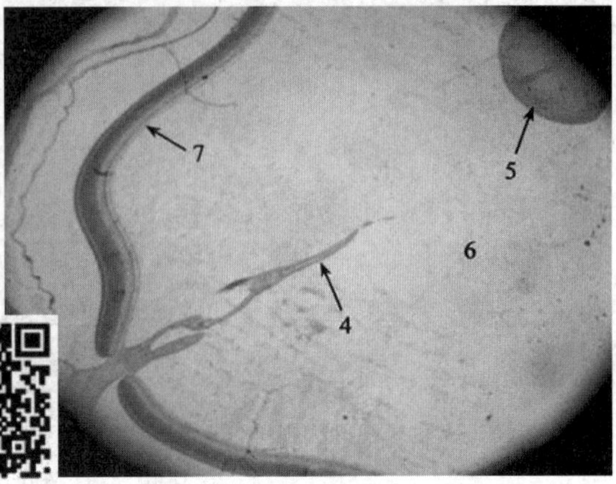

图 8-2-21 鸡胚眼球纵切低倍观察

1.晶状体上皮;2.晶状体皮质;3.晶状体核;4.玻璃体动脉;5.晶状体;6.玻璃体;7.眼球壁

(图 8-2-20 引自 http://analgin.blog.163.com/blog/static/164046284201177953314 41/)

3.房水

房水充盈于眼房内,为含少量蛋白质的透明液体。房水是由睫状体血管内的血液渗透及非色素上皮细胞分泌而成的。

实验案例:晶状体与房水(人眼,H·E 染色)

低倍镜观察:房水无色透明或淡粉色,位于晶状体前方。晶状体外包薄层均质的晶状体囊,晶状体前表面有一层立方形的上皮细胞(图 8-2-22)。晶状体赤道部的上皮细胞保持分裂能力,渐变为长柱状的初级晶状体纤维(图 8-2-23),并移向中心和晶状体后方,分别形成晶状体核和次级晶状体纤维,细胞核消失(图 8-2-22)。随着年龄的增长,上皮细胞分裂能力逐渐减弱,细胞核减少。

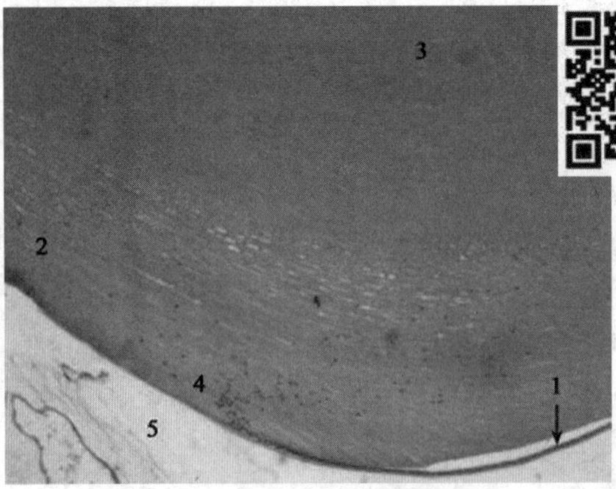

图 8-2-22 人眼晶状体低倍观察(一)

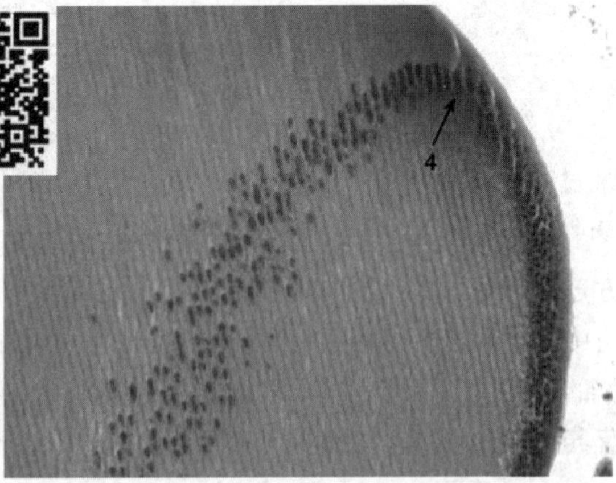

图 8-2-23 人眼晶状体低倍观察(二)

1.晶状体上皮;2.晶状体皮质;3.晶状体核;4.赤道部晶状体上皮;5.房水

高倍镜观察：晶状体囊弱嗜酸性，染色均一，淡粉色。晶状体上皮立方形或矮柱状。位于浅层的晶状体纤维构成晶状体的皮质，纤维与表面平行，呈环层状排列，有的纤维内仍可见细胞核。（图 8-2-24，图 8-2-25）

图 8-2-24 人眼晶状体低倍观察(三)

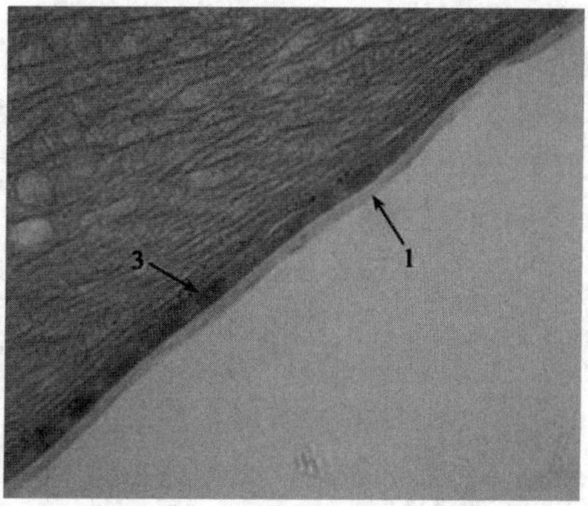

图 8-2-25 人眼晶状体高倍观察

1. 晶状体囊；2. 晶状体皮质；3. 晶状体上皮

二、鱼类眼球结构

大多数鱼类眼除了没有眼睑、泪腺等眼副器之外，眼球结构基本和哺乳动物眼球结构相似，从内至外也由视网膜、血管膜、纤维膜构成。

实验案例：孔雀鱼眼球(H·E 染色)

1. 纤维膜

孔雀鱼眼球纤维膜也由角膜和巩膜构成。和哺乳动物比较，孔雀鱼眼球巩膜比较薄，有的部分为软骨质(图 8-2-26)；角膜上皮细胞体积较大，角膜基质的胶原纤维束比较粗大，角膜内皮为复层扁平上皮(图 8-2-27)。角膜和巩膜连接的地方，即角膜缘，膨大呈三角形，主要由胶原纤维束组成(图 8-2-28)。

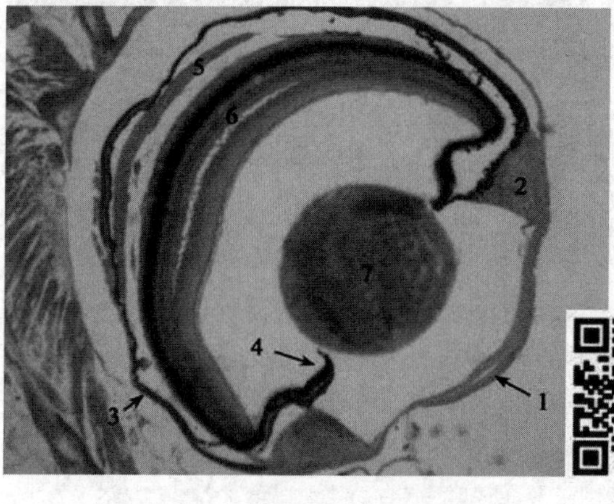

图 8-2-26 孔雀鱼眼球纵切低倍观察

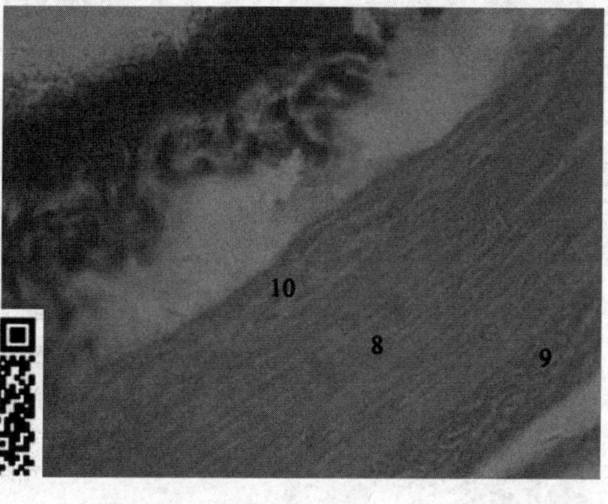

图 8-2-27 孔雀鱼眼角膜纵切高倍观察

1. 角膜；2. 角膜缘；3. 巩膜软骨；4. 虹膜；5. 脉络膜；6. 视网膜；7. 晶状体；8. 角膜胶原纤维束；9. 角膜上皮；10. 角膜内皮

2. 血管膜

孔雀鱼血管膜由脉络膜和虹膜构成，没有睫状体。孔雀鱼虹膜较短，通过少量胶原纤维和角膜缘相连（图 8-2-28）。孔雀鱼脉络膜色素细胞胞体较大，一般单个分布（图 8-2-29）。

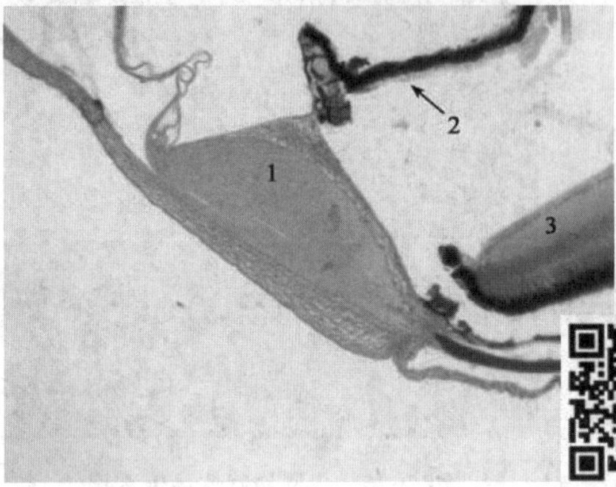

图 8-2-28　孔雀鱼眼角膜缘低倍观察

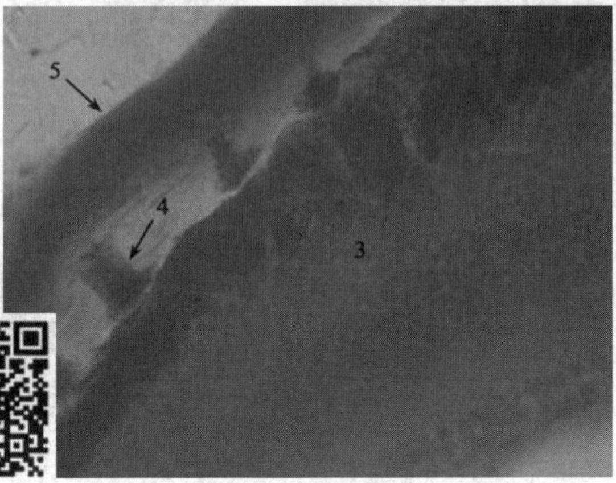

图 8-2-29　孔雀鱼眼脉络膜高倍观察

1. 角膜缘；2. 虹膜；3. 视网膜；4. 脉络膜色素细胞；5. 巩膜软骨

3. 视网膜

孔雀鱼视网膜也包括色素上皮层、视杆视锥层、外界膜、外核层、外网层、内核层、内网层、节细胞层、视神经纤维层、内界膜 10 层结构（图 8-2-30）。两种视细胞呈镶嵌排列，非常规则。视锥细胞核较大，圆形，和外界膜靠近；视杆细胞核稍小，椭圆形，远离外界膜，和视锥处于一个层次（图 8-2-31）。视网膜视神经穿出的地方形成视盘（图 8-2-32）。

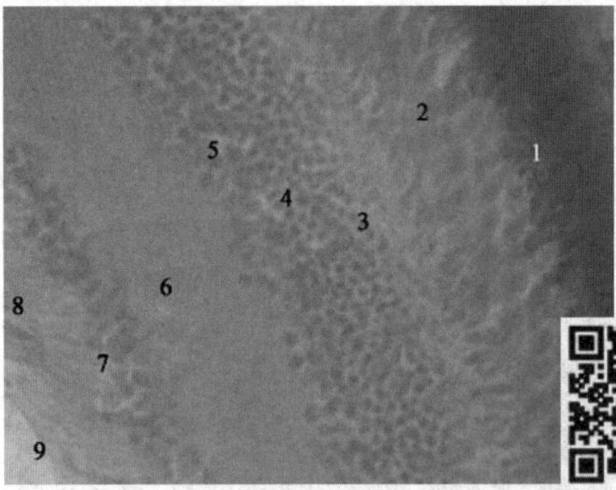

图 8-2-30　孔雀鱼眼视网膜高倍观察（一）

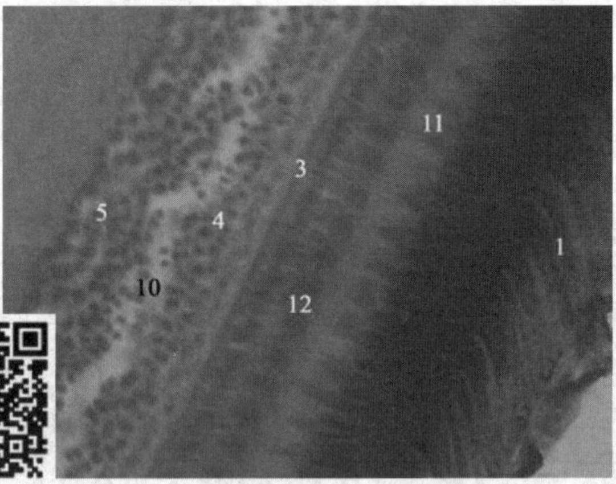

图 8-2-31　孔雀鱼眼视网膜高倍观察（二）

1. 色素上皮层；2. 视杆视锥层；3. 外界膜；4. 外核层；5. 内核层；6. 内网层；7. 节细胞层；
8. 视神经纤维层；9. 内界膜；10. 外界膜；11. 视杆层；12. 视锥层

4. 晶状体

孔雀鱼晶状体呈正圆形（图 8-2-32），由晶状体纤维有规律排列形成。晶状体纤维呈棒状，靠近外围基部区域晶状体纤维较长，远端逐渐缩短，彼此平行排列（图 8-2-33），整体呈基部粗、远端细锯齿状(图 8-2-34),锯齿状晶状体条互相靠近紧密排列形成晶状体板,不同晶状体板成层排列形成晶状体。晶状体外围具有 1～2 层立方形上皮细胞,可以生成新的晶状体纤维(图 8-2-35)。

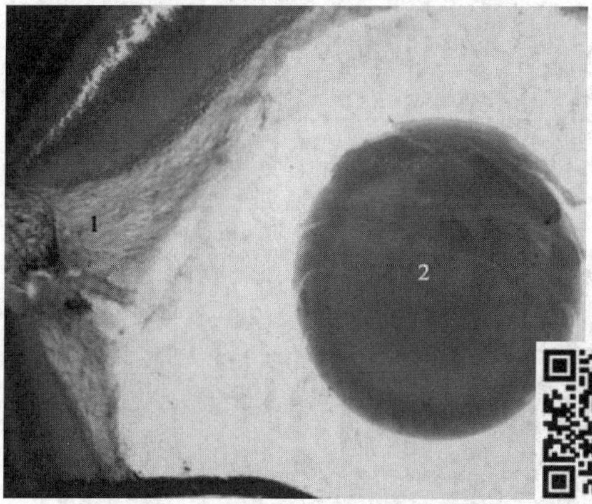

图 8-2-32　孔雀鱼眼晶状体低倍观察

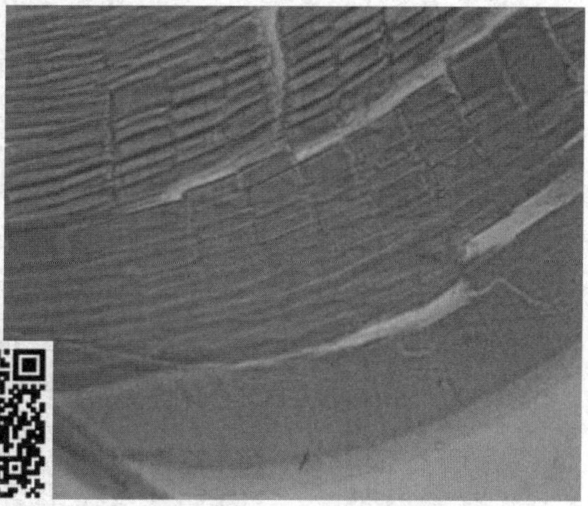

图 8-2-33　孔雀鱼眼晶状体高倍观察(一)

1. 视盘;2. 晶状体

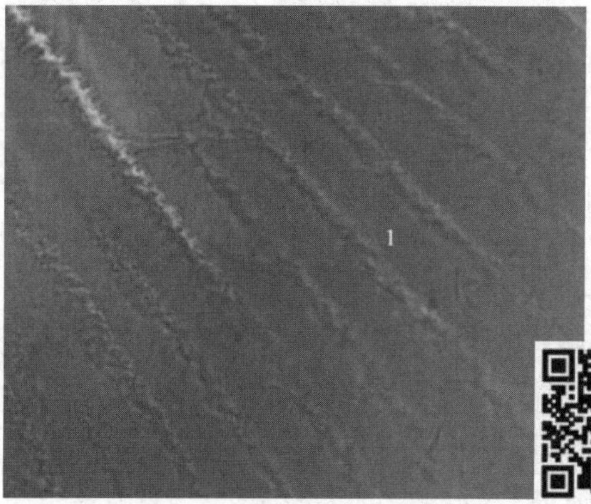

图 8-2-34　孔雀鱼眼晶状体高倍观察(二)

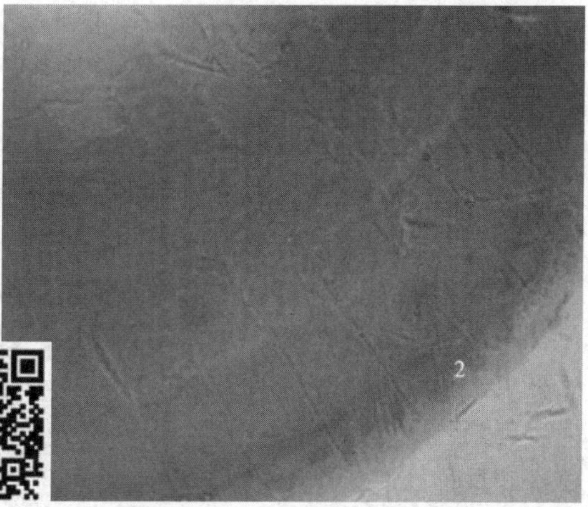

图 8-2-35　孔雀鱼眼晶状体高倍观察(三)

1. 晶状体纤维;2. 上皮细胞

三、甲壳动物复眼结构

一般来说,虾蟹类在头部两侧具一对复眼,左右对称。复眼与眼柄连接,眼柄可以灵活运动,视角广阔,为猎食提供了保障。复眼由许多小眼组成,长尾类小眼面一般为四边形,短尾类小眼面一般为六边形。小眼由折光系统、感光系统和反光系统三部分组成。折光系统包括角膜、角膜生成细胞和晶锥三部分,感光系统由小网膜细胞和感杆束组成,反光系统由色素细胞构成。(图 8-2-36,图 8-2-37)

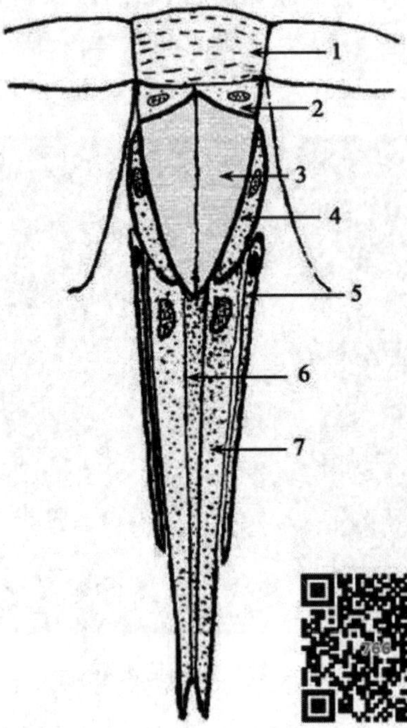

图 8-2-36 虾蟹类复眼结构模式图

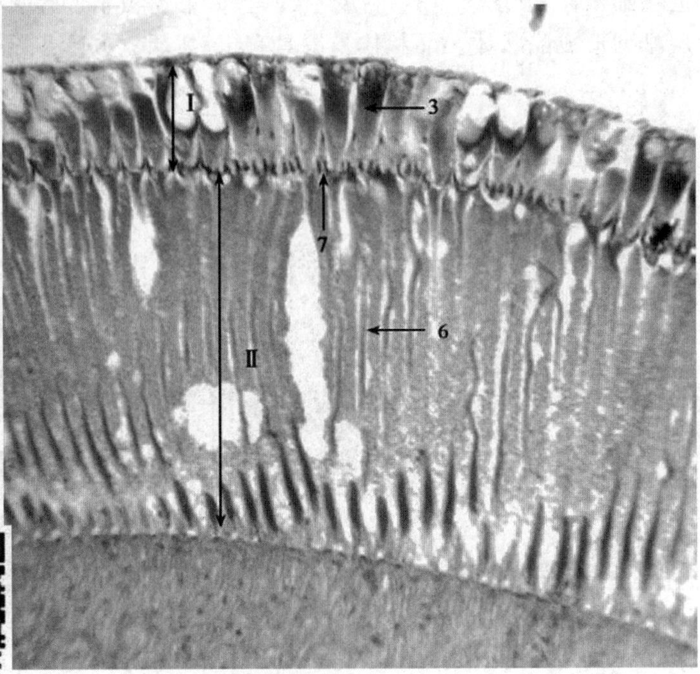

图 8-2-37 石蟹复眼纵切高倍观察(一)

Ⅰ.折光系统;Ⅱ.感光系统;1.角膜;2.角膜生成细胞;3.晶锥;4.虹膜色素细胞;5.网膜色素细胞;6.感杆束;7.小网膜细胞

虾蟹类复眼和眼柄表面覆盖十几层到几十层均匀透明的角质层,眼柄角质层向复眼外方延伸变薄形成角膜,由角膜生成细胞形成。角膜生成细胞单层规则排列在角膜和晶锥之间,胞质弱嗜酸性,泡沫状,细胞中央具一椭圆形核。晶锥由晶状体和晶状体束构成。晶状体由 2～5 个晶状体细胞组成,晶状体束由晶状体细胞延伸而成。

小网膜细胞是光感受器。感杆束由小网膜细胞伸出的微绒毛组成,有远端感杆束和近端感杆束之分。

色素包裹于晶锥和感杆束之外,主要起遮挡光线、调节光量的作用,可分为远端色素、近端色素和反色色素 3 种。

实验案例:

(一)折光系统

1. 角膜(石蟹复眼切片,H・E 染色)

石蟹小眼角膜横切面呈六边形,纵切面呈双凸形,外层嗜碱性,内层嗜酸性(图 8-2-38,图 8-2-39)。

2. 角膜生成细胞(石蟹、刀额新对虾复眼切片,H・E 染色)

石蟹角膜生成细胞呈近圆形或三角锥形(图 8-2-40)。刀额新对虾的角膜生成细胞自复眼远体轴端至近体轴端从矮柱状经倒三角锥形变化至扁平状(图 8-2-41)。除形成角膜外,角膜生成细胞还形成一层透明角质晶锥鞘膜,包绕在晶锥外方。

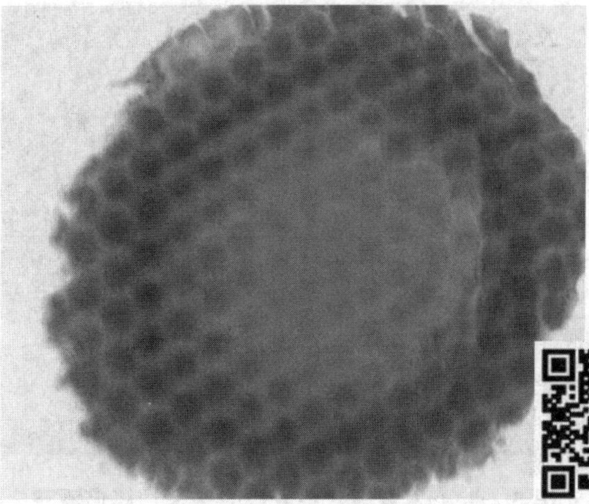

图 8-2-38　石蟹复眼角膜横切高倍观察

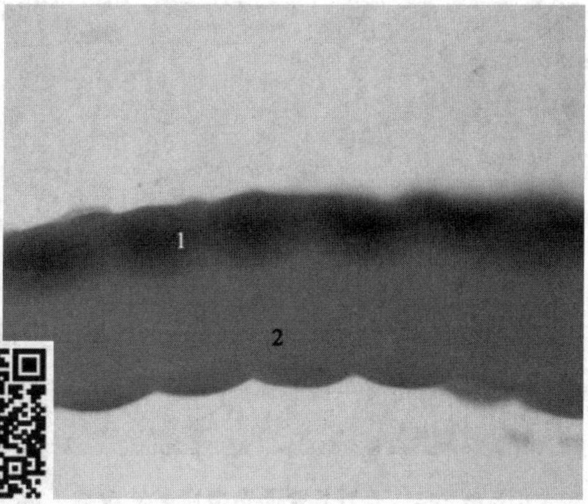

图 8-2-39　石蟹复眼角膜纵切高倍观察

1.外层角膜；2.内层角膜

（郭恩棉，2012）

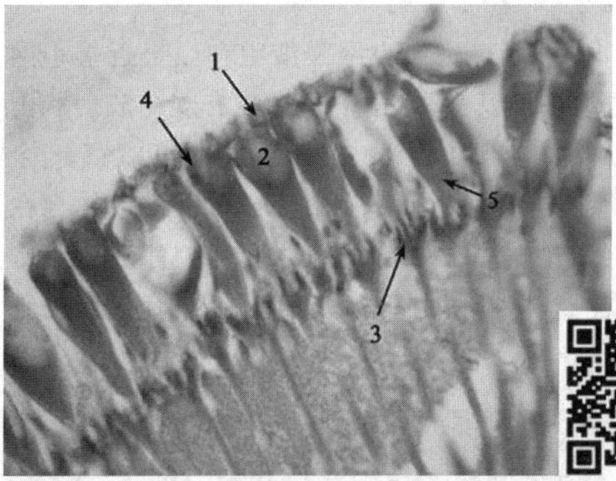

图 8-2-40　石蟹复眼纵切高倍观察(二)

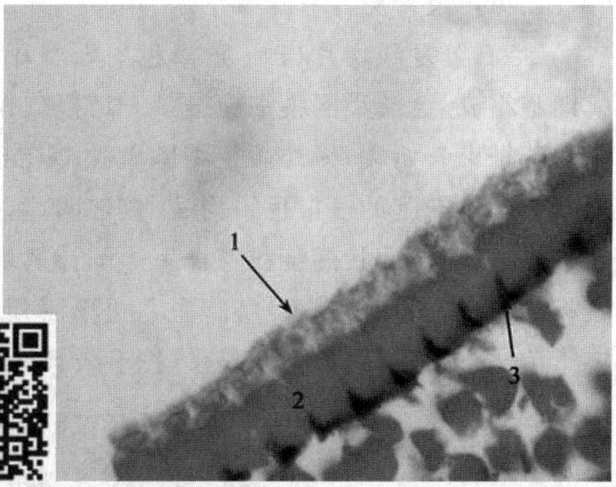

图 8-2-41　刀额新对虾复眼纵切高倍观察(一)

1.角膜生成细胞；2.晶锥；3.小网膜细胞；4.近端色素细胞；5.晶状体束

（郭恩棉，2012，2013）

3.晶锥(石蟹、刀额新对虾复眼切片，H・E 染色)

石蟹晶锥外方包裹着一层由角膜生成细胞分泌的鞘膜，横切面为圆形(图 8-2-42)。纵切面观察，晶锥是由 2 个晶状体细胞组成的倒圆锥状结构，晶状体细胞核位于细胞偏游离端。晶状体之下连接着圆锥状的晶状体束，2 个晶状体细胞的分界清晰可见。(图 8-2-40)

刀额新对虾晶状体是由 4 个体积、形态、致密度相似的、底面为正方形的长方体晶状体细胞有规则排列而成的矮柱状结构(图 8-2-41)，横切面也为正方形(图 8-2-43)。

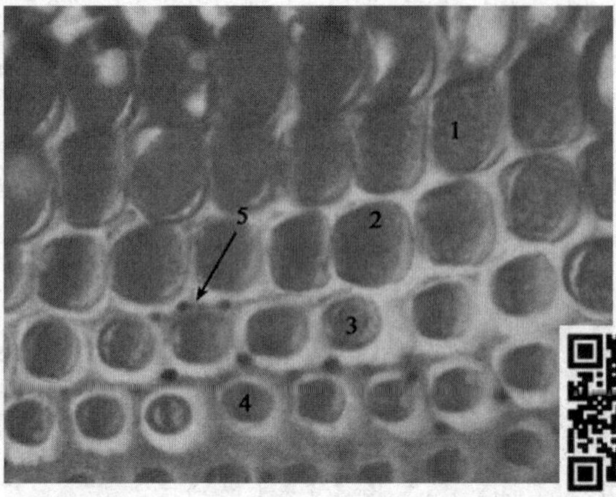

图 8-2-42　石蟹复眼晶锥横切高倍观察

图 8-2-43　刀额新对虾复眼晶锥横切高倍观察

1. 远端晶状体细胞；2. 近端晶状体细胞；3. 远端晶状体束；4. 近端晶状体束；5. 远端小网膜细胞

（郭恩棉，2012，2013）

（二）感光系统

1. 小网膜细胞

（1）石蟹复眼切片（H・E 染色）：石蟹小网膜由 4～6 个远端小网膜细胞和 8 个近端小网膜细胞组成，近端小网膜细胞按“7＋1”模式排列。纵切面观察，其中 7 个细胞有规律放射状围绕在感杆束起始端，另外 1 个细胞单独存在于这 7 个细胞下方（图 8-2-44）。横切面观察，8 个近端小网膜细胞的核染色不均一，核仁明显，细胞膜也伸出突起，相邻细胞突起相互接触，存在明显界限，呈花瓣状围绕在感杆束周围。远端小网膜细胞位于晶状体束之间。相邻细胞细胞膜相互连接，横切面观察，细胞呈六边形膜包绕在晶状体束鞘膜周围。细胞界限不明显，细胞核染色比较均一，核仁不明显。（图 8-2-45）

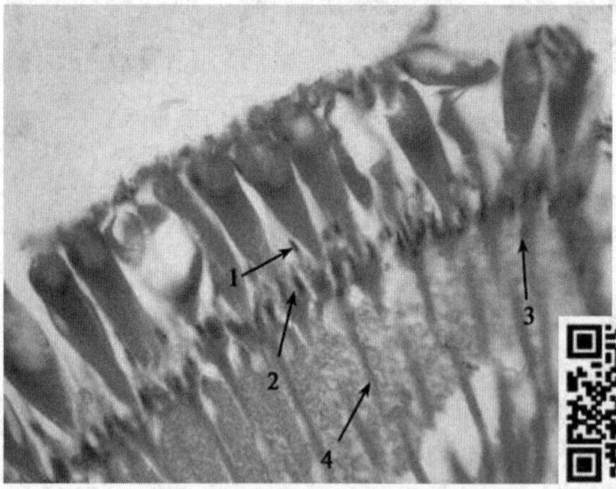

图 8-2-44　石蟹复眼纵切高倍观察（三）

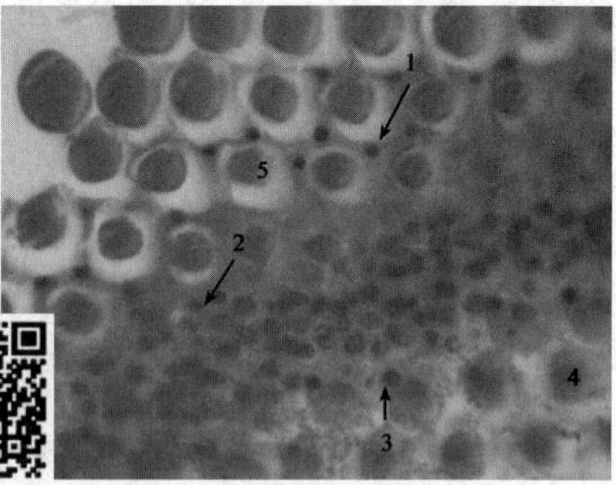

图 8-2-45　石蟹复眼横切高倍观察

1. 远端小网膜细胞；2. 7 个近端小网膜细胞核；3. 1 个近端小网膜细胞核；4. 感杆束；5. 晶状体束

（郭恩棉，2012）

(2)刀额新对虾复眼切片(H·E染色):刀额新对虾小网膜由4个远端小网膜细胞和7个近端小网膜细胞组成。远端小网膜细胞位于晶状体束下方,和晶状体束紧密相连,是长方形细胞。(图8-2-46)近端小网膜细胞为大小不一的长圆形细胞,横切面观察,7个细胞比较有规则地排列成近圆形。细胞膜向外伸出微绒毛,彼此相互靠近穿插形成近端感杆束。(图8-2-47,图8-2-48)

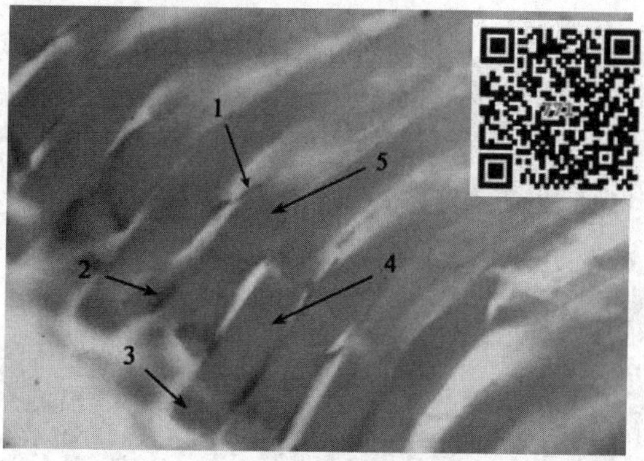

图8-2-46 刀额新对虾复眼纵切高倍观察(二)

1.远端小网膜细胞核;2.远端色素细胞;3.晶状体细胞;4.晶状体束;5.远端感杆束

(郭恩棉,2013)

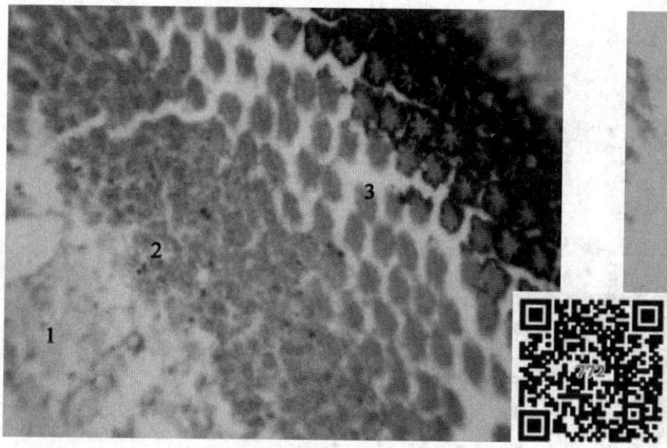

图8-2-47 刀额新对虾复眼横切高倍观察

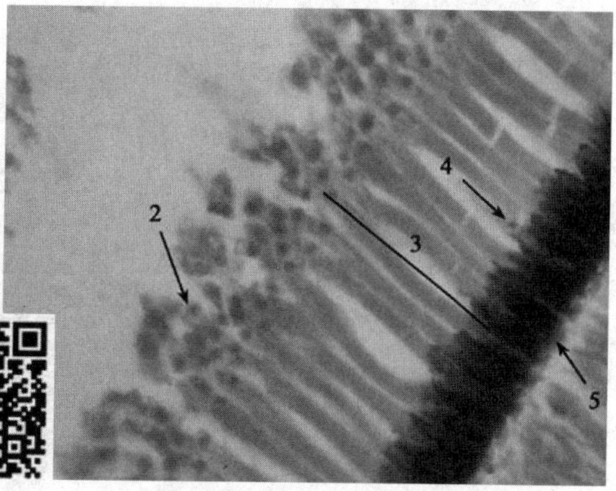

图8-2-48 刀额新对虾复眼纵切高倍观察(三)

1.远端感杆束;2.近端小网膜细胞核;3.近端感杆束;4.近端色素细胞;5.基膜

(郭恩棉,2013)

2.感杆束

(1)石蟹复眼切片(H·E染色):石蟹复眼小网膜细胞突起在感杆束远端部位的走向和感杆束长轴平行,染色浅(图8-2-49);而在感杆束近端部位,小网膜细胞的突起走向有平行和垂直于感杆束长轴方向两种,且相间排列,染色较深,出现和感杆束长轴垂直的横纹(图8-2-50)。

(2)刀额新对虾复眼切片(H·E染色):刀额新对虾远端感杆束由远端小网膜细胞形成,弱嗜碱性,靠近晶状体束一端较粗,空泡较少;远离晶状体束一端较细,空泡较多(图8-2-51)。远端感杆束起始部分横截面为正方形,结构同晶状体束,随着感杆束向复眼内部延伸,组成感杆束的四个细胞突起横切面逐渐由正方形转变为近三角形,感杆束横截面也由正方形转变成近圆形。远端感杆束为开放型,中央有一圆形小孔。(图8-2-52,图8-2-53)近端感杆束由近端小网膜细胞形成,较短粗,横切观察呈花瓣状,为闭合型(图8-2-47);纵切面呈长方形,有明显横纹,底面与基膜垂直,周围色素分布集中(图8-2-48)。

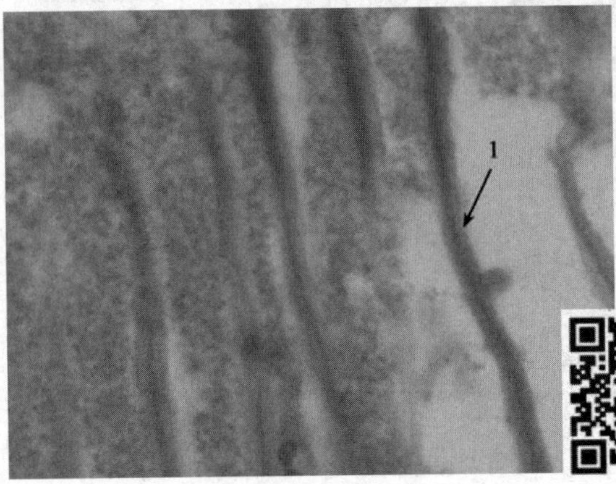

图 8-2-49 石蟹复眼纵切高倍观察(四)

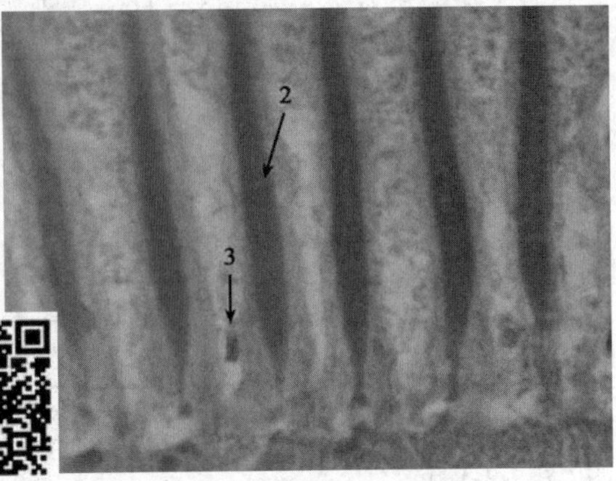

图 8-2-50 石蟹复眼纵切高倍观察(五)

1.远端感杆束;2.近端感杆束;3.近端色素细胞

(郭恩棉,2012)

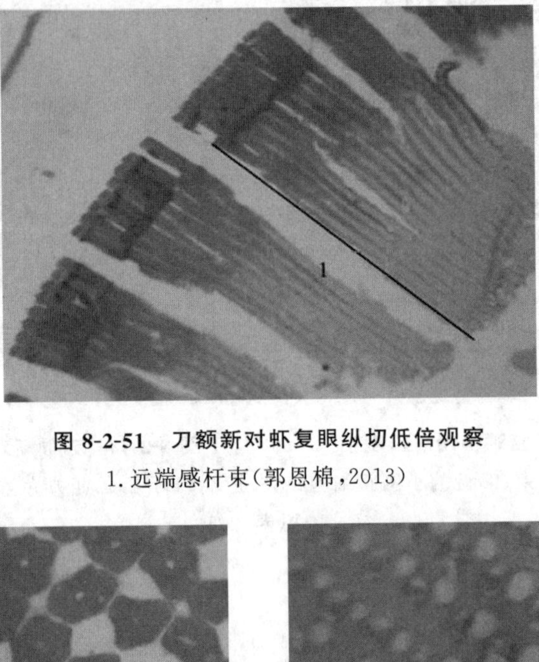

图 8-2-51 刀额新对虾复眼纵切低倍观察

1.远端感杆束(郭恩棉,2013)

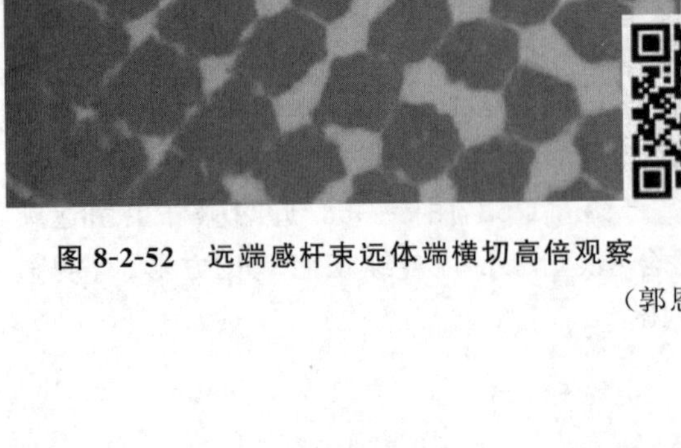

图 8-2-52 远端感杆束远体端横切高倍观察

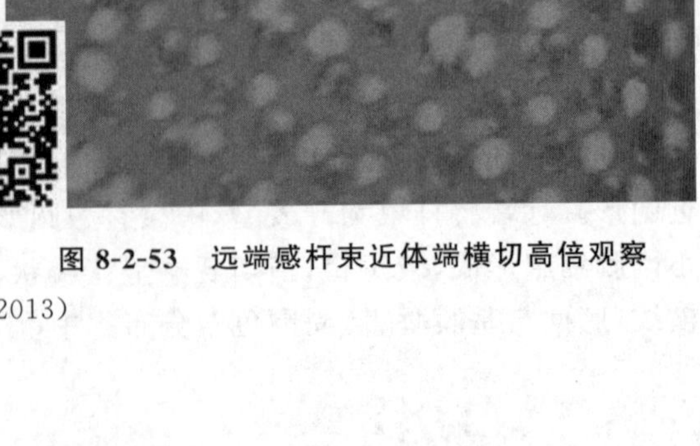

图 8-2-53 远端感杆束近体端横切高倍观察

(郭恩棉,2013)

思考题：

1. 光线依次经过哪些结构到达视网膜的感光细胞？
2. 简要回答脊椎动物眼球壁的结构和功能。
3. 回答甲壳类复眼结构特点。

绘图：

1. 高倍镜下人眼球视网膜纵切结构。
2. 高倍镜下石蟹复眼纵切结构。

第三节　听觉和平衡器官——内耳

目的与要求：

掌握鱼类内耳结构特点。

耳是听觉器官又是平衡器，鱼类只有内耳，且只有由膜迷路构成的半规管，没有耳蜗和骨迷路，主要司平衡作用。鱼类内耳位于头部眼睛后方、鳃盖后上方，由处于上面的椭圆囊和下面的球囊构成，球囊后有一突出的瓶状囊。椭圆囊的前、后和侧面各发出一个突起，形成三个半规管。每个半规管的末端与椭圆囊的交界处膨大成壶腹（图 8-3-1）。膜迷路里除充满内淋巴外，还含有固定的耳石，各种鱼类耳石的形状和大小不同。

膜半规管、壶腹、椭圆囊和球囊囊壁的组织结构基本相同，均由上皮和固有膜构成。上皮为单层扁平上皮，固有膜为结缔组织。每个半规管在壶腹处的一侧黏膜增厚，突向腔内形成嵴状隆起，称壶腹嵴。而在椭圆囊和球囊内的黏膜增厚区，分别称为椭圆囊斑和球囊斑。壶腹嵴和囊斑所在处的上皮类型改变，有感觉作用。

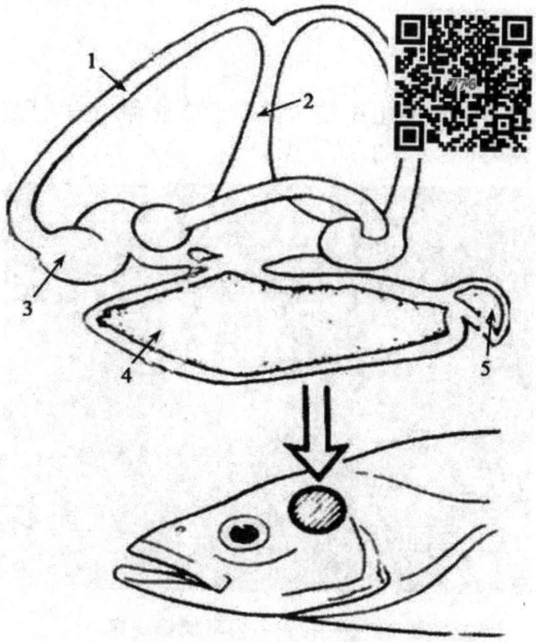

图 8-3-1　鱼类内耳位置及结构示意图

1. 半规管；2. 椭圆囊；3. 壶腹；4. 球囊；5. 瓶状囊

（http：//zhidao. baidu. com/question/542933088. html）

实验案例：孔雀鱼头部切片（H·E 染色）

1. 壶腹嵴

壶腹嵴上皮由具有感觉作用的神经上皮细胞和支持细胞构成。神经上皮细胞的顶端有感觉毛伸入圆顶状的壶腹帽内，所以也叫毛细胞。毛细胞位于支持细胞之间，在上皮上半部，核位于细胞中央，染色浅；毛细胞基底面不与基膜接触，基部有神经末梢伸出。支持细胞界限不明显，细胞核染色深，位于基底端。（图 8-3-2）

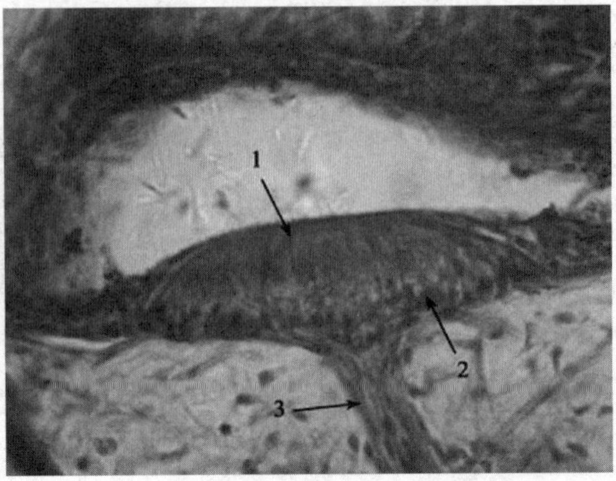

图 8-3-2 孔雀鱼壶腹嵴高倍观察

1. 毛细胞；2. 支持细胞；3. 神经末梢

2. 囊斑

囊斑的组织结构类似于壶腹嵴，也由毛细胞和支持细胞构成，但不动纤毛较短，通常黏合成束(图 8-3-3，图 8-3-4)。

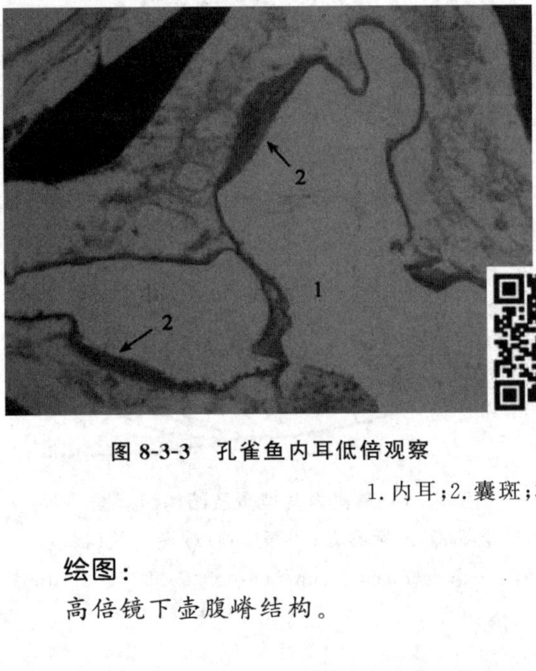

图 8-3-3 孔雀鱼内耳低倍观察

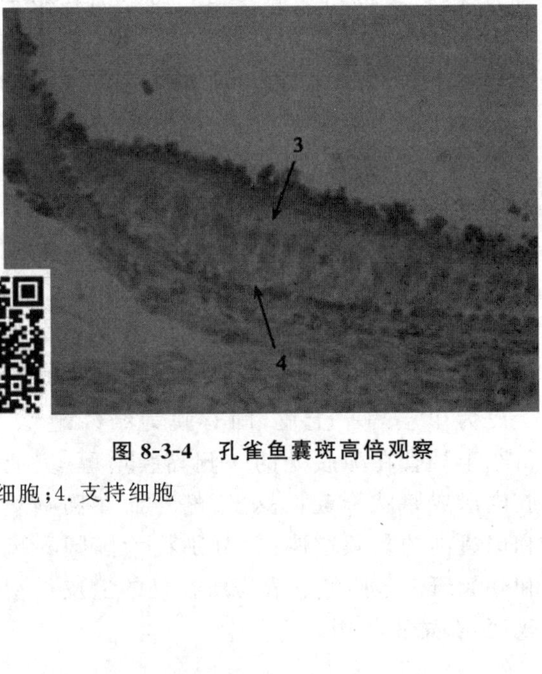

图 8-3-4 孔雀鱼囊斑高倍观察

1. 内耳；2. 囊斑；3. 毛细胞；4. 支持细胞

绘图：

高倍镜下壶腹嵴结构。

第四节 嗅觉器官——嗅囊

目的与要求：

掌握嗅上皮的结构特点。

鱼类的嗅觉器官为一对内陷的嗅囊，由成对的外鼻孔与外界相通。

实验案例：孔雀鱼嗅觉器官切片(H·E 染色)

低倍镜观察，在头部眼睛前方有一和外界相通开口，内部有一搁板状结构，为嗅黏膜(图 8-4-1)。

将嗅黏膜移到视野中央，转换至高倍，调整焦距，可见嗅黏膜由嗅上皮和固有膜构成。固有膜为薄层结缔组织，与深部组织相连。嗅上皮较厚，为假复层柱状上皮，由支持细胞、基细胞和嗅细胞组成。

支持细胞呈梭形，含核的胞体部位于上皮的中部。支持细胞分隔嗅细胞，起支持和保护嗅细胞的作用，使每个嗅细胞成为一个功能单位。(图 8-4-2)

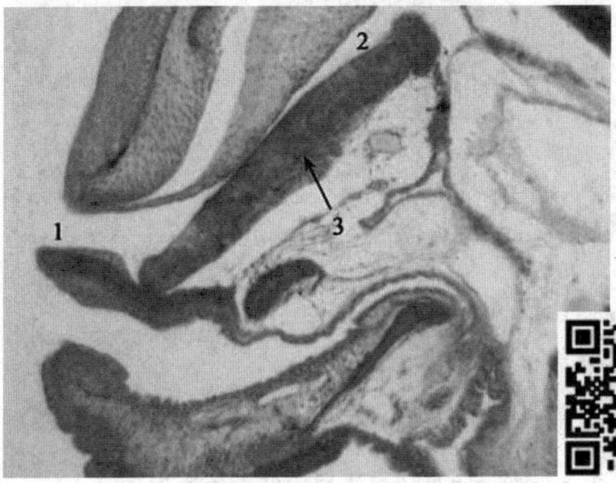

图 8-4-1 孔雀鱼嗅囊低倍观察

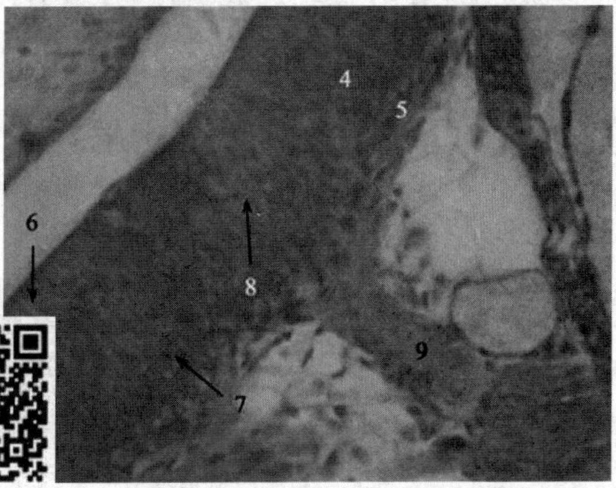

图 8-4-2 孔雀鱼嗅黏膜高倍观察

1.鼻孔；2.嗅囊；3.嗅黏膜；4.嗅上皮；5.固有膜；6.嗅细胞；7.基细胞；8.支持细胞；9.嗅神经

基细胞呈圆形或锥形，位于上皮深部。细胞有细小突起，伸于上皮内其他细胞之间。基细胞能分化为支持细胞和嗅细胞。(图 8-4-2)

嗅细胞呈高柱状，顶部宽大，基部较细。核卵圆形，位于细胞上部。胞体基部伸出细长轴突，穿过基膜，在固有膜内由施万细胞包裹，形成无髓神经纤维，组成嗅神经。(图 8-4-2)细胞游离端有嗅毛，嗅毛为嗅觉感受器，无摆动性，具有不同的受体，分别接受不同化学物质的刺激，使嗅细胞产生冲动，传入中枢，产生嗅觉。

绘图：

高倍镜下嗅黏膜结构。

第五节 味觉器官——味蕾

目的与要求：

掌握味蕾的组织结构。

味蕾是由上皮分化形成的味觉感受器官。鱼类的味蕾分布极为广泛，舌、唇、口咽腔、食道、鳃耙和有些鱼类的皮肤、触须等器官上皮组织中都有味蕾分布。

实验案例:孔雀鱼口咽腔切片(H·E染色)

低倍镜下,口咽腔上皮中分布有呈卵圆形或锥形的结构,即味蕾(图 8-5-1)。

将味蕾移至视野中间,转至高倍镜,可见味蕾由多个细胞构成,外包细胞形成被膜,顶部的开孔称味孔。味蕾组成细胞有味细胞、支持细胞和基细胞三种,其中味细胞和支持细胞纵列于味蕾内。味细胞核大,圆形或椭圆形,顶端有味毛,味毛聚集成束由味孔伸出。支持细胞核较小,梭形。基细胞椭圆形或锥体形,横列于味蕾基部,细胞核圆大,染色浅。(图 8-5-2)

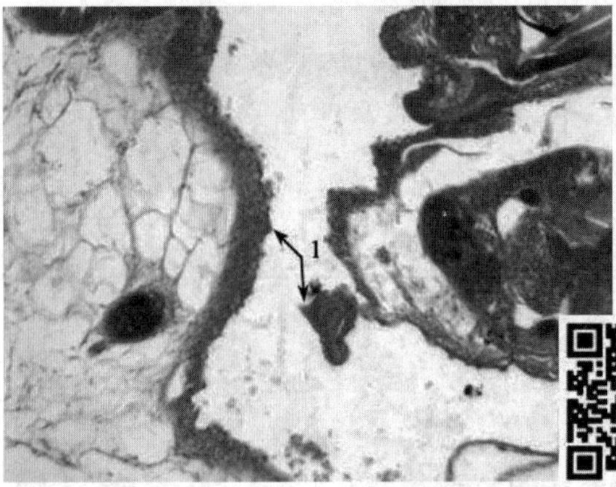

图 8-5-1 孔雀鱼口咽腔低倍观察

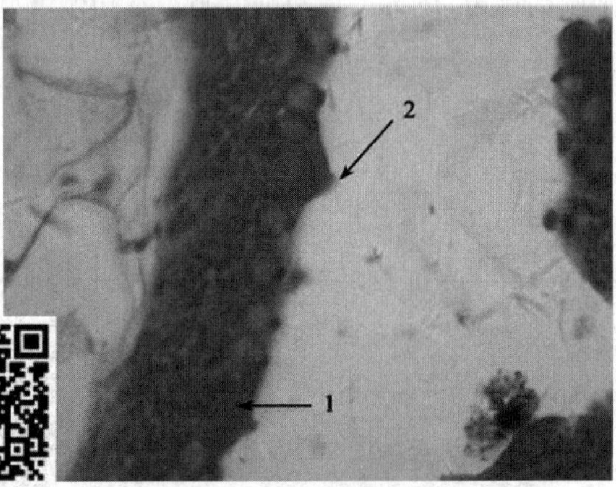

图 8-5-2 孔雀鱼口咽腔上皮高倍观察

1.味蕾;2.味毛

绘图:

高倍镜下味蕾结构。

第九章

消 化 器 官

消化系统由消化管与消化腺组成，主要功能是对食物进行物理性和化学性消化，将大分子物质分解为小分子的氨基酸、单糖、水溶性微胶粒等吸收后供机体生长和代谢的需要。

第一节　消化管基本模式结构

目的与要求：

掌握消化管的基本组织结构。

消化管是从口腔至肛门的连续性管道，依次分为口腔、咽、食管、胃、肠和肛门。消化管(除口腔与咽外)自内向外由黏膜层、黏膜下层、肌层与外膜四层构成(图 9-1-1)。

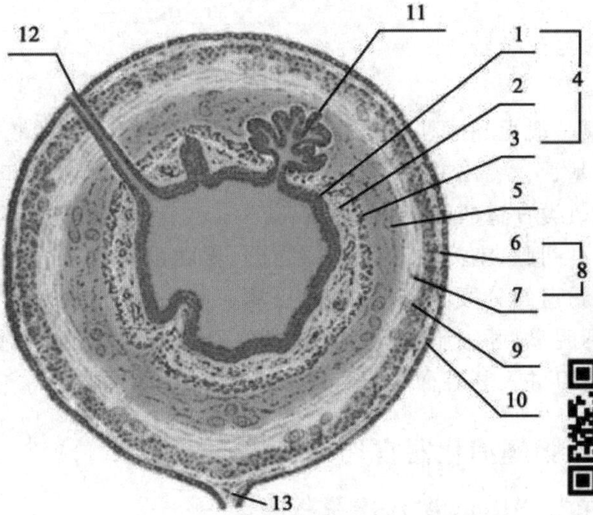

图 9-1-1　消化管横切模式图

1. 黏膜上皮；2. 固有膜；3. 黏膜肌层；4. 黏膜层；5. 黏膜下层；6. 纵肌；7. 环肌；8. 肌层；9. 肌间神经丛；10. 外膜；11. 小消化腺；12. 大消化腺导管；13. 系膜

一、黏膜层

黏膜层由黏膜上皮、固有膜和黏膜肌层组成，是消化管各段结构差异最大的部分。上皮的类型依部位而异。固有膜为疏松结缔组织，含细胞和纤维较多，并有丰富的血管和淋巴管。胃肠固有膜内还富含腺体或淋巴组织。黏膜肌层多为薄层平滑肌，其收缩可使黏膜活动，促进固有膜内的腺体分泌物排出和血液运行，利于物质消化与吸收。

二、黏膜下层

黏膜下层由疏松结缔组织组成，内含较大的血管与淋巴管。在食管及十二指肠的黏膜下层内分别有食管腺与十二指肠膜。黏膜下层中还有黏膜下神经丛，可调节黏膜肌的收缩和腺体的分泌。食管、胃和小肠等部位的黏膜与黏膜下层共同向管腔内突起，形成皱襞。

三、肌层

除食管上段与肛门处的肌层为骨骼肌外，其余基本为平滑肌。肌层一般分为两层，其间有肌间神经丛，可调节肌层的运动。

四、外膜

外膜由薄层结缔组织构成者称纤维膜，主要分布于食管和大肠末段，与周围组织无明显界限。由薄层结缔组织与间皮共同构成者称浆膜，见于胃、肠外表面，光滑而利于胃肠活动。

第二节　鱼类消化器官

目的与要求：

掌握鱼类消化器官组织学特点。

硬骨鱼消化道黏膜一般无黏膜肌层。口咽分界不明显，合称口咽腔。口咽腔没有唾液腺，舌为一般原始类型，由基舌骨突出并覆盖以黏膜而成，没有活动能力。口咽上皮中有黏液细胞分布。食道较短，许多鱼类食道肌层为内纵外环，不具食管腺，上皮中具有黏液细胞。有的鱼无胃，有胃鱼胃腺没有贲门腺、幽门腺和胃底腺之分，胃腺没有明显的主细胞、壁细胞和颈黏液细胞的分化。无肠腺，肠道的分段简单，具幽门盲囊。肛门也为平滑肌。

硬骨鱼肝细胞索不明显，肝细胞排列方式多样。胰腺有散在性、弥漫性、致密性三种类型，有的鱼胰腺伴随结缔组织进入肝脏而称肝胰脏（图 9-2-1），进入脾脏称为脾胰脏（图 9-2-2）。

实验案例：短盖巨脂鲤消化器官切片

1. 口咽腔（H・E 染色，Alcian 蓝-PAS 染色）

口咽腔黏膜有较缓的褶皱，由上皮层、基膜、固有膜、黏膜下层和肌层构成。上皮层为复层扁平上皮，基底层细胞通过基膜与固有膜相联系。固有膜为发达致密的结缔组织。黏膜下层为疏松结缔组织，其内分布有血管、神经丛、色素和脂肪细胞等。口咽腔肌层为各种走向的不连续骨骼肌，其外没有浆膜。

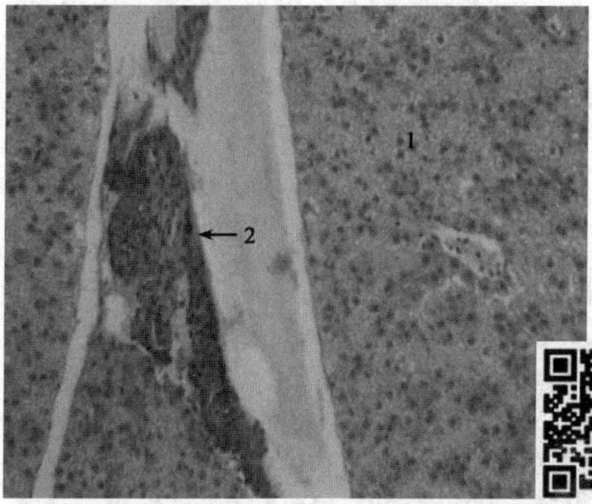

图 9-2-1　鲤鱼肝胰脏低倍观察

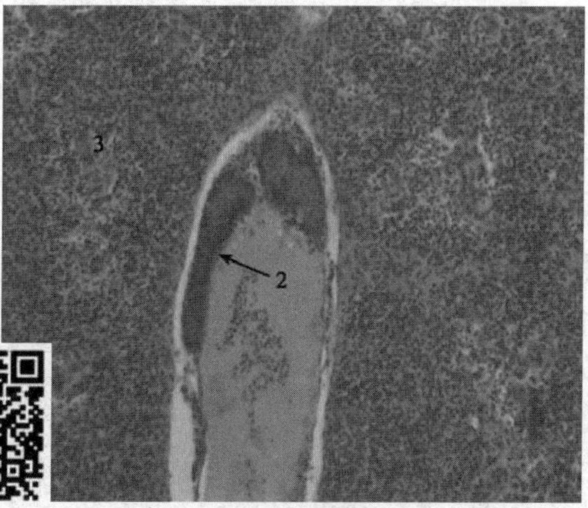

图 9-2-2　黄颡脾胰脏低倍观察

1. 肝脏；2. 胰腺；3. 脾脏

口咽上皮中分布着黏液细胞、味蕾和嗜伊红细胞。后咽部还分布有绒毛状细齿。(图 9-2-3)

口咽腔黏液细胞形状不一，有圆形、椭圆形、杯形和梭形，其分泌物非均质，易被苏木精着色。黏液细胞的形态、着色强度和分布位置的差异，与其分泌状态和成熟程度有关。(图 9-2-4)

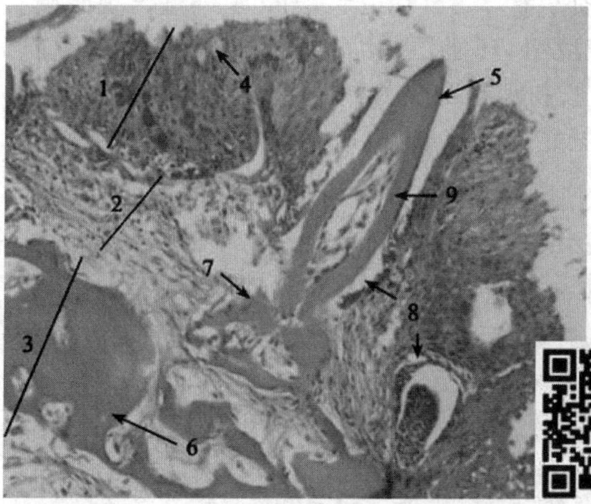

图 9-2-3　短盖巨脂鲤口咽腔低倍观察

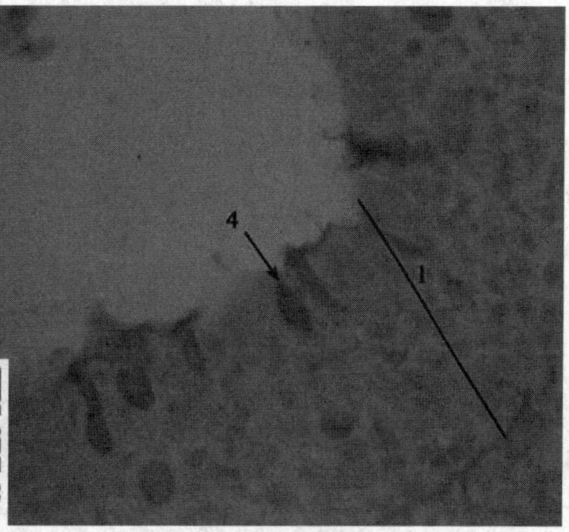

图 9-2-4　短盖巨脂鲤口咽腔高倍观察(一)

1. 上皮层；2. 固有膜；3. 黏膜下层；4. 黏液细胞；5. 咽齿；6. 咽骨；7. 牙根；8. 牙囊；9. 牙体

咽齿为空心结构，中间空腔为牙髓腔，充满牙髓组织。咽齿包括牙根和牙体两部分，牙根和咽骨连接，牙体绝大部分生长在牙囊里，尖端露在表皮上方。(图 9-2-3)高倍观察，牙髓腔里除了有疏松结缔组织、血管等组织外，还有骨原细胞和成骨细胞，单层紧靠牙髓腔壁排列。其中成骨细胞近圆形，染色浅，细胞核圆大，核仁明显；骨原细胞扁平，染色深，细胞核椭圆形，核仁不明显。牙囊由外层致密结缔组织和内层骨原细胞层构成。(图 9-2-5)

味蕾呈壶状，由味细胞、支持细胞和基细胞构成。支持细胞呈梭形，纵列于味蕾的中央，核椭圆形，位于细胞中下部。味细胞与支持细胞平行排列，细胞顶端有火焰状味毛一直延伸至味孔，核呈长椭圆形，位于细胞中央。1～2 个基细胞位于味蕾底部，与味蕾深处的结缔组织相接。（图 9-2-6）

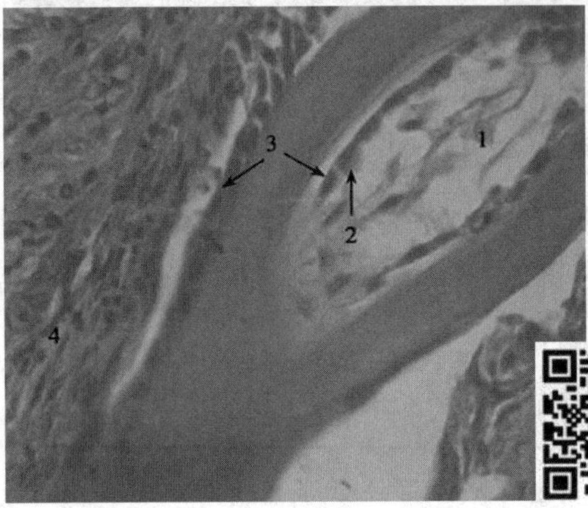

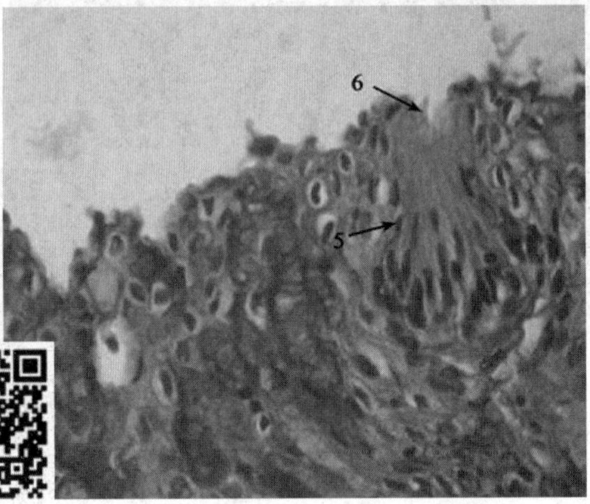

图 9-2-5　短盖巨脂鲤咽齿高倍观察　　**图 9-2-6　短盖巨脂鲤口咽腔高倍观察(二)**

1. 牙髓腔；2. 成骨细胞；3. 骨原细胞；4. 致密结缔组织层；5. 味蕾；6. 味孔

2. 食道（H·E 染色）

食道黏膜层同口咽后部，黏液细胞更为丰富（图 9-2-7）。自食道起，消化道外壁出现浆膜。食道肌层围绕管壁呈连续规则排列，是内纵外环横纹肌，环肌层比纵肌层厚。食道后端，纵行肌层越来越薄，至食-胃紧缢处时，只剩下一层环行肌和很不明显的黏膜下层。食-胃紧缢处之后肌层又渐渐增厚，但仍为一层环行肌。食-胃紧缢处可分两部分，近食道端组织与食道壁组织相似，近胃端组织与胃壁组织相似（图 9-2-8）。

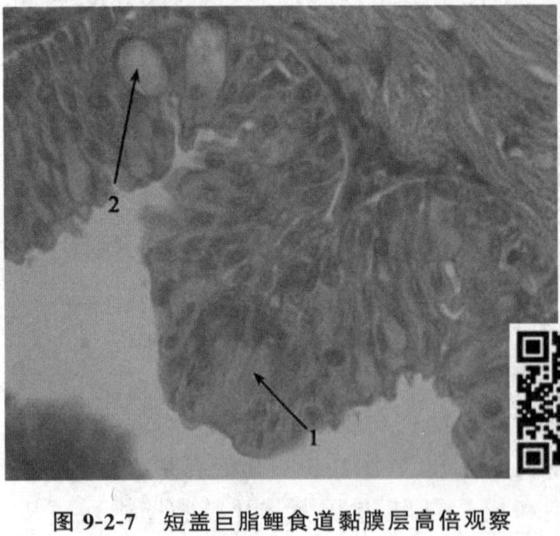

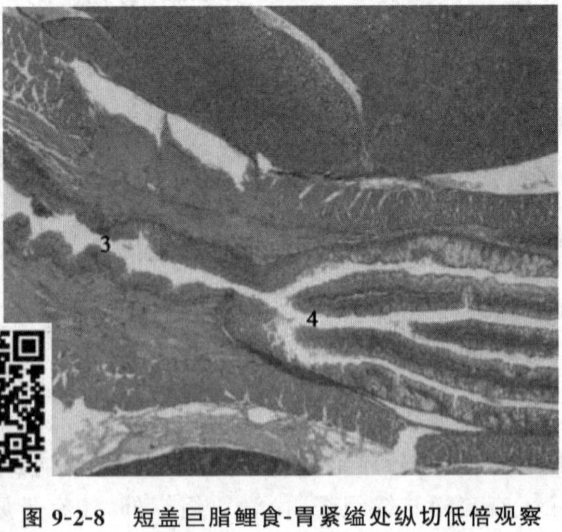

图 9-2-7　短盖巨脂鲤食道黏膜层高倍观察　　**图 9-2-8　短盖巨脂鲤食-胃紧缢处纵切低倍观察**

1. 味蕾；2. 黏液细胞；3. 食道；4. 贲门部

3. 胃(H·E 染色)

短盖巨脂鲤胃包括贲门部、胃体部和幽门部三部分,各部分胃壁都由黏膜层、黏膜下层、肌层和浆膜四层结构构成(图 9-2-9)。

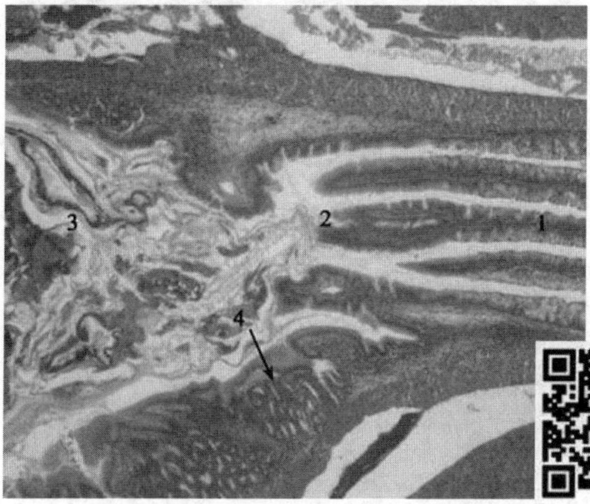

图 9-2-9　短盖巨脂鲤贲门-胃体交界处低倍观察

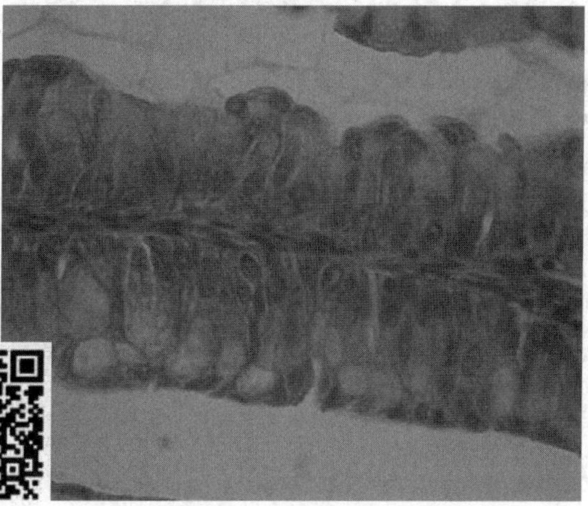

图 9-2-10　短盖巨脂鲤近食道端贲门部低倍观察

1. 近食道端贲门部;2. 近胃体端贲门部;3. 胃体;4. 胃腺

近食道端贲门部胃壁上皮层为复层扁平上皮,上皮中黏液细胞数量突然增多;近胃体部为单层柱状上皮(图 9-2-10)。胃体部和幽门部胃壁上皮为单层柱状上皮,其中胃体部上皮为高柱状(图 9-2-11),幽门部为矮柱状(图 9-2-12)。

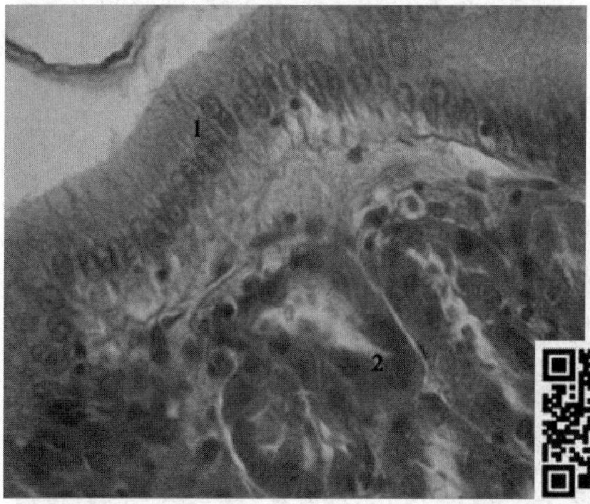

图 9-2-11　短盖巨脂鲤胃体部上皮和胃腺高倍观察

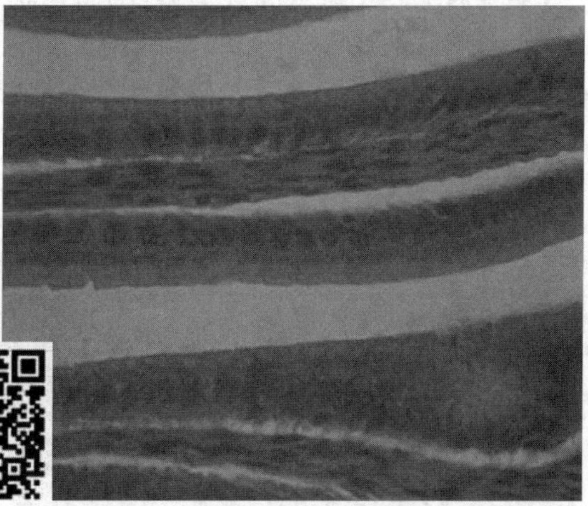

图 9-2-12　短盖巨脂鲤幽门部皱襞高倍观察

1. 上皮层;2. 胃腺

高倍镜观察胃上皮细胞中上部嗜色性弱,呈倒置圆锥形(图 9-2-11,图 9-2-12)。电镜观察,此处细胞质充满排列较整齐的短棒状分泌物,细胞的顶端有不规则突起,有些突起连接成小片状(图 9-2-13)。

短盖巨脂鲤在胃体部固有膜内形成胃腺。胃腺为单管状腺,腺细胞呈锥形或圆形,核质比大，具有许多嗜伊红的分泌颗粒（图 9-2-11）。贲门部和幽门部有发达的纵行皱襞，固有膜内不形成胃腺。胃壁肌层大部分有两层，内层为较厚的环肌，外层为较薄的纵肌。幽门部环肌更发达，纵肌消失（图 9-2-14）。

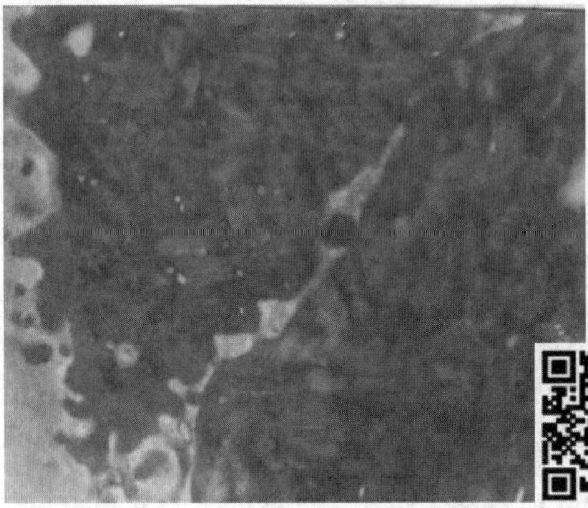

图 9-2-13 短盖巨脂鲤胃上皮细胞游离端超微观察

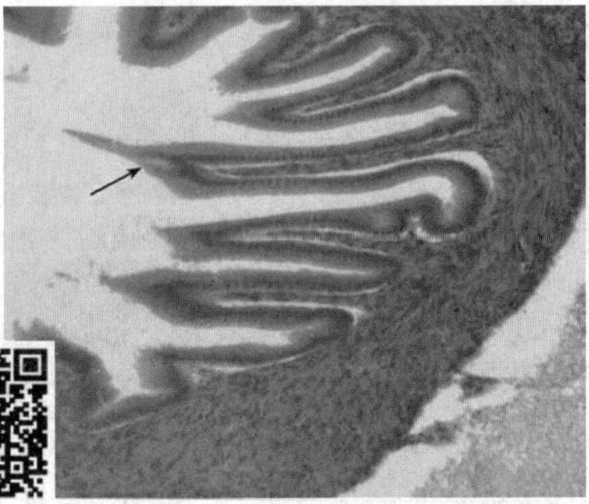

图 9-2-14 短盖巨脂鲤幽门部低倍观察

箭头示皱襞

4. 肠（H·E 染色，银染法）

肠道组织结构和胃基本相似，主要变化在黏膜层。肠黏膜向肠腔突出形成丰富的绒毛，黏膜上皮具有丰富的黏液细胞。另外肌层明显比胃壁肌层薄。（图 9-2-15）

肠黏膜上皮细胞有 3 种类型：①高柱状的吸收细胞，基底部有一个长圆形的核（图 9-2-16），游离端具微绒毛（图 9-2-17）；②杯形的黏液细胞，上端膨大，内含大量电子致密度不一的圆球形黏原颗粒（图 9-2-18），核多被挤在细胞狭长的底部（图 9-2-16）；③近球形、杯形或梭形的内分泌细胞（图 9-2-16，图 9-2-19）。黏液细胞和内分泌细胞在分布和形态上有些相似，但用银染法染色，后者被染成黑色，而前者不着色。肠道固有膜中没有腺体分布。

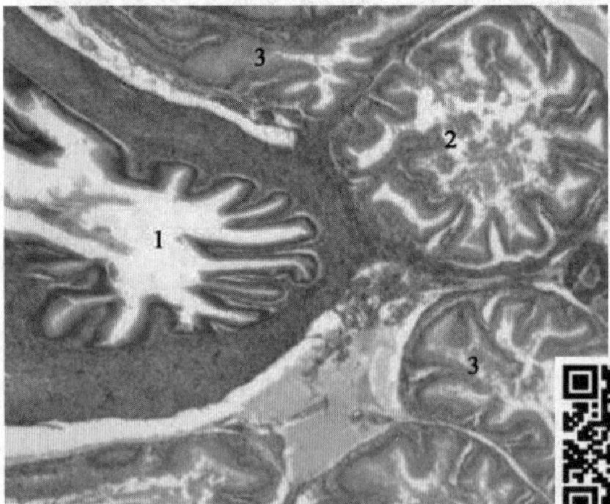

图 9-2-15 短盖巨脂鲤胃-肠交界处低倍观察

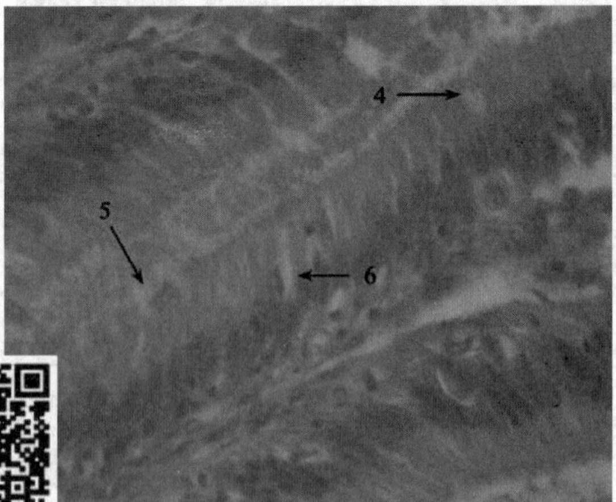

图 9-2-16 短盖巨脂鲤前肠高倍观察

1. 幽门部；2. 前肠；3. 幽门盲囊；4. 黏液细胞；5. 吸收细胞；6. 内分泌细胞

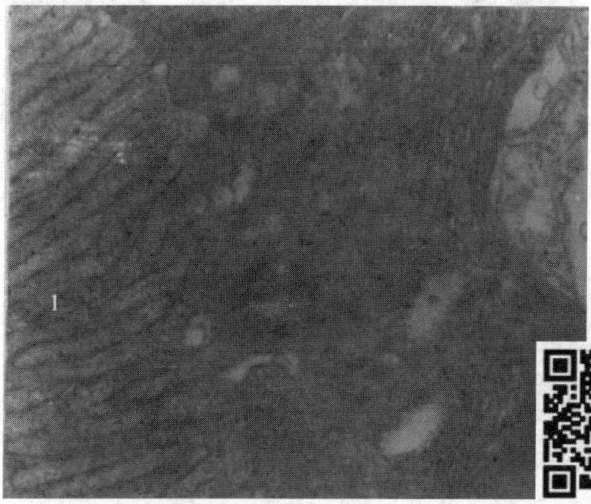

图 9-2-17　短盖巨脂鲤肠吸收细胞超微结构

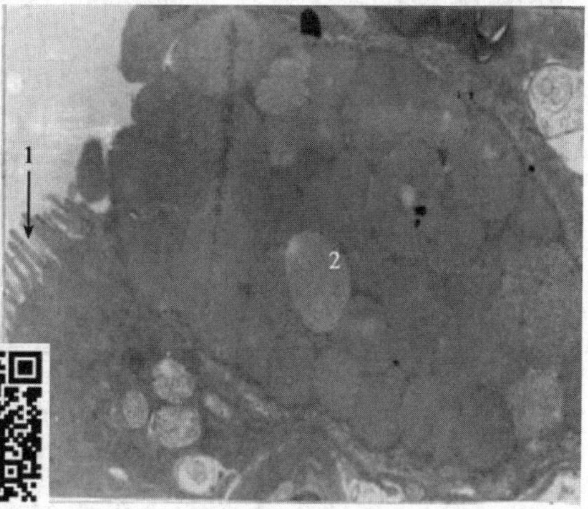

图 9-2-18　短盖巨脂鲤杯状细胞超微结构

1.微绒毛;2.黏原颗粒

肠分前肠、中肠和后肠,前肠黏膜褶最发达(图 9-2-20,图 9-2-21)。与胃交界处的前肠壁向外突出形成许多指状结构,称幽门盲囊,盲囊的组织学结构同前肠(图 9-2-15)。肠道黏膜上皮细胞胞浆中有边缘透明的嗜伊红囊存在,为肠细胞吞噬的蛋白质颗粒(图 9-2-22)。后肠末端为直肠。直肠黏液细胞增多,上皮细胞从前往后逐渐变矮,在与外界相通处为复层扁平上皮。直肠固有膜分布着丰富的淋巴结(图 9-2-23)。

5.肝脏(H·E 染色)

短盖巨脂鲤肝脏的结构基本同哺乳动物,有较明显的肝细胞索(图 9-2-24)。肝细胞圆形、椭圆形或多边形,多有 1 个核居于细胞中心,偶尔可见双核细胞(图 9-2-25)。肝脏分泌的胆汁由胆管排到前肠。胆管壁从内至外由单层纤毛柱状上皮、黏膜下层、平滑肌层、浆膜构成(图 9-2-26)。

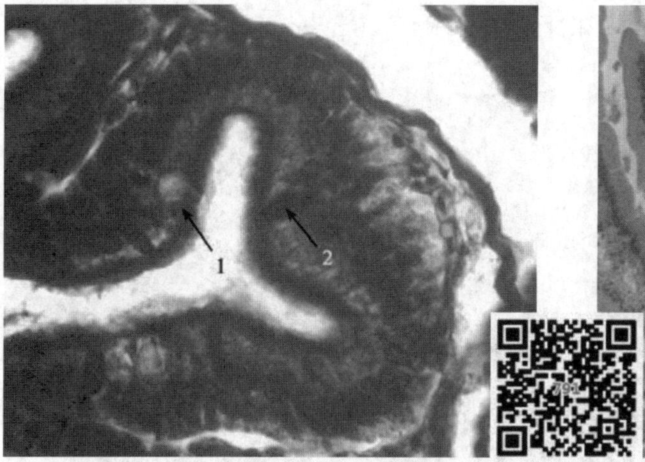

图 9-2-19　短盖巨脂鲤前肠高倍观察(银染法)

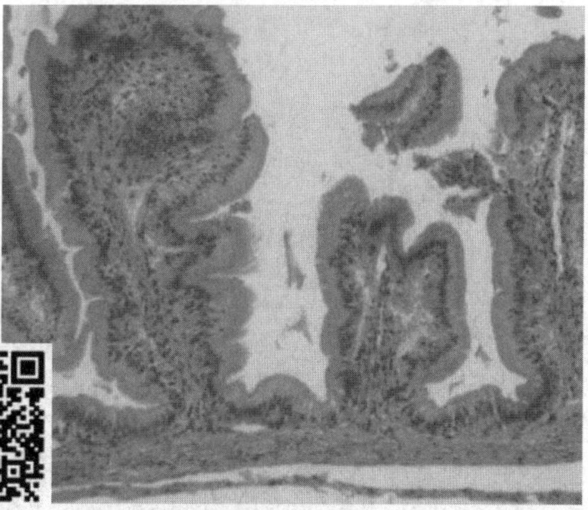

图 9-2-20　短盖巨脂鲤前肠低倍观察

1.杯状细胞;2.内分泌细胞

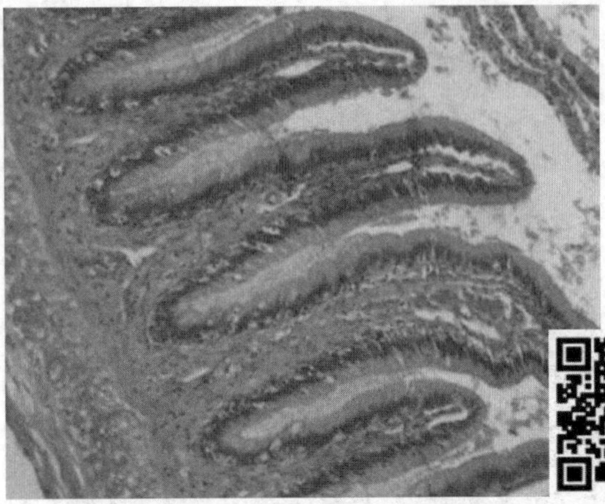

图 9-2-21 短盖巨脂鲤中肠低倍观察

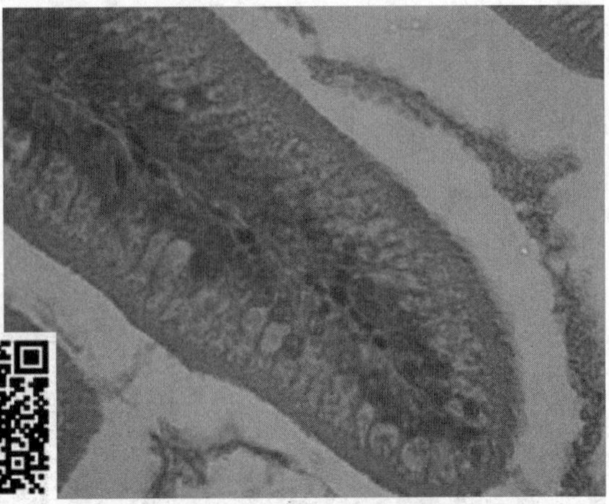

图 9-2-22 短盖巨脂鲤后肠高倍观察

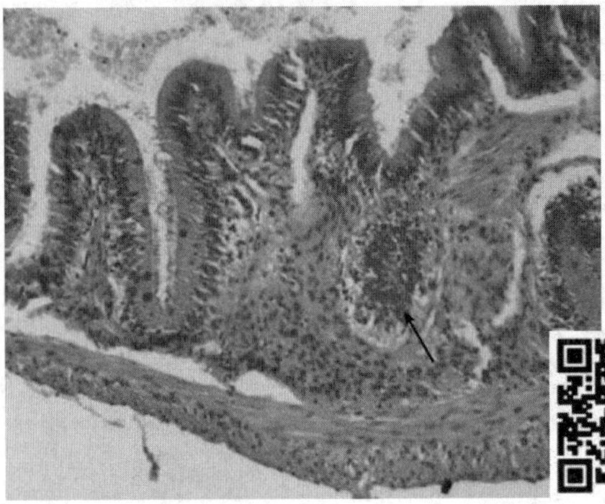

图 9-2-23 短盖巨脂鲤直肠低倍观察

箭头示淋巴结

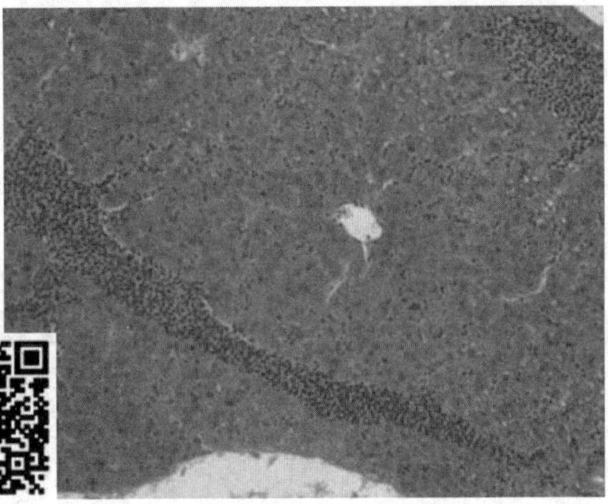

图 9-2-24 短盖巨脂鲤肝脏低倍观察

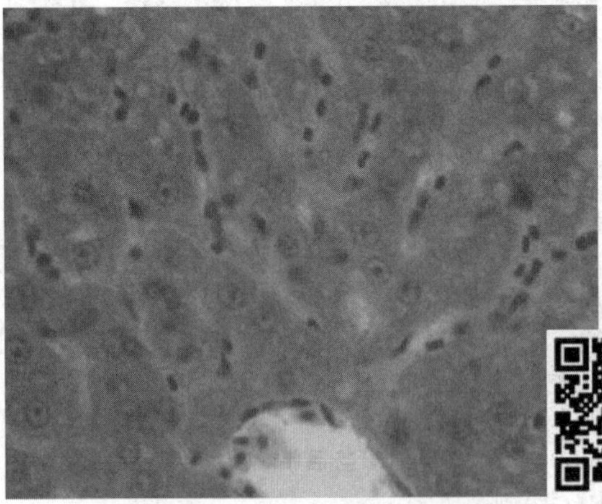

图 9-2-25 短盖巨脂鲤肝脏高倍观察

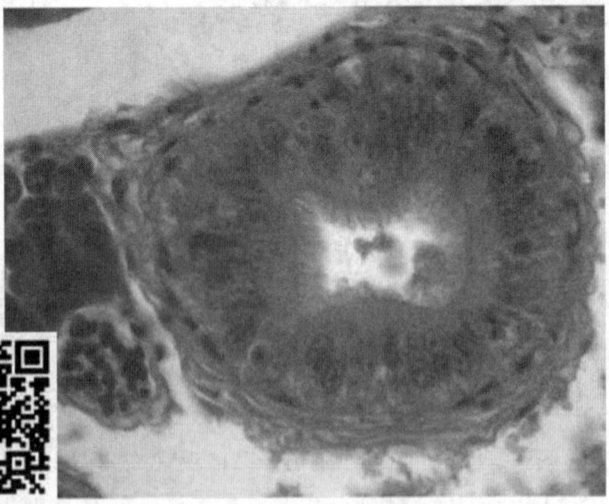

图 9-2-26 短盖巨脂鲤胆管高倍观察

6. 胰脏(H·E 染色)

短盖巨脂鲤胰脏呈散在性,在肝脏内部、肠道周围、幽门盲囊之间等都有分布。胰脏表面被覆单层扁平上皮,上皮之下为薄层结缔组织。结缔组织深入腺体内,把腺体分为许多小叶(图 9-2-27)。胰脏由胰腺和胰岛组成。起消化作用的胰腺属于管泡状腺,由腺泡和导管构成。腺泡细胞锥形或不规则形,嗜苏木精较强,细胞游离端分散着较多的嗜伊红分泌颗粒。胰岛位于胰腺内部,有纤维膜与胰腺分隔(图 9-2-28)。

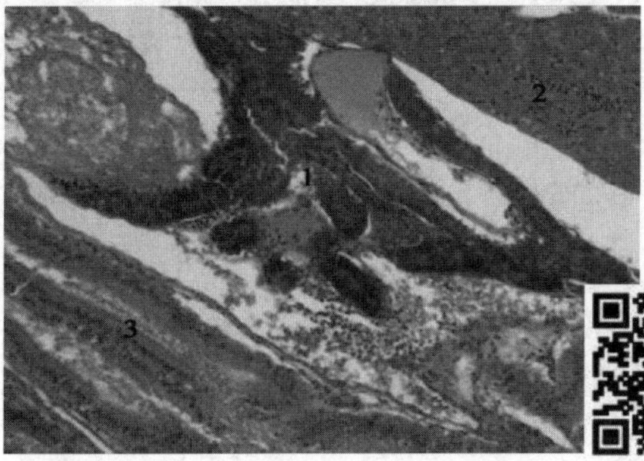

图 9-2-27　短盖巨脂鲤胰腺低倍观察

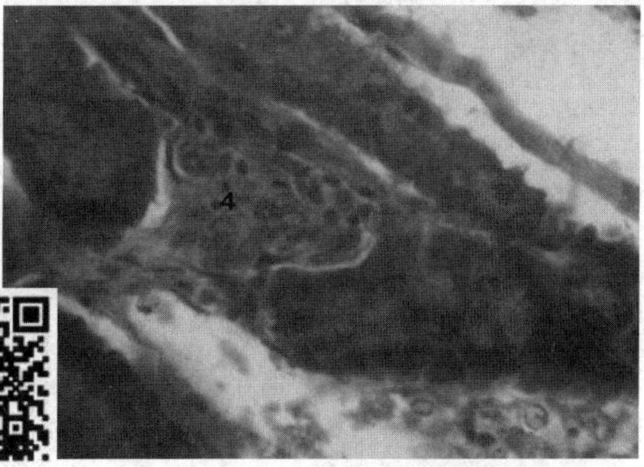

图 9-2-28　短盖巨脂鲤胰腺高倍观察

1. 胰腺;2. 肝脏;3. 幽门盲囊;4. 胰岛

思考题:

从组织学方面区分短盖巨脂鲤的胃和肠。

绘图:

绘图说明短盖巨脂鲤肝胰脏形态结构特点。

第三节　虾蟹类消化器官

目的与要求:

初步掌握虾蟹类消化系统组织结构特点。

虾蟹类消化系统一般由消化道和消化腺构成。消化腺主要为肝胰腺,消化道包括前肠(口、食道、胃)、中肠、后肠及肛门。前肠和中肠壁内腔面有几丁质内膜覆盖,后肠没有。在中肠与胃及后肠相连处,分别有中肠前盲囊和中肠后盲囊存在。消化道上皮一般都是纤毛柱状上皮。消化管壁肌肉组织不够发达。

实验案例:

一、日本蟳消化器官(H·E 染色;王芩等,2016)

(一)消化道

日本蟳消化道管壁由内至外由黏膜层、黏膜下层、肌层和外膜组成。

1.食道

日本蟳食道管壁较厚,向腔内形成4个明显的隆嵴,使食道腔狭小呈X形(图9-3-1)。食道黏膜上皮由单层柱状细胞组成,表面覆盖较薄的几丁质层;黏膜下层发达,含有血管、牵引肌和丰富的食管腺;肌层厚;外膜很薄。食管腺由5~6个锥体形细胞单层排列在基膜上构成。腺细胞胞质空泡状,染色浅;细胞核圆形,位于细胞基底部(图9-3-2)。

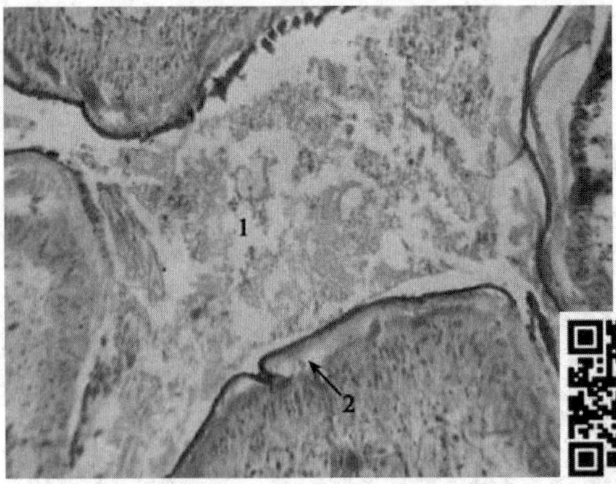

图9-3-1 日本蟳食道低倍观察

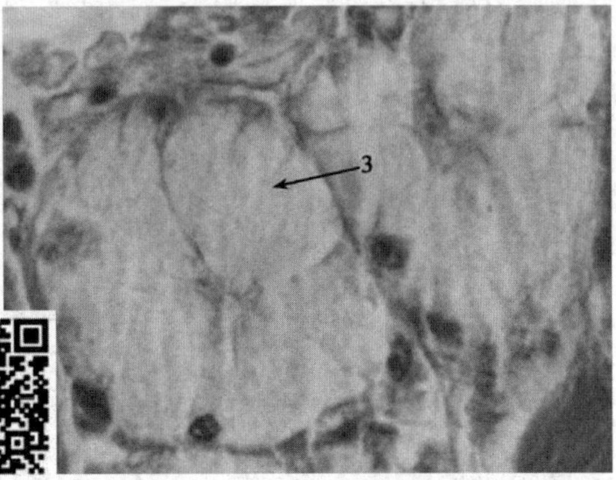

图9-3-2 日本蟳食管腺高倍观察

1.食道腔;2.几丁质层;3.食管腺

2.胃

贲门部胃壁向腔内突出形成许多皱襞。黏膜上皮细胞形态多样,立方形、矮柱状或柱状,黏膜表面覆盖一几丁质层,有些区域几丁质增厚,表面特化形成粗长的刚毛和骨板,两者共同构成胃磨;黏膜下层中有血管和血窦分布;肌层发达,尤其是纵肌;外膜较薄。(图9-3-3)

幽门部胃腔较大,胃壁也有许多皱襞。胃壁黏膜层基膜明显,黏膜上皮多由单层立方细胞构成,也有少数柱状细胞,上皮表面几丁质层也较厚,并且有几处黏膜层表面几丁质层加厚凸起形成狭窄的通道(图9-3-4),几丁质层表面形成整齐排列的刚毛(图9-3-5);黏膜下层由结缔组织构成;肌层发达;外膜厚,由单层扁平细胞和疏松结缔组织组成。

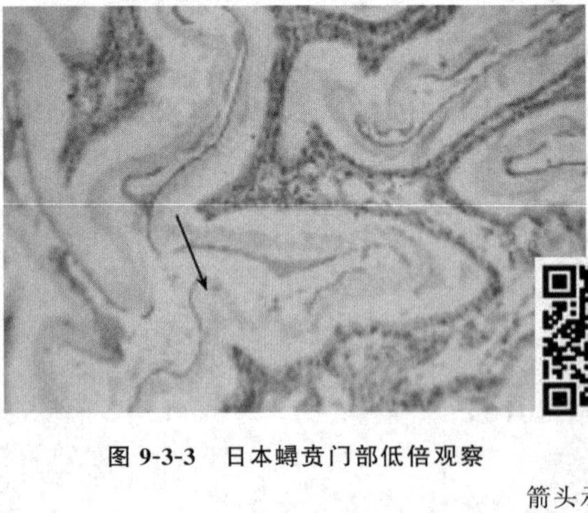

图9-3-3 日本蟳贲门部低倍观察

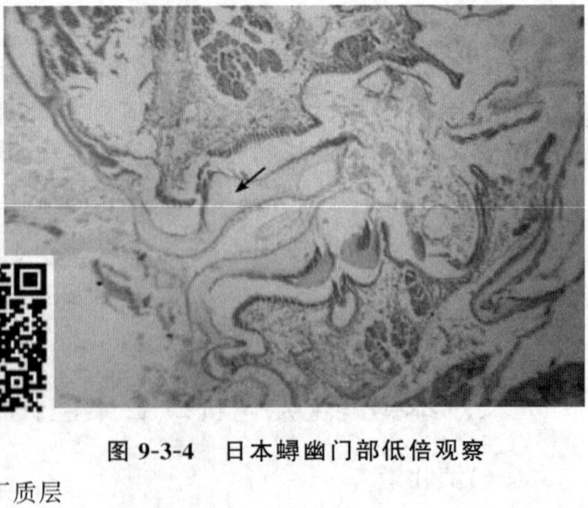

图9-3-4 日本蟳幽门部低倍观察

箭头示几丁质层

3. 中肠

中肠肠壁形成发达的纵行皱襞(图 9-3-6),黏膜层基膜明显,黏膜上皮细胞为柱状(图 9-3-7),上皮游离端有纹状缘,黏膜层表面无几丁质层。黏膜下层不是很明显,肌层为环行横纹肌,外膜由疏松结缔组织组成。

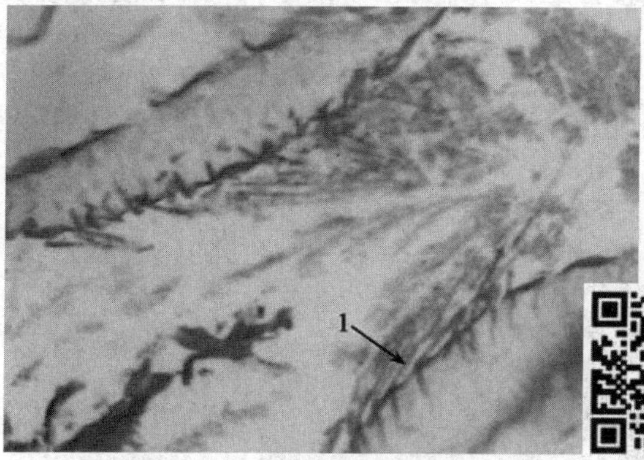

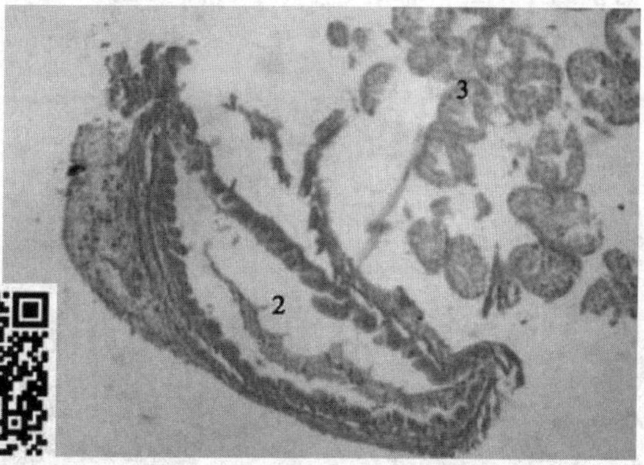

图 9-3-5　日本蟳幽门部刚毛高倍观察　　**图 9-3-6　日本蟳中肠低倍观察**

1. 刚毛;2. 中肠腔;3. 肝胰腺

4. 后肠

后肠肠腔较宽大,黏膜层上皮由单层立方细胞构成,表面覆盖一较薄的几丁质层(图 9-3-8),肌层十分发达,外膜薄。

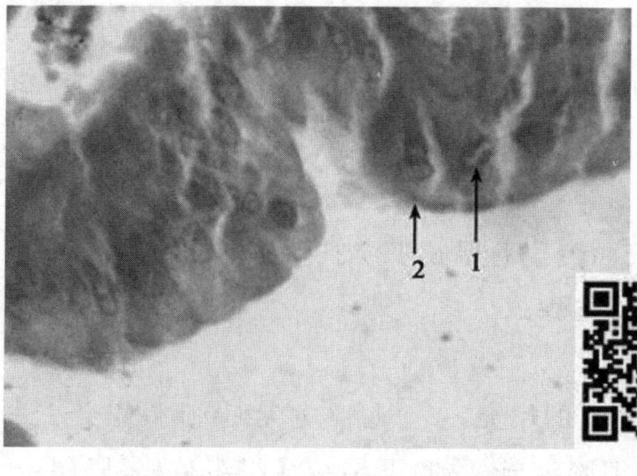

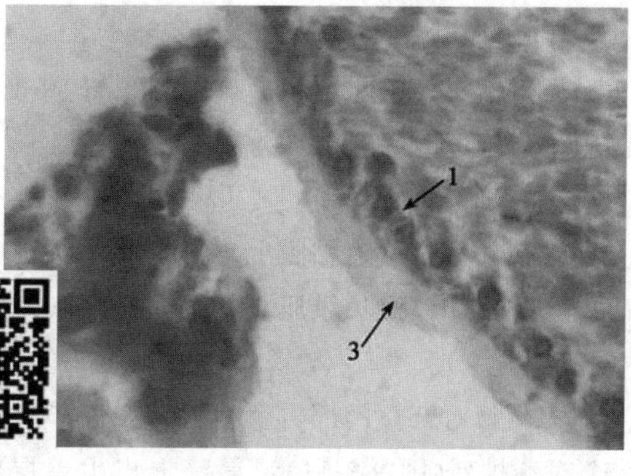

图 9-3-7　日本蟳中肠高倍观察　　**图 9-3-8　日本蟳后肠高倍观察**

1. 上皮细胞;2. 纹状缘;3. 几丁质

(二)肝胰腺

日本蟳肝胰腺由大量肝小管组成,小管间靠疏松结缔组织维系。横切面观察,肝小管管壁由单层柱状细胞构成,管腔呈三角或四角星形(图 9-3-9)。根据细胞的形态和功能,可将肝小管管壁细胞分成 4 种类型:吸收细胞(R 细胞)、分泌细胞(B 细胞)、纤维细胞(F 细胞)和胚性细胞(E 细胞)。

R 细胞是四种细胞中数量最多的，细胞为高柱状，胞质中有多个含有均质物质的小囊泡，用来储存物质；细胞核圆形，位于细胞基部，核仁一个。B 细胞数量也较多，体积较大，分泌期细胞质的顶端含有一个大空泡，占细胞体积的大部分。F 细胞数量少，细胞高柱状，嗜碱性；细胞核圆形，位于细胞中下方，核仁明显。E 细胞数量也较少，体积较小，细胞顶端不抵达管腔，细胞核大，核仁 1～2 个，嗜碱性强，染色深。（图 9-3-10）

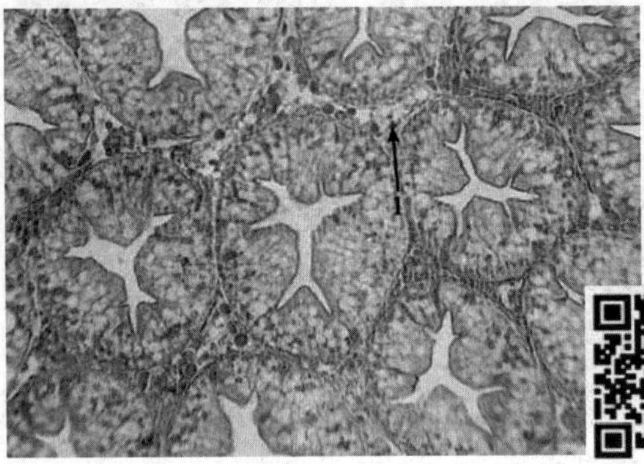

图 9-3-9　日本蟳肝胰腺低倍观察

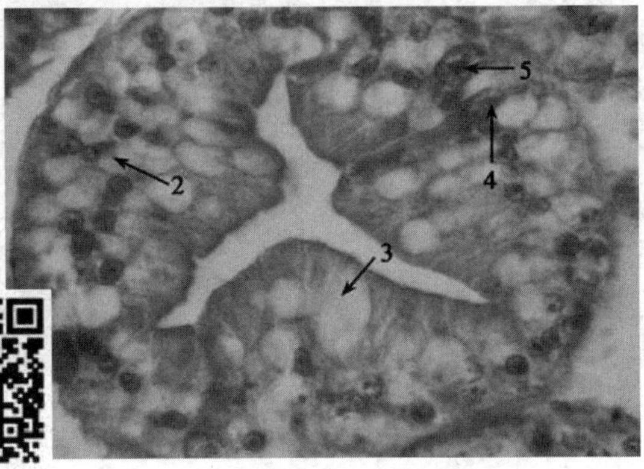

图 9-3-10　日本蟳肝小管高倍观察

1. 结缔组织；2. R 细胞；3. B 细胞；4. F 细胞；5. E 细胞

二、刀额新对虾消化器官（H·E 染色）

（一）消化道

刀额新对虾消化道包括口、食道、胃、中肠、后肠、直肠和肛门，消化道管壁由内至外一般由黏膜层、黏膜下层、肌层和外膜组成。

1. 食道

刀额新对虾食道黏膜上皮为单层柱状上皮，表面覆盖薄层几丁质。黏膜下层结缔组织较疏松，肌层含有环肌、纵肌、放射肌，肌细胞为骨骼肌类型。

2. 胃

刀额新对虾贲门部胃壁向胃腔突出形成多个明显的嵴突，一个腹突宽大而钝圆，侧突 2～3 个对称排列（图 9-3-11）。胃壁上皮由单层柱状细胞组成，黏膜下层结缔组织疏松，肌层由环、纵肌组成，分布不均匀。贲门部几丁质层特别发达，有由齿、刚毛和嵴突共同构成的胃磨，用来磨碎食物。

刀额新对虾幽门部腹突变尖变细，将胃腔分成两个半球形的侧壶腹囊，此时腹突称间壶腹嵴，侧突称上壶腹嵴，嵴上的几丁质特化成密集的细长刚毛。在两个侧壶腹囊内，间壶腹嵴和上壶腹嵴之间有栅状物，称腺滤器。（图 9-3-12）

3. 中肠

刀额新对虾中肠管壁皱褶较多，腔面没有几丁质覆盖，上皮层由单层柱状上皮细胞组成，细胞的游离面有纹状缘（图 9-3-13）。

4. 后肠

刀额新对虾后肠肠壁向肠腔突出形成许多纵嵴，黏膜上皮由单层柱状细胞组成(图 9-3-14)。

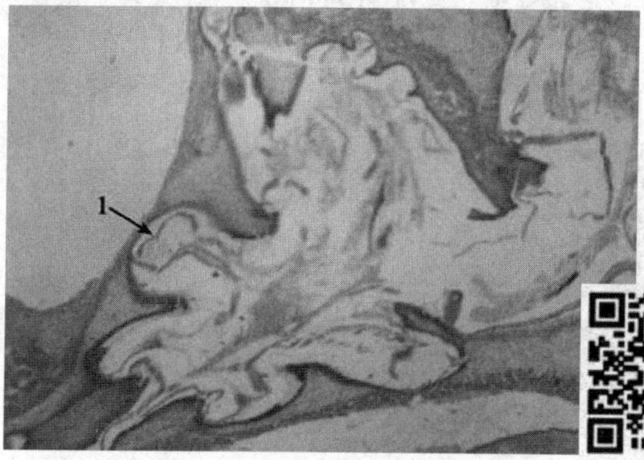

图 9-3-11 刀额新对虾贲门部低倍观察

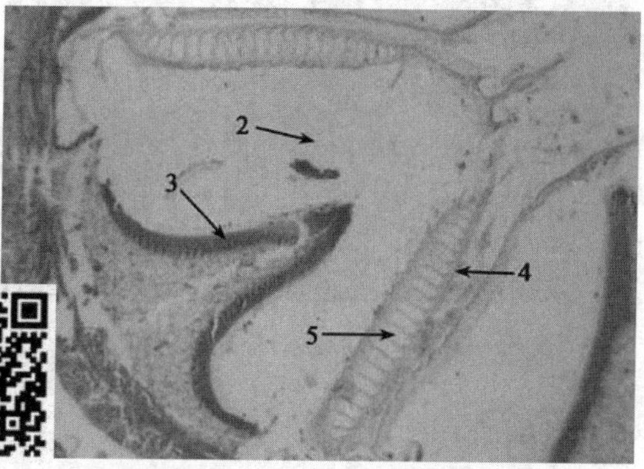

图 9-3-12 刀额新对虾幽门部低倍观察

1. 几丁质层；2. 侧壶腹囊；3. 间壶腹嵴；4. 上壶腹嵴；5. 腺滤器

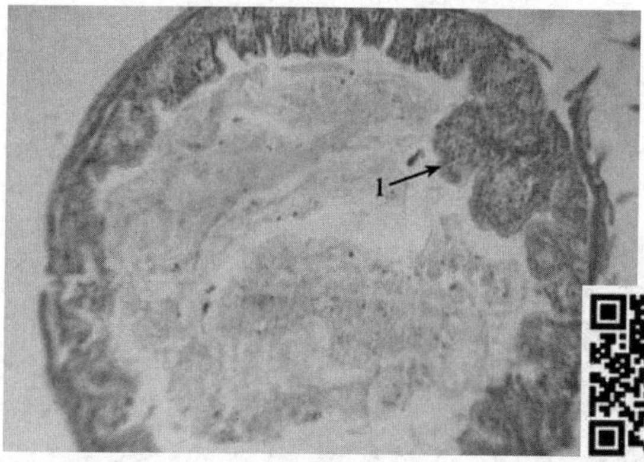

图 9-3-13 刀额新对虾中肠低倍观察

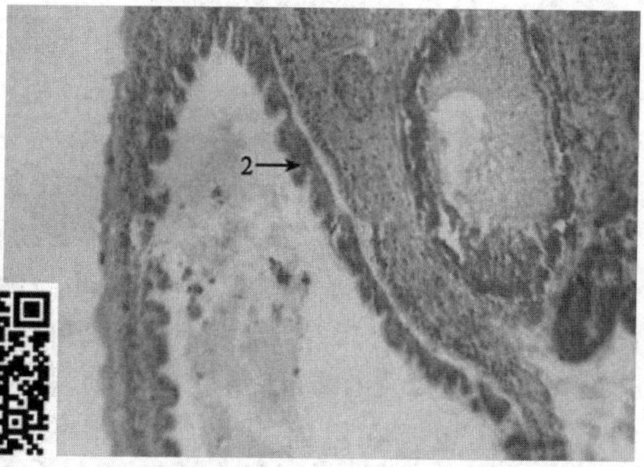

图 9-3-14 刀额新对虾后肠低倍观察

1. 纹状缘；2. 柱状上皮

5. 直肠

刀额新对虾直肠外观为球形，末端开口即为肛门。从直肠的横切面可看到直肠腔形状不规则，有许多嵴状突起，使直肠腔变得狭小。直肠壁有发达的单分支管状直肠腺(图 9-3-15)。

(二)肝胰腺

刀额新对虾肝胰腺除了肝小管管腔具有更多皱襞，呈现为四角或五角星形外，结构和细胞成分基本同日本蟳(图 9-3-16)。

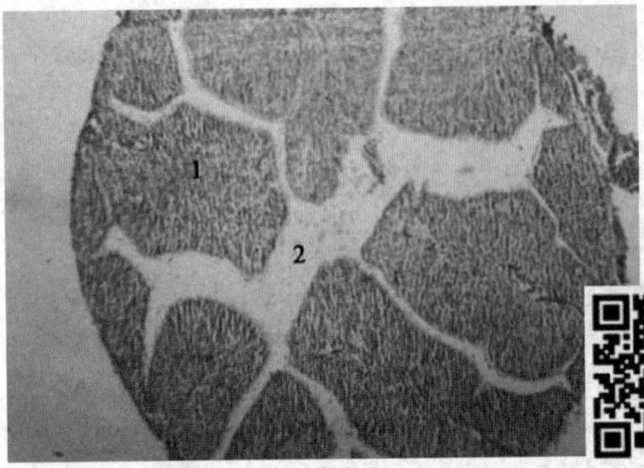

图 9-3-15　刀额新对虾直肠低倍观察

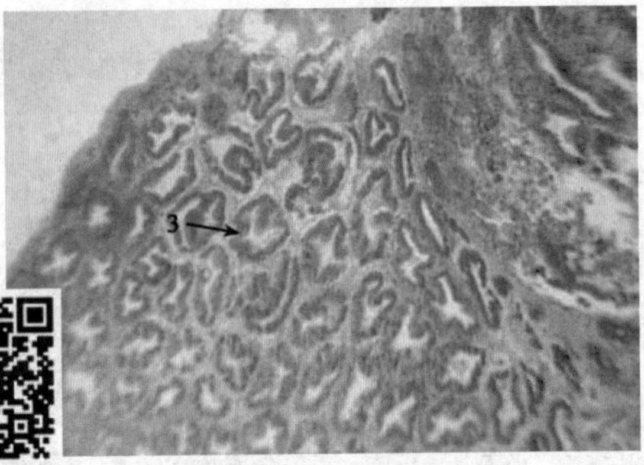

图 9-3-16　刀额新对虾肝胰腺低倍观察

1. 直肠腺；2. 直肠腔；3. 肝小管

绘图：

绘图说明日本蟳肝胰腺形态结构特点。

第四节　软体动物消化器官

目的与要求：

了解瓣鳃类消化系统组织结构特点。

瓣鳃类消化系统由消化道和消化盲囊组成，消化道包括唇瓣、口、食道、胃、晶杆囊、肠和肛门（图 9-4-1）。唇瓣每侧各两片，基部与内脏团相连。口位于唇瓣基部，为一小的裂口。食道较短。胃呈膨大的囊状，形状不规则，棕褐色的消化盲囊包围在胃的外表面。胃内皮层发达，形成角质的胃楯，解剖时易脱落。胃内有晶杆，由具有消化酶的胶状物组成。晶杆头部膨大，裸露于胃腔中，其杆状部被晶杆囊包裹，与肠完全分离。肠呈细线状结构，在腹缘经过一道弯曲后又转向背面延伸至胃的后方，到达直肠。直肠内通常含有泥沙样残渣。直肠沿外套腔背缘向后从心室中穿过，呈环状突起，肛门开口于出水管的基部。

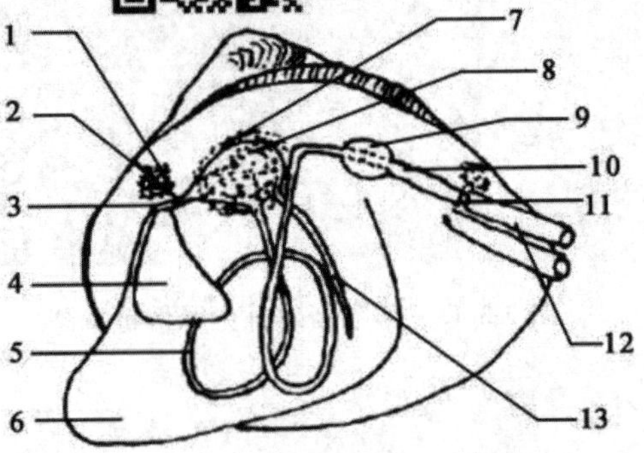

图 9-4-1　西施舌消化系统示意图（许星鸿等，2007）

1. 前闭壳肌；2. 食道；3. 口；4. 唇瓣；5. 肠；6. 足；7. 消化盲囊；8. 胃；9. 心室；10. 直肠；11. 肛门；12. 出水管；13. 晶杆囊

实验案例：西施舌消化器官（H · E 染色；许星鸿等，2007）

一、消化道

消化道壁（除唇瓣、晶杆囊外）自内向外可分为 4 层：黏膜层、黏膜下层、肌层和外膜。黏膜层由黏膜上皮和黏膜肌层构成，其中口和食道上皮为假复层纤毛柱状上皮，其他部位的上皮都为单层纤毛柱状上皮；黏膜肌层为一薄层环行的平滑肌。黏膜下层为疏松结缔组织，内含丰富的血窦和少量的平滑肌纤维。肌层为平滑肌，胃壁和肠壁局部缺乏肌层。除口、直肠和肛门的外膜为浆膜外，其余皆为纤维膜。

1. 唇瓣

外唇瓣和内唇瓣相对的一面具明显的沟、嵴和丰富的纤毛，称为褶皱面，而外唇瓣外侧面和内唇瓣内侧面突起不明显，称为光滑面。唇瓣的游离端较平整，上皮中含有较多的杯状细胞。（图 9-4-2）

2. 口

口上皮纤毛柱状细胞排列紧密，其间夹杂着少量杯状细胞。纤毛游离端分布着大量吞噬细胞。肌层较发达。（图 9-4-3）

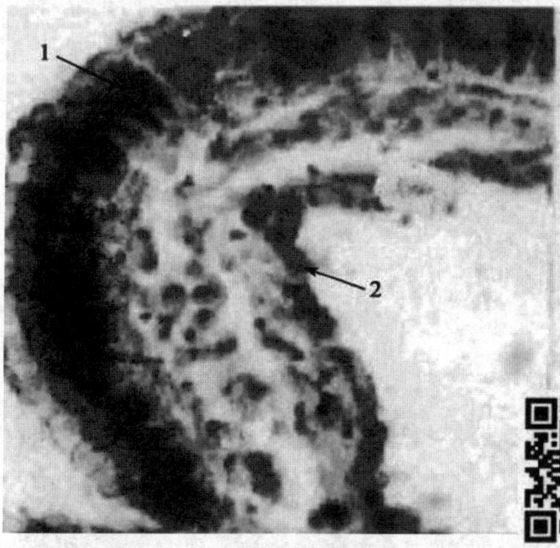

图 9-4-2 西施舌唇瓣高倍观察

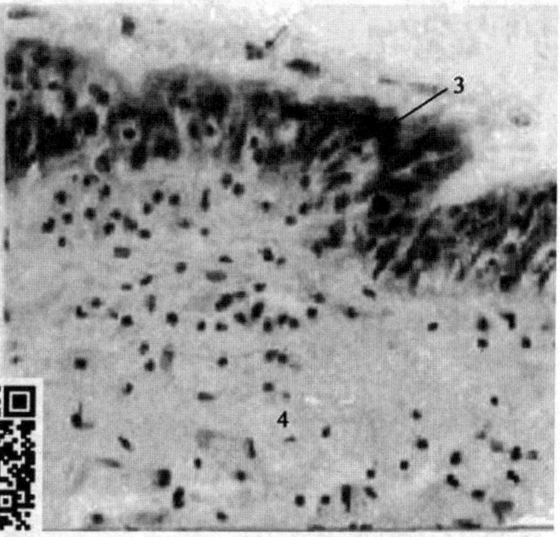

图 9-4-3 西施舌口低倍观察

1. 褶皱面；2. 光滑面；3. 黏膜上皮；4. 肌层

3. 食道

食道呈狭缝状，形成较多的纵行褶皱(图 9-4-4)。肌层以环肌为主，但不连续。

4. 胃

黏膜上皮由纤毛柱状细胞和丰富的杯状细胞构成(图 9-4-5)。部分胃黏膜形成纵行褶皱(图 9-4-6)，胃腔内有大量的吞噬细胞存在。晶杆头部裸露于胃腔中，其杆状部从胃腔中伸出，外面包裹着单层纤毛柱状上皮构成的晶杆囊(图 9-4-7)。晶杆囊上皮的基底面紧贴着一层平滑肌，其外包裹着疏松结缔组织。

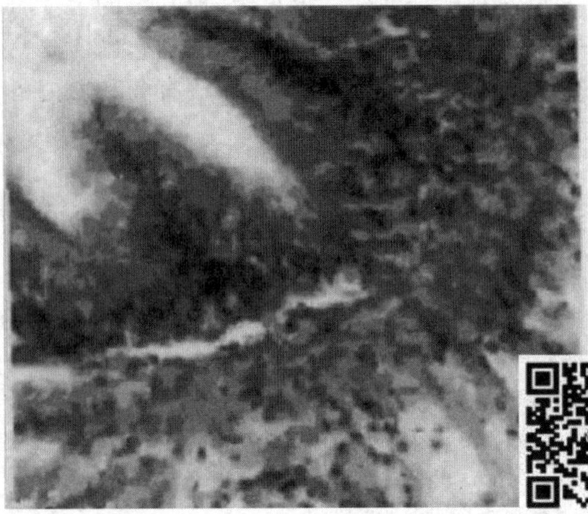

图 9-4-4 西施舌食道高倍观察

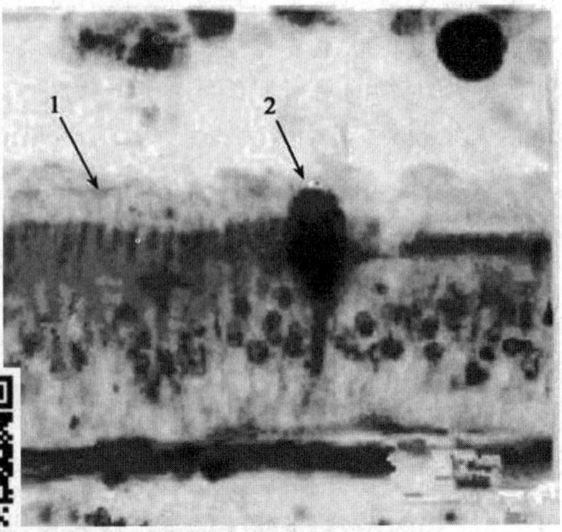

图 9-4-5 西施舌胃黏膜高倍观察(一)

1.纤毛;2.杯状细胞

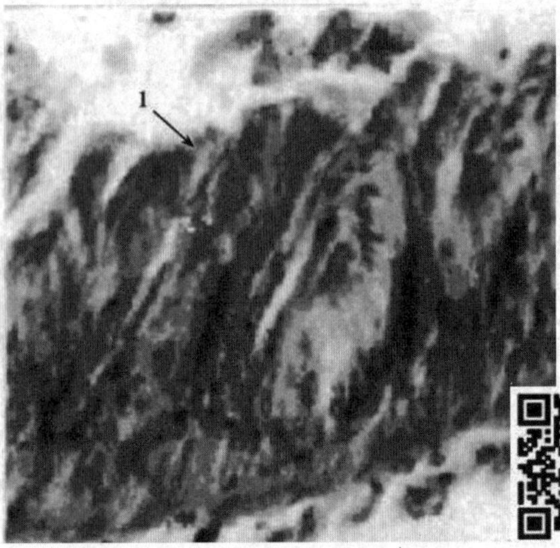

图 9-4-6 西施舌胃黏膜高倍观察(二)

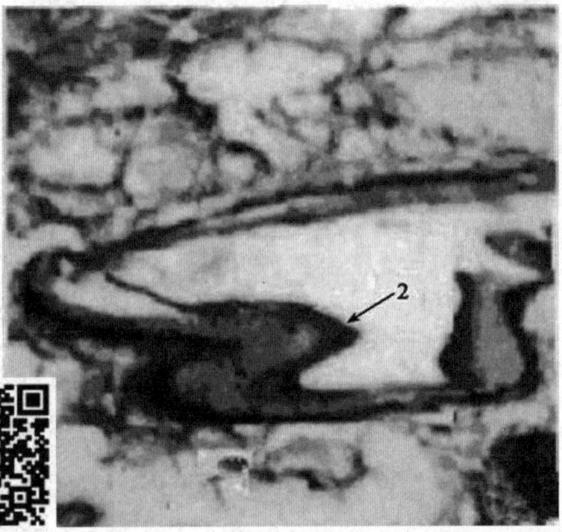

图 9-4-7 西施舌晶杆囊低倍观察

1.胃纵行褶皱;2.晶杆囊黏膜上皮

5.肠

肠黏膜上皮为单层柱状上皮,中间夹杂着丰富的杯状细胞(图 9-4-8)。肌层极不发达,疏松结缔组织填充在肠管与周围的肌肉组织及性腺之间,其中有少量散在的平滑肌纤维。直肠管径较粗,黏液细胞丰富,肌层较发达(图 9-4-9)。

6.肛门

直肠通过肛门和外界相通,肛门壁最大的特点是肌层发达,肌层间填充着疏松结缔组织。

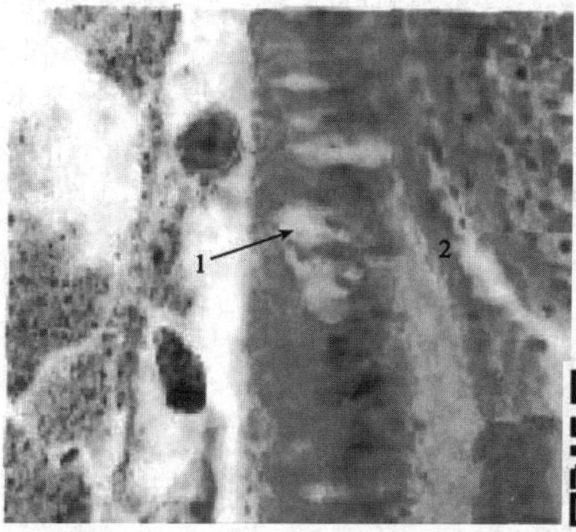

图 9-4-8　西施舌肠道黏膜高倍观察

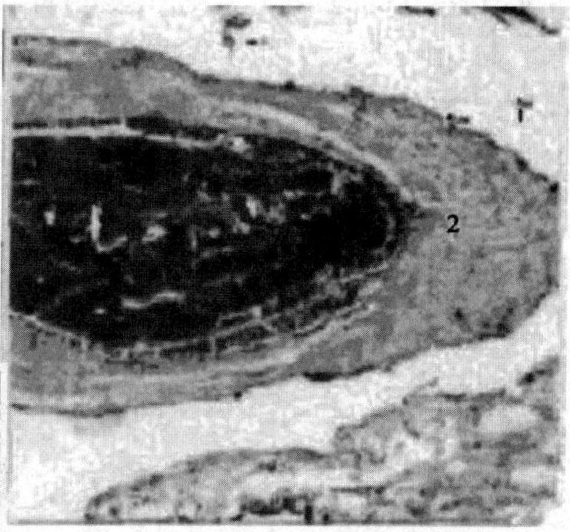

图 9-4-9　西施舌直肠低倍观察

1. 杯状细胞；2. 肌层

二、消化盲囊

消化盲囊为复管泡状腺，有导管通向胃腔。导管反复分支，管径随着分支逐渐变细，导管分支的末端膨大为数个囊泡状的腺泡(图 9-4-10)。腺泡有两种形态：一种腺泡腔面光滑，吞噬细胞较少或没有；另一种腺泡大部分腔面凹凸不平，吞噬细胞较多。导管壁为单层纤毛柱状上皮，内含丰富的杯状细胞(图 9-4-11)。导管上皮基底面紧贴着一层平滑肌，导管腔面形成小的嵴突。富含血窦的疏松结缔组织填充在腺泡间和导管间，内含一种体积较大的特殊颗粒细胞，胞质呈嗜酸性，含有红紫色和蓝紫色两种颗粒(图 9-4-10)。

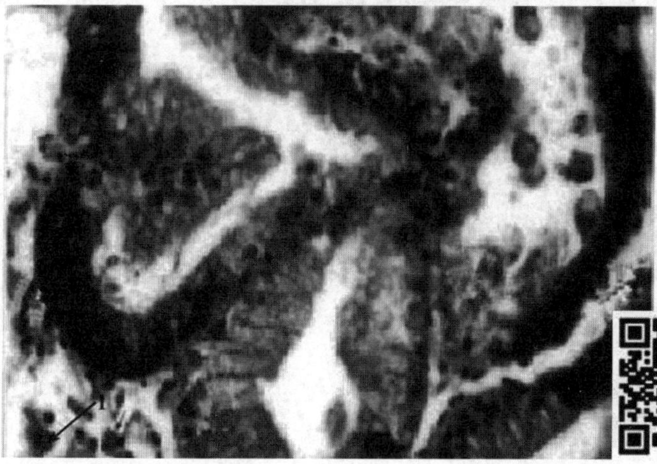

图 9-4-10　西施舌消化盲囊腺泡高倍观察

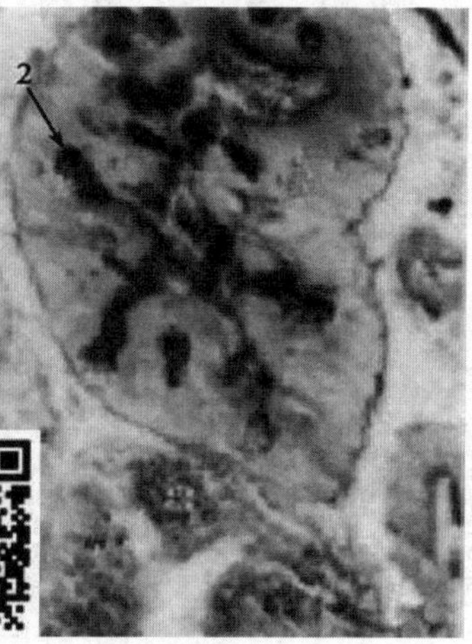

图 9-4-11　西施舌消化盲囊导管高倍观察

1. 嗜酸性细胞；2. 杯状细胞

腺泡上皮由 4 种类型的细胞组成：胚性细胞(E 细胞)，主要存在于腔面不平的腺上皮中。

呈低柱状,体积较小,核质比大,核呈圆形,胞质嗜碱性。纤维细胞(F 细胞),两种腺泡都有。呈柱状,细胞质强嗜碱性,被染成深蓝色而明显区别于其他细胞,核呈椭圆形,位于细胞基部。吸收细胞(R 细胞),主要存在于腔面光滑的腺泡中。细胞呈柱状,体积较大,胞质中含数个小空泡或整个胞质呈空泡状,核呈圆形,核仁较明显。分泌细胞(B 细胞),体积最大,存在于腔面凹凸不平的腺上皮中。游离面不规则,向腺腔突出,常出现释放细胞质团于腺腔中的现象,胞质呈嗜酸性,染成粉红色,核小,染色深。

绘图:

绘图说明西施舌胃壁组织结构特点。

第五节　棘皮动物消化器官

目的与要求:

了解刺参消化系统组织结构特点。

刺参的口呈圆形,位于身体前面偏腹位,边缘有一圈触手。口向下进入咽部,穿过石灰环变细形成食道。食道较短,下接胃和肠道。刺参的肠道像其他海参一样,在体内呈顺时针环绕。首先肠道沿着背部中间向下延伸称第一下降部(前肠),然后转向左边往上延伸至环水管附近为上升部(中肠),接着沿腹中线至肛门称第二下降部(后肠)。后肠通过泄殖腔和外界相通。(图 9-5-1)

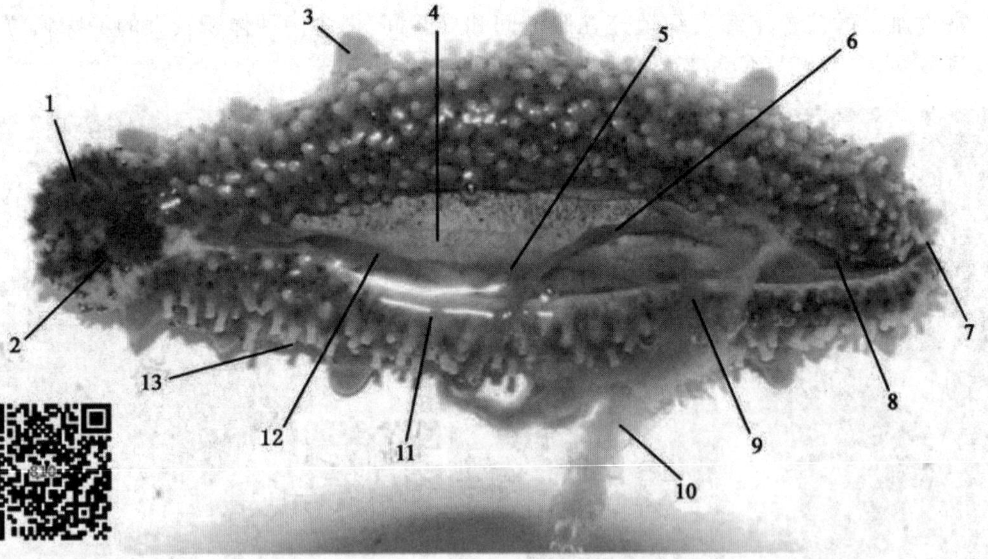

图 9-5-1　刺参整体解剖图(朱峰,2009)

1. 触手;2. 口;3. 疣足;4. 纵肌;5. 背血窦;6. 后肠;7. 肛门;8. 泄殖腔;9. 中肠;10. 呼吸树左支;11. 体壁;12. 前肠;13. 管足

实验案例：刺参消化道（H·E 染色）

一、食道

刺参食道内壁向内突起形成柱状的褶皱，有时褶皱相连形成网状结构，游离端染色较深，结缔组织层较薄，纵肌纤维比较明显。食道黏膜由复层立方上皮细胞构成。结缔组织细胞排列紧密，细胞核呈圆形。肌层由外面的纵肌和内面的环肌构成。外膜表面覆盖着单层扁平上皮（体腔上皮）。（图 9-5-2）

二、肠

前肠内壁形成高低不等的褶皱，几乎占据整个肠腔空间，结缔组织较薄，可以看到明显的外纵内环肌纤维（图 9-5-3，图 9-5-4）。前肠黏膜由复层柱状上皮细胞排列构成，表层细胞游离面可见纹状缘。内层细胞有的和结缔组织接触，或者形成中空的血窦，窦内可见零星的血细胞，有吸收和运输营养的功能。（图 9-5-5）

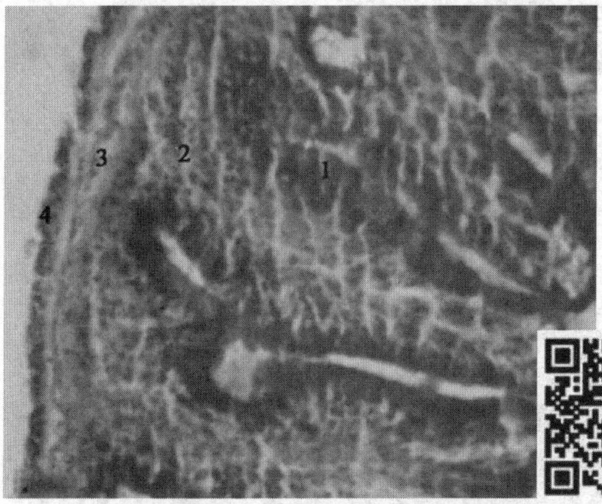

图 9-5-2　刺参食道低倍观察

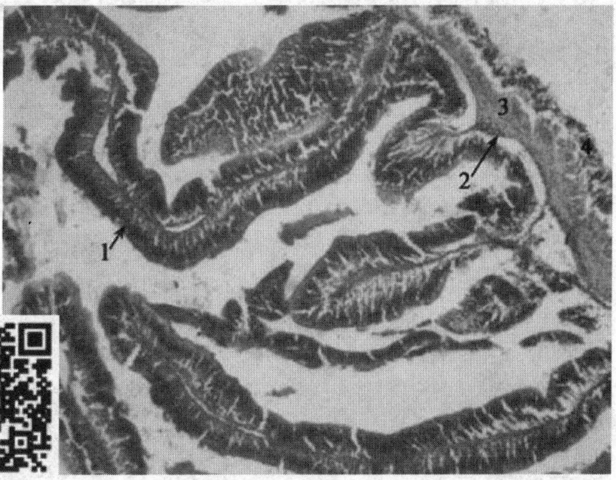

图 9-5-3　刺参前肠低倍观察

1. 黏膜层；2. 黏膜下层；3. 肌层；4. 外膜

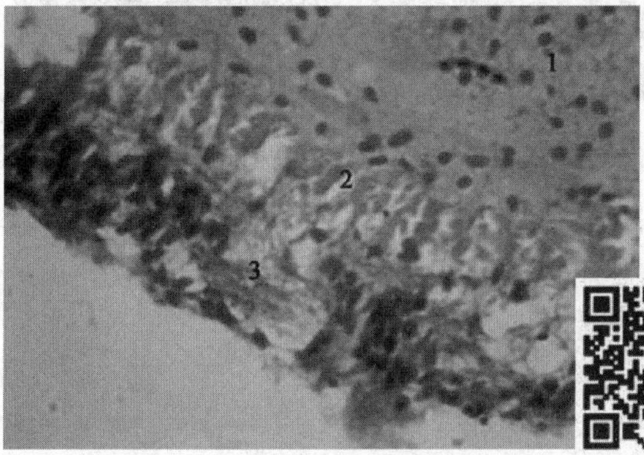

图 9-5-4　刺参前肠肌层及外膜高倍观察

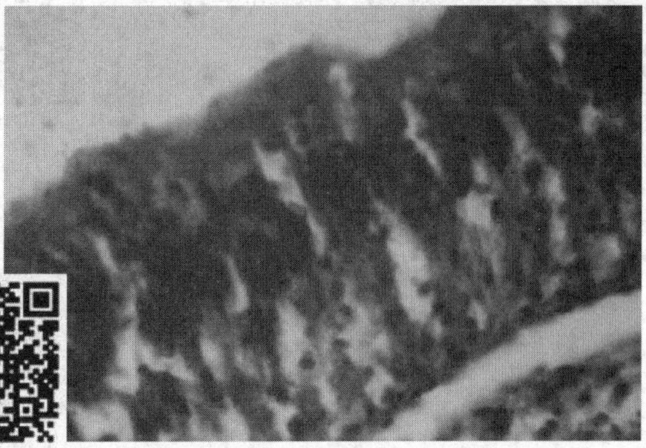

图 9-5-5　刺参前肠黏膜层高倍观察

1. 黏膜下层；2. 肌层；3. 外膜

中肠上皮常形成高且窄的褶皱，并且富含血窦。中肠的黏膜层由假复层上皮组成，上皮细胞核呈椭圆形或梭形；黏膜下层是结缔组织，细胞排列紧密；肌层由外纵内环排列逐渐变成只有一层纵行肌；外膜是复层上皮。（图 9-5-6）

后肠黏膜层形成近似三角形的褶皱，被覆复层上皮；黏膜下层疏松结缔组织比较厚；肌层是环行的肌纤维，纵肌纤维不明显；外膜是薄的复层上皮细胞和结缔组织（图 9-5-7）。

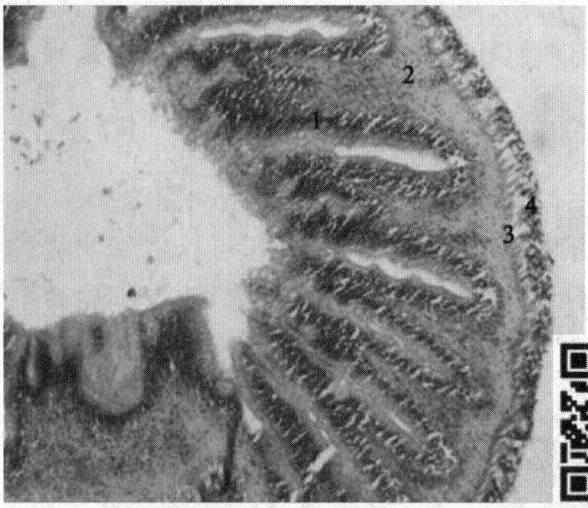

图 9-5-6 刺参中肠低倍观察

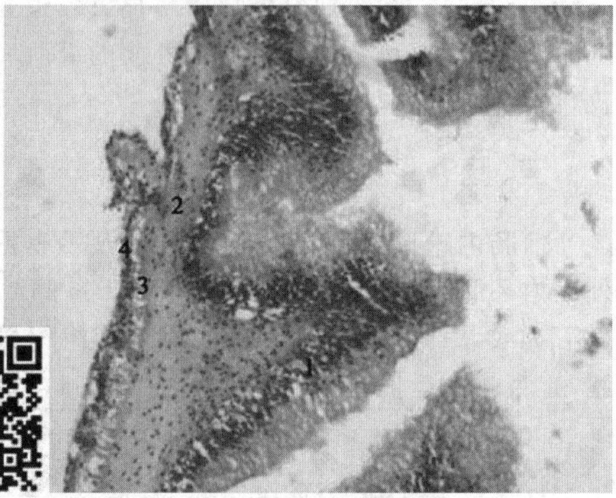

图 9-5-7 刺参后肠低倍观察

1. 黏膜层；2. 黏膜下层；3. 肌层；4. 外膜

三、泄殖腔

泄殖腔内壁形成不规则的小褶皱，内壁黏膜由复层的扁平上皮细胞组成，黏膜下层很厚，纵肌不明显，外膜围绕着呈辐射状附着在体壁上的悬肌（图 9-5-8，图 9-5-9）。

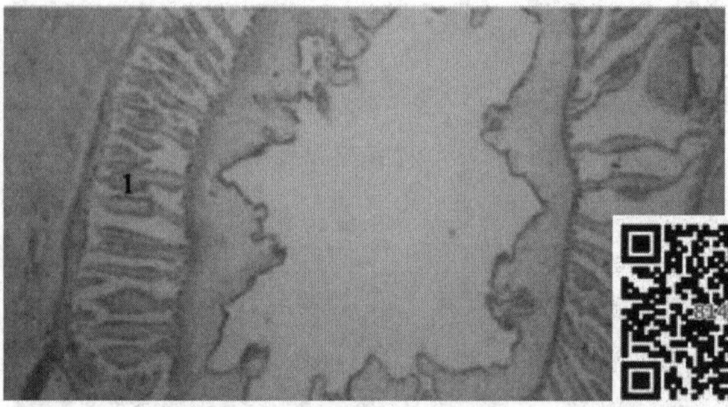

图 9-5-8 刺参泄殖腔低倍观察

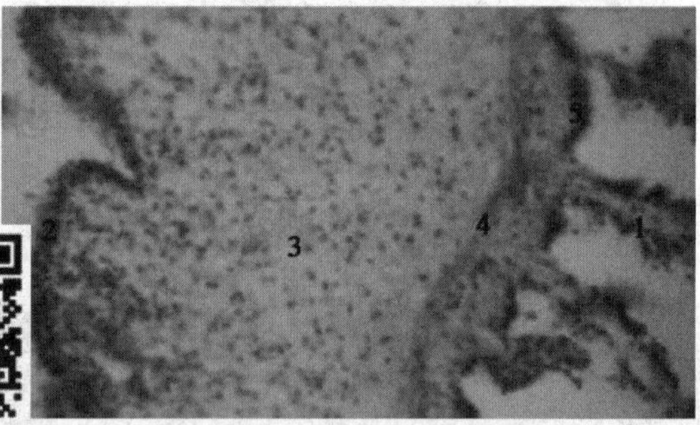

图 9-5-9 刺参泄殖腔高倍观察

1. 悬肌；2. 黏膜层；3. 黏膜下层；4. 肌层；5. 外膜

绘图：

刺参中肠低倍镜观察图。

第二篇

胚　胎　学

第十章

普通胚胎学

第一节　生殖细胞

目的与要求：

掌握两性生殖细胞的类型与特点。

一、原始生殖细胞

大多数脊椎动物生殖细胞起源于原始生殖细胞。原始生殖细胞没有性别分化，细胞个体大，胞器较少，核染色浅。

实验案例：孔雀鱼幼鱼切片（H·E 染色）

低倍镜观察，孔雀鱼性腺位于消化道和鳔之间，长条状，细胞排列致密。高倍镜观察，性腺由一种细胞，即原始生殖细胞构成。原始生殖细胞呈团块状排列，体积较大，圆形或椭圆形，界限不明显；细胞核也较大，有一明显核仁位于细胞核中间（图 10-1-1）。

二、卵子

卵子一般为圆球形、椭圆形或扁圆形，由卵质、卵核、细胞膜和卵膜构成。

卵质中除了有各种细胞器、RNA 等一般细胞具有的成分外，还含有卵黄、皮层颗粒（液泡）和油球等。卵黄是一种异质性混合物，多为颗粒状结构，一般呈圆形，也有椭圆形或短棒状。不同化学成分的卵黄颗粒对光线的穿透性、相对密度和染色反应不同，但经常表现出强嗜酸性。皮层颗粒为质膜下的膜包围小泡，在受精中起重要作用。

和其他细胞的核一样，卵核也由核膜、核质、核仁和染色体组成。核仁是卵核的主要成分，在蛋白质的合成过程中起着重要作用。光学显微镜下，核仁一般为圆球形，数量和分布位置因动物种类或卵子发生阶段而发生变化。许多无脊椎动物的卵子通常只有一个位于卵核中央的核仁，而大多脊椎动物和某些无脊椎动物（甲壳类等）的卵子，则含有大量核仁，且通常沿核膜内侧排列。

卵膜是覆盖在卵子质膜外面的膜状结构，有初级卵膜、次级卵膜和三级卵膜三种。初级卵膜又称卵黄膜，由卵细胞分泌形成，在哺乳动物称透明带，光镜下观察为质膜外的一层均质嗜酸性结构。次级卵膜由卵巢内滤泡细胞形成，在有些动物称为辐射带或放射冠(图 10-1-2)。次级卵膜不一定为膜性结构，有的可为多层细胞构成；有的可为绒毛状突起，又称绒毛膜(图 10-1-3)，可使卵子附着在固体上。三级卵膜由卵巢外生殖导管或其附属腺体等结构分泌而成，可为膜状结构、石灰质卵壳、胶质状等。

根据卵黄含量的多少，卵子可分为均黄卵、中黄卵、端黄卵和间黄卵四种类型。

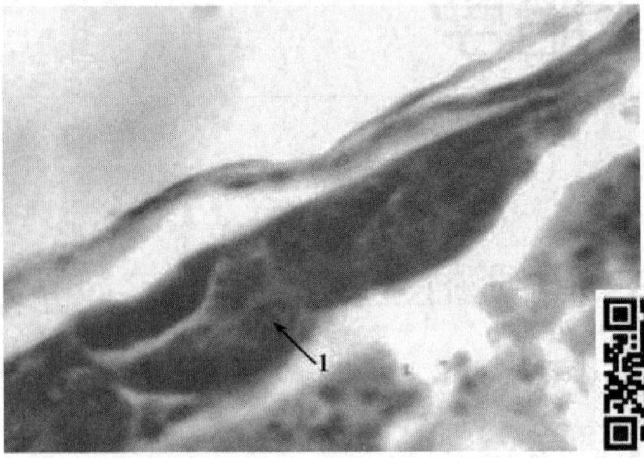

图 10-1-1　孔雀鱼性腺切片高倍观察

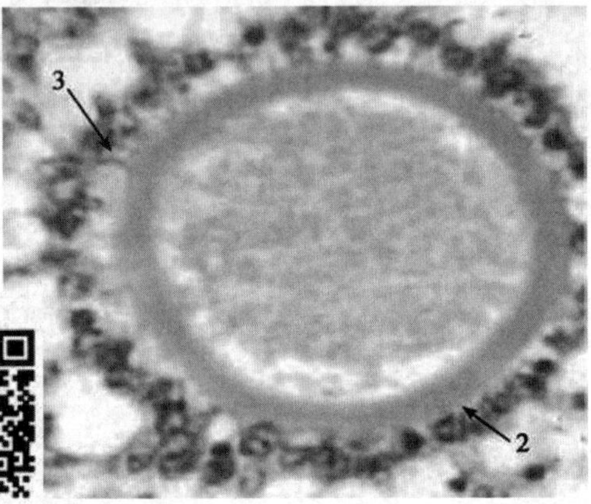

图 10-1-2　哺乳动物卵细胞切片高倍观察

1. 原始生殖细胞；2. 初级卵膜(透明带)；3. 次级卵膜(放射冠)

实验案例：

1. 卵质

鱼类卵质中含有卵黄、皮层颗粒(液泡)和油球等，生活状态下，油球为反光性强的圆球状，界限明显(图 10-1-3)。H·E 染色，卵黄颗粒一般呈嗜酸性，皮层颗粒空泡状(图 10-1-4)。

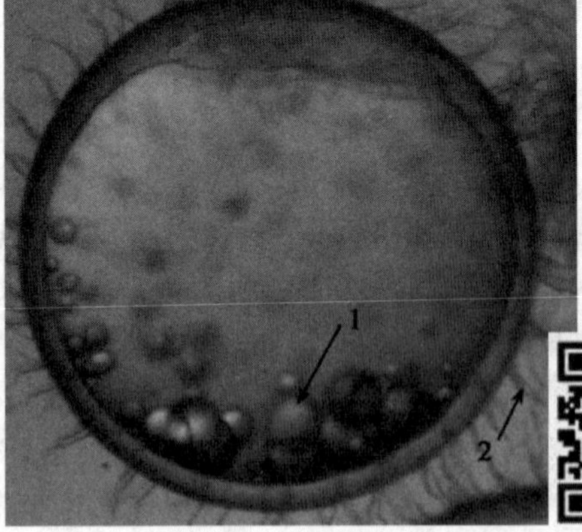

图 10-1-3　鱼卵低倍观察

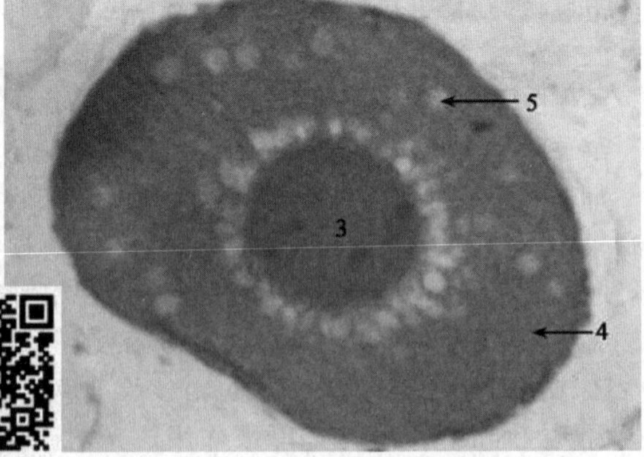

图 10-1-4　孔雀鱼卵子切片低倍观察

1. 油球；2. 绒毛膜；3. 卵核；4. 卵黄；5. 液泡

2. 卵核(鲤鱼卵巢切片、鲢鱼卵巢切片,H·E 染色)

处于生长期的鱼类卵细胞核仁数量增多,分布在核膜之下(图 10-1-5,图 10-1-6)。

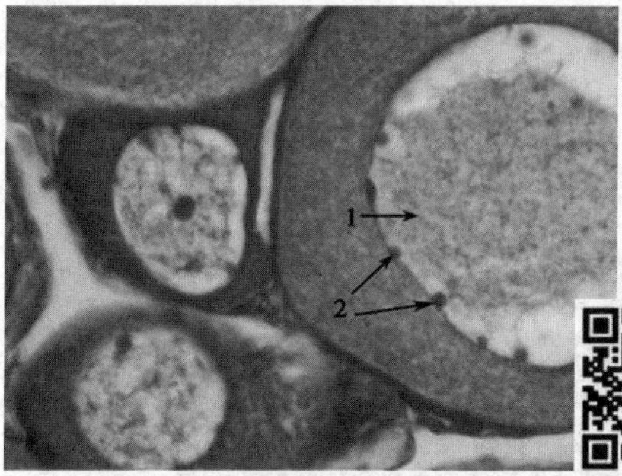

图 10-1-5　鲫鱼卵巢切片低倍观察

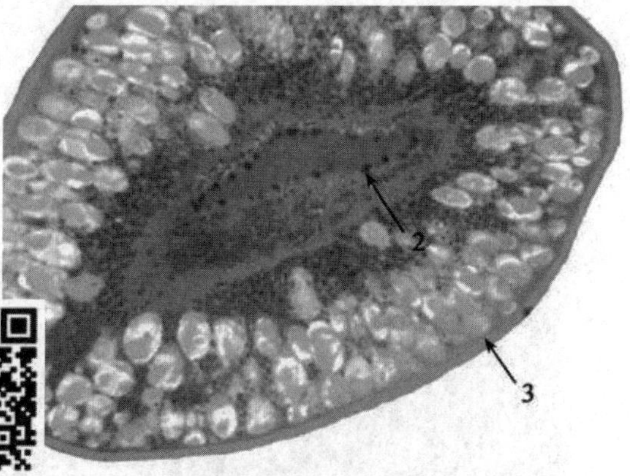

图 10-1-6　鲢鱼卵子切片低倍观察

1. 细胞核;2. 核仁;3. 次级卵膜(辐射带)

3. 卵膜(扁平圆扁螺卵)

扁平圆扁螺所产卵子具有次级卵膜和三级卵膜结构。每粒受精卵被液态的卵白和胶质的卵膜包裹形成卵囊,液态卵白和胶质卵膜属于次级卵膜。1 只螺每次产的多个卵囊粘连在一起形成一个卵块,粘连多个卵囊的胶质物质为三级卵膜,具黏性。除受精卵外,卵块其余部分呈半透明状。(图 10-1-7)

4. 卵子类型

均黄卵卵黄含量少,在卵内均匀分布(图 10-1-2)。中黄卵卵黄含量多,集中于卵子中间分布(图 10-1-8)。间黄卵卵黄含量也多,从植物极到动物极卵黄逐渐减少,两极之间没有明显界

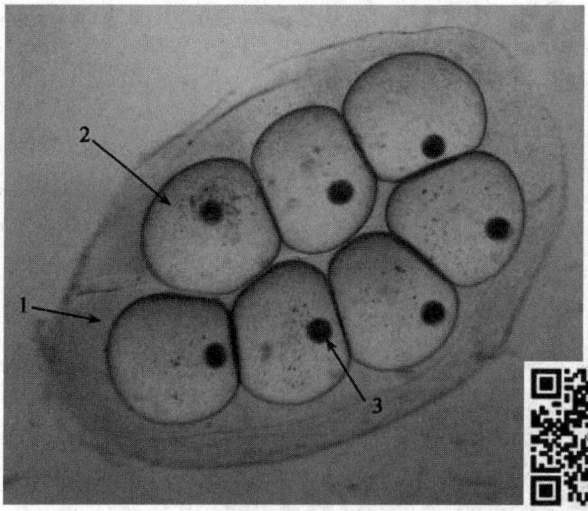

图 10-1-7　扁平圆扁螺卵块结构低倍观察

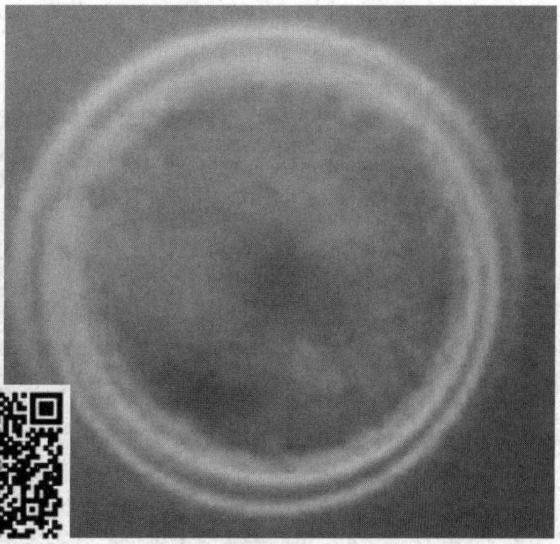

图 10-1-8　中黄卵(昆虫)低倍观察

1. 三级卵膜;2. 次级卵膜;3. 卵子

限(图 10-1-9)。端黄卵卵黄含量很多,卵黄颗粒粗大,分布在植物极,细胞核和绝大多数细胞质分布在动物极(图 10-1-10)。

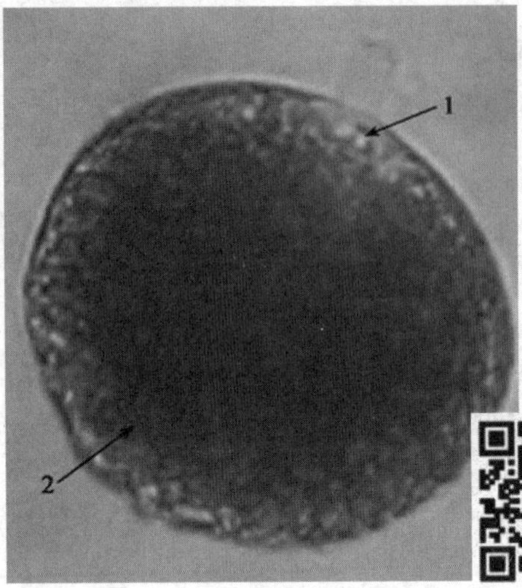

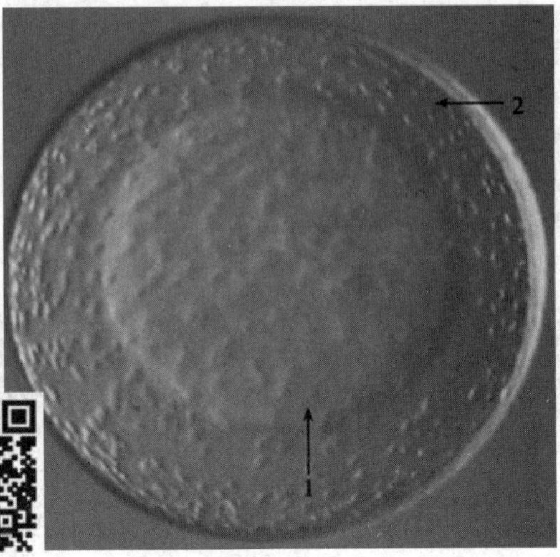

图 10-1-9　间黄卵(囊螺)高倍观察(侧面)　　**图 10-1-10　端黄卵(斑马鱼)低倍观察(顶面)**

1. 动物极;2. 植物极

三、精子

精子也由细胞膜、细胞质和细胞核构成,形态多样,可分为鞭毛型和非鞭毛型两种类型。鞭毛型精子都具有一根鞭毛状的尾部,绝大多数动物的精子属于这种类型;非鞭毛型精子没有鞭毛状尾部,存在于无脊椎动物的线形动物门(如马蛔虫)和各种甲壳纲动物。

实验案例:鞭毛型精子结构

鞭毛型精子由头、颈和尾三部分构成(图 10-1-11)。鞭毛型精子形态的变异主要表现在尾部中段的长度和头部的形态上。

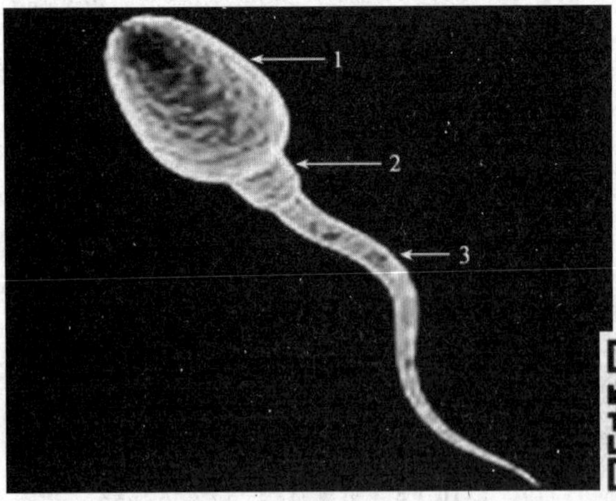

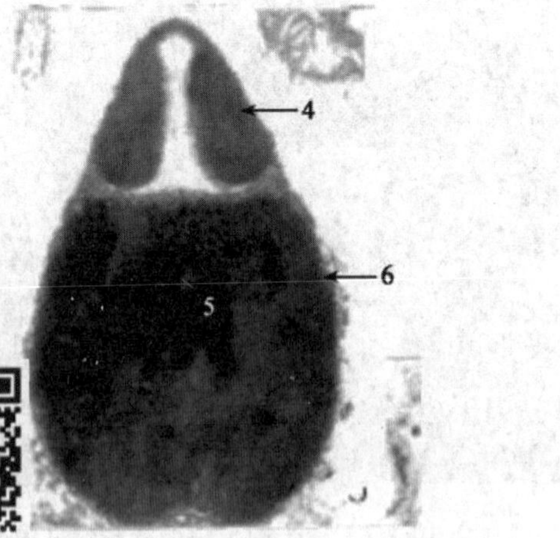

图 10-1-11　鞭毛型精子示意图　　**图 10-1-12　魁蚶精子头部纵切面超微结构(叶婧,2012)**

1. 头部;2. 颈部;3. 尾部;4. 顶体;5. 精核;6. 质膜

头部是激发卵子和传递遗传物质的部分，由细胞核（精核）和顶体（或称穿孔器）组成（图10-1-12）。顶体位于头部的最前端，内有透明质酸酶及酸性磷酸酶等，有利于溶解卵膜结构。大部分鱼类精子头部没有顶体（图10-1-13）。

颈部紧接头部后端，非常短，由中心粒复合体构成，包括近端中心粒和远端中心粒。在鱼类，颈部陷入植入窝内，很不明显。（图10-1-13）

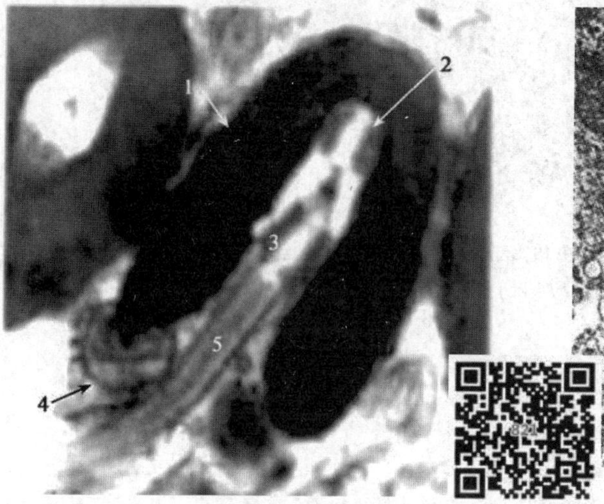

图 10-1-13　半滑舌鳎精子纵切面超微结构（康现江，2008）

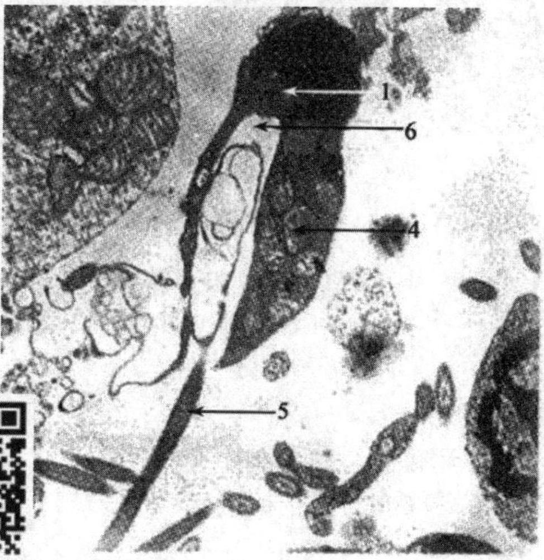

图 10-1-14　大鳞副泥鳅精子纵切面超微结构（李飞，2011）

1. 精核；2. 近端中心粒；3. 远端中心粒；4. 线粒体鞘；5. 鞭毛；6. 袖套腔

尾部可分为中段、主段和末段。中段又叫间节，短而粗，是精子形态变异的一个主要区域。中段包括轴丝、线粒体鞘和终环。鱼类中段的线粒体呈球状，排列不规则（图10-1-13，图10-1-14），哺乳类及一些无脊椎动物中段的线粒体呈螺旋状排列，又称螺旋线（图10-1-15）。主段最长，由轴丝和原生质鞘构成，是运动器官（图10-1-16）。末段只有轴丝，而且很短，又叫尾丝（图10-1-16）。

图 10-1-15　疣荔枝螺精子尾部中段超微结构（竺俊全等，2005）

A. 过中心纵切；B. 过螺旋线纵切；C. 横切。1. 轴丝；2. 螺旋线；3. 质膜

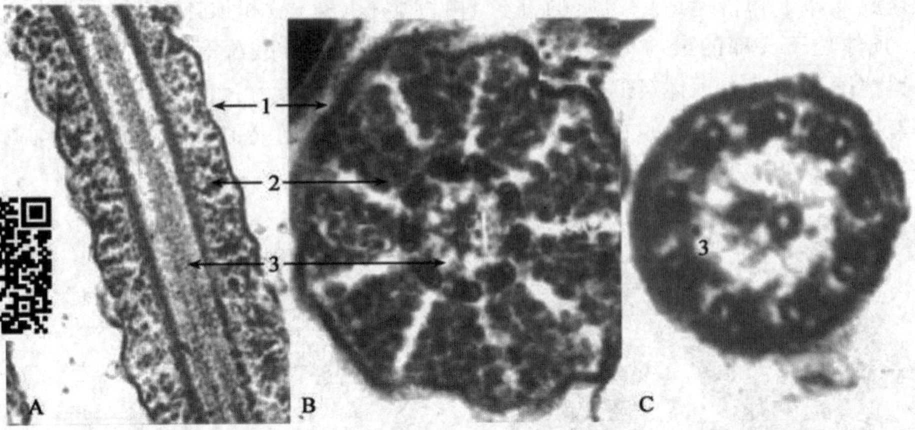

图 10-1-16　疣荔枝螺精子尾部主段和末段超微结构(竺俊全等,2005)

A. 主段纵切;B. 主段横切;C. 末段横切。1. 质膜;2. 原生质鞘;3. 轴丝

思考题:

1. 卵子有哪几种类型? 各有什么特点?

2. 简述鞭毛型精子的超微结构。

绘图:

1. 绘图说明卵子的形态结构特点。

2. 绘图说明鞭毛型精子的结构特点。

第二节　受　　精

目的与要求:

掌握受精作用的一般过程。

两性生殖动物卵子成熟后要经过受精作用才能进一步发育,形成新的个体。受精过程一般包括精卵识别与接触、精子入卵、卵子激活、原核形成与融合四个过程。

一、精子入卵

(一)精子入卵前精卵的变化

1. 顶体反应

成熟的精卵相遇后,大多数海生无脊椎动物精子顶体发生了一系列反应,包括顶体膜与其外质膜融合、顶体颗粒的释放和顶体突的形成过程,称顶体反应(图 10-2-1)。

2. 受精锥的形成

当精子与卵子接触,质膜发生融合时,在接触点上,由卵子表层原生质流动形成一包围精子头部的突起称为受精锥,能将精子夹持或吸入卵内(图 10-2-2)。

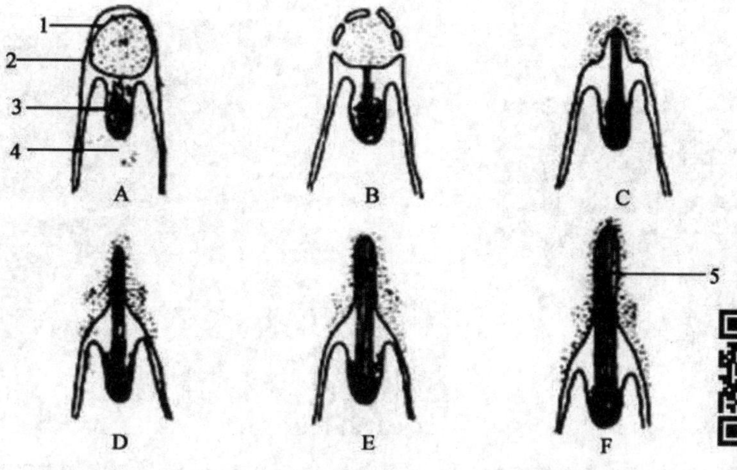

图 10-2-1　海胆精子顶体反应示意图(陈大元,2000)

A.海胆精子;B.与质膜接触后,在质膜和顶体颗粒膜之间多处发生融合,核窝内的不定形物质肌动蛋白开始发生多聚;C.质膜与顶体颗粒膜融合,顶体内含物开始外排,肌动蛋白继续进行多聚;D、E.肌动蛋白多聚形成顶体突;F.顶体突继续变长,外覆顶体颗粒物质

1.顶体外膜;2.质膜;3.核窝;4.精子核;5.顶体突

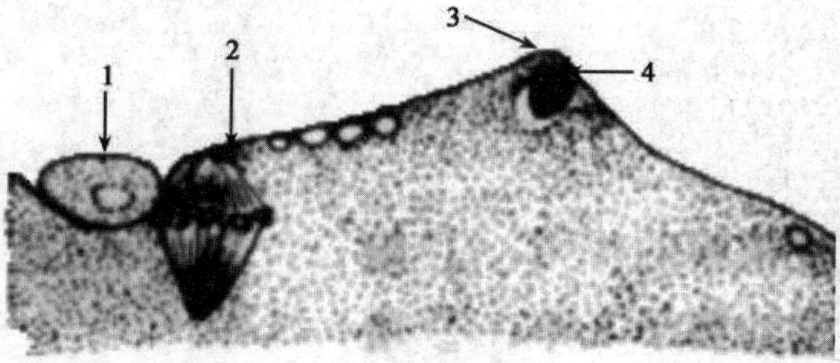

图 10-2-2　金鱼受精锥的形成示意图(楼允东,1996)

1.第一极体;2.第二次成熟分裂纺锤体;3.受精锥;4.精子

实验案例:

1.日本蟳精子的顶体反应(许星鸿等,2010)

光镜下观察,未发生顶体反应的日本蟳成熟精子形状不规则,辐射臂向四周伸出(图 10-2-3)。透射电镜观察,膜内陷成核杯,染色质呈细丝状或颗粒状,散布于核区,并延伸至辐射臂中。球形顶体位于核杯腔内,由头帽、顶体管和顶体囊三部分组成。顶体管前段含有纵行排列的细管状结构,构成穿孔器。顶体囊根据电子密度的不同可分为内层和外层,呈同心圆状包裹着顶体管。(图 10-2-4)

日本蟳精子的顶体反应过程可分为 4 个阶段:

第Ⅰ阶段:头帽隆起,辐射臂未见明显收缩(图 10-2-5,图 10-2-6)。

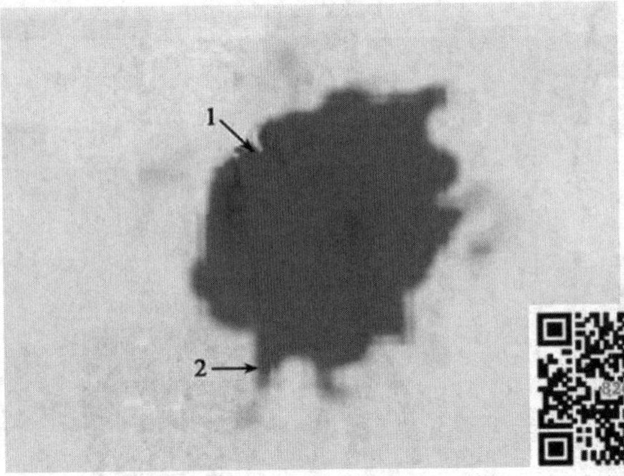

图 10-2-3　日本蟳精子光镜观察

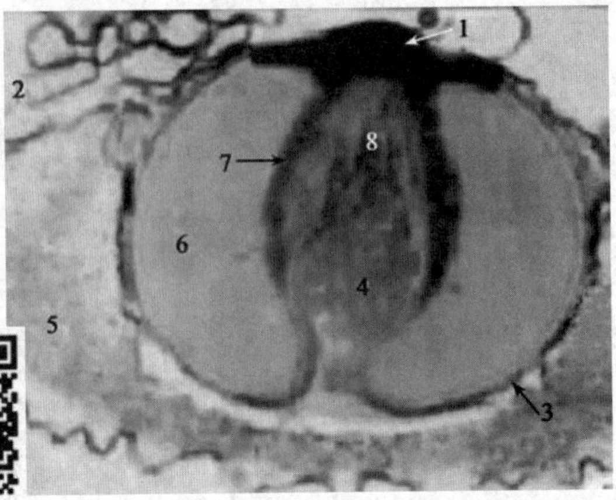

图 10-2-4　日本蟳精子透射电镜观察

1. 头帽；2. 辐射臂；3. 核膜；4. 顶体管；5. 染色质；6. 顶体囊外层；7. 顶体囊内层；8. 穿孔器

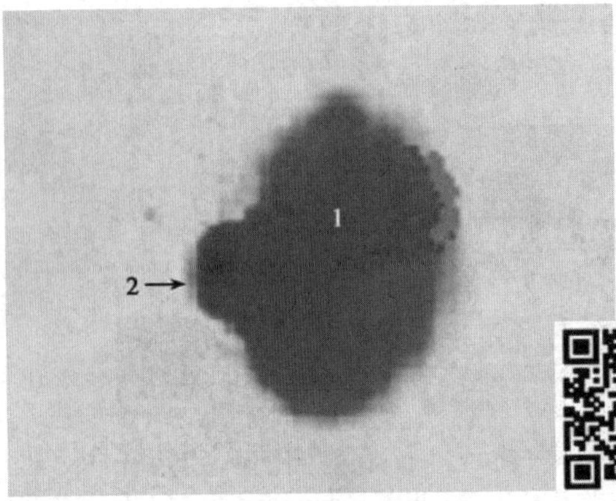

图 10-2-5　日本蟳精子顶体反应(Ⅰ)光镜观察

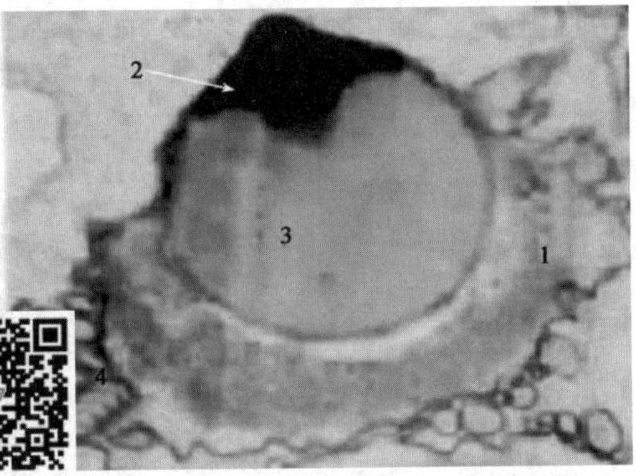

图 10-2-6　日本蟳精子顶体反应(Ⅰ)透射电镜观察

1. 细胞核；2. 头帽；3. 顶体囊；4. 辐射臂

第Ⅱ阶段：头帽破裂，顶体囊外翻。随着头帽孔的形成，顶体囊连同包裹的顶体管逐渐往外翻出，核呈扁圆形，精子整体呈哑铃状。(图 10-2-7，图 10-2-8)此阶段辐射臂数量有减少现象，核表面较以前平滑。

第Ⅲ阶段：穿孔器前伸，使精子总长度增加。顶体颗粒聚集于顶体管后段，围脖状头帽环绕着顶体管与核连接处。(图 10-2-9，图 10-2-10)

第Ⅳ阶段：穿孔器断裂，顶体囊外层脱落，顶体丝形成(图 10-2-11A、B)。顶体丝由顶体囊内层和顶体管后段构成。于顶体丝前端的穿孔器断裂处，可见有囊泡状顶体颗粒向外释放(图 10-2-12)。核仍为扁圆形，但体积缩小(图 10-2-11C)。

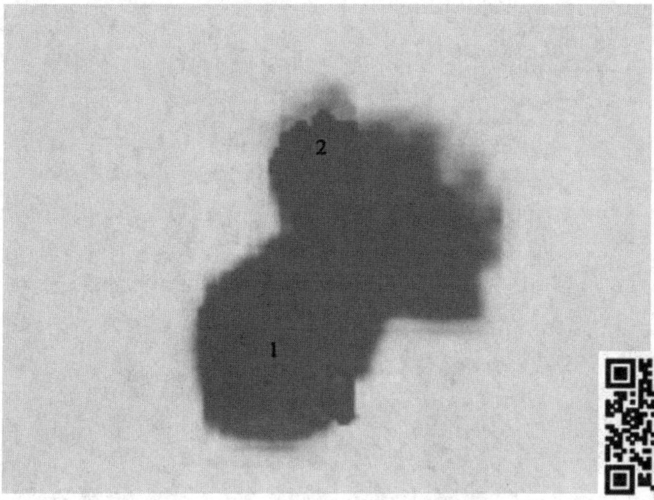

图 10-2-7　日本蟳精子顶体反应(Ⅱ)光镜观察

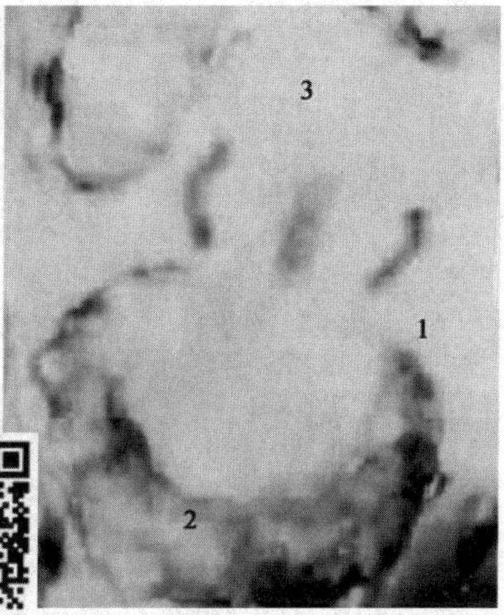

图 10-2-8　日本蟳精子顶体反应(Ⅱ)透射电镜观察

1. 顶体囊;2. 细胞核;3. 头帽

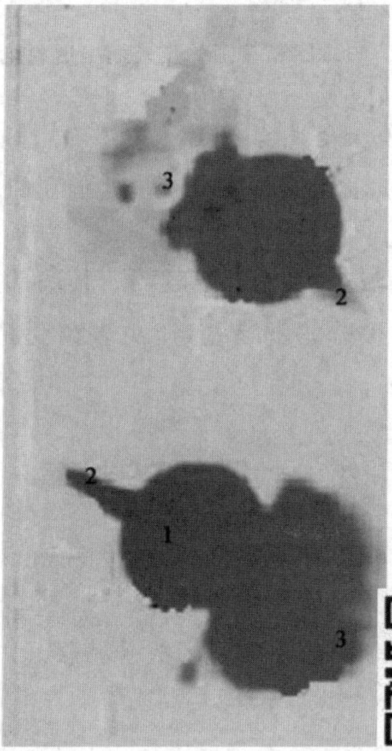

图 10-2-9　日本蟳精子顶体反应(Ⅲ)光镜观察

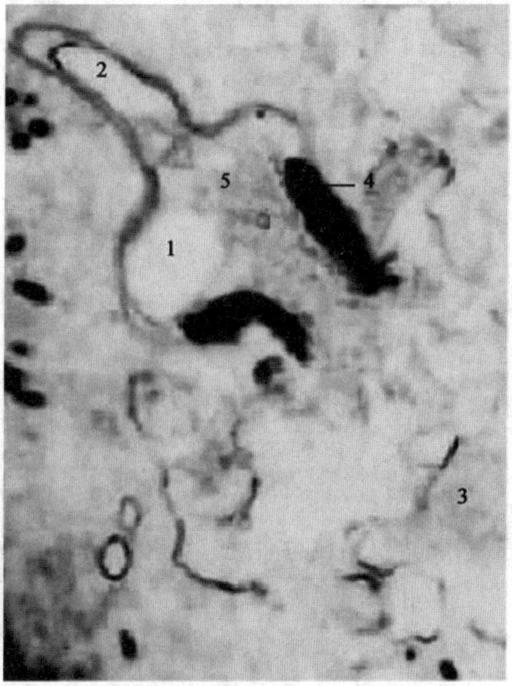

图 10-2-10　日本蟳精子顶体反应(Ⅲ)透射电镜观察

1. 顶体囊;2. 穿孔器;3. 细胞核;4. 头帽;5. 顶体颗粒

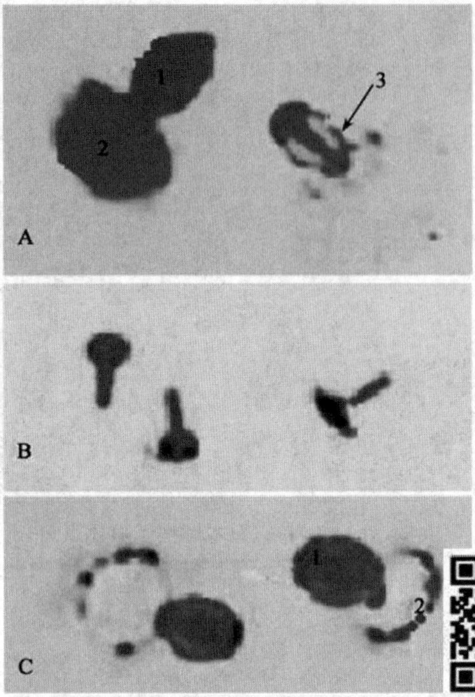

图 10-2-11　日本鳄精子顶体反应(Ⅳ)光镜观察

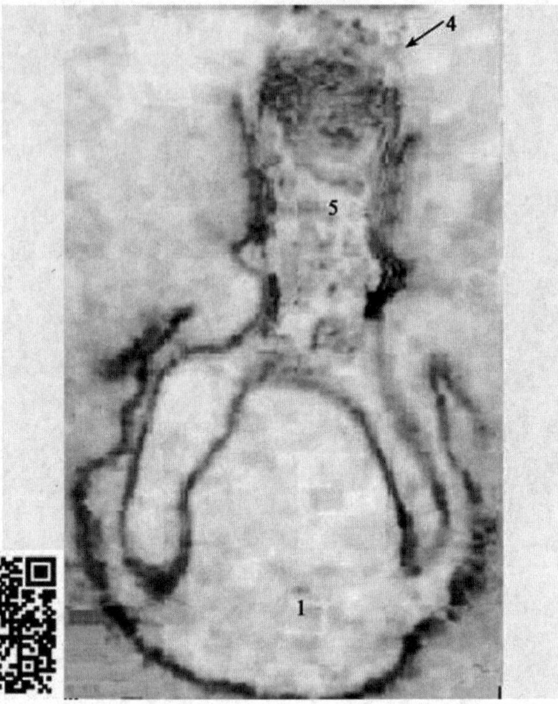

图 10-2-12　日本鳄精子顶体反应(Ⅳ)透射电镜观察

A、B示顶体丝形成;C示细胞核变小

1.顶体丝;2.细胞核;3.顶体囊内层;4.顶体颗粒;5.穿孔器

2.七带石斑鱼精子及精子入卵过程

鱼类精子没有顶体,大多数鱼类卵子动物极表面具一漏斗状凹陷的卵膜孔,其底部为受精孔,受精时精子由受精孔进入卵子。精子入卵后,受精孔被分泌物堵塞,避免多精受精。(图10-2-13)

(二)精子入卵后卵子结构变化

1.皮层反应和受精膜形成

两者是受精的重要标志。当精子与卵质膜接触时,首先从精卵接触点开始,随后波及整个卵子皮层,皮层颗粒与卵质膜发生融合,颗粒破裂,内含物被释放到卵周隙,这一过程称皮层反应。与此同时,卵黄膜或辐射膜因受刺激而迅速离开卵子表面向外隆起形成受精膜。

2.卵质流动,胚盘形成

精子入卵后,卵质出现流动而导致卵质重排。在硬骨鱼类,卵子受精后,在受精膜隆起的同时,卵子皮层原生质开始向动物极流动、集中,形成胚盘(图 10-2-14),胚盘是胚胎发育的中心。

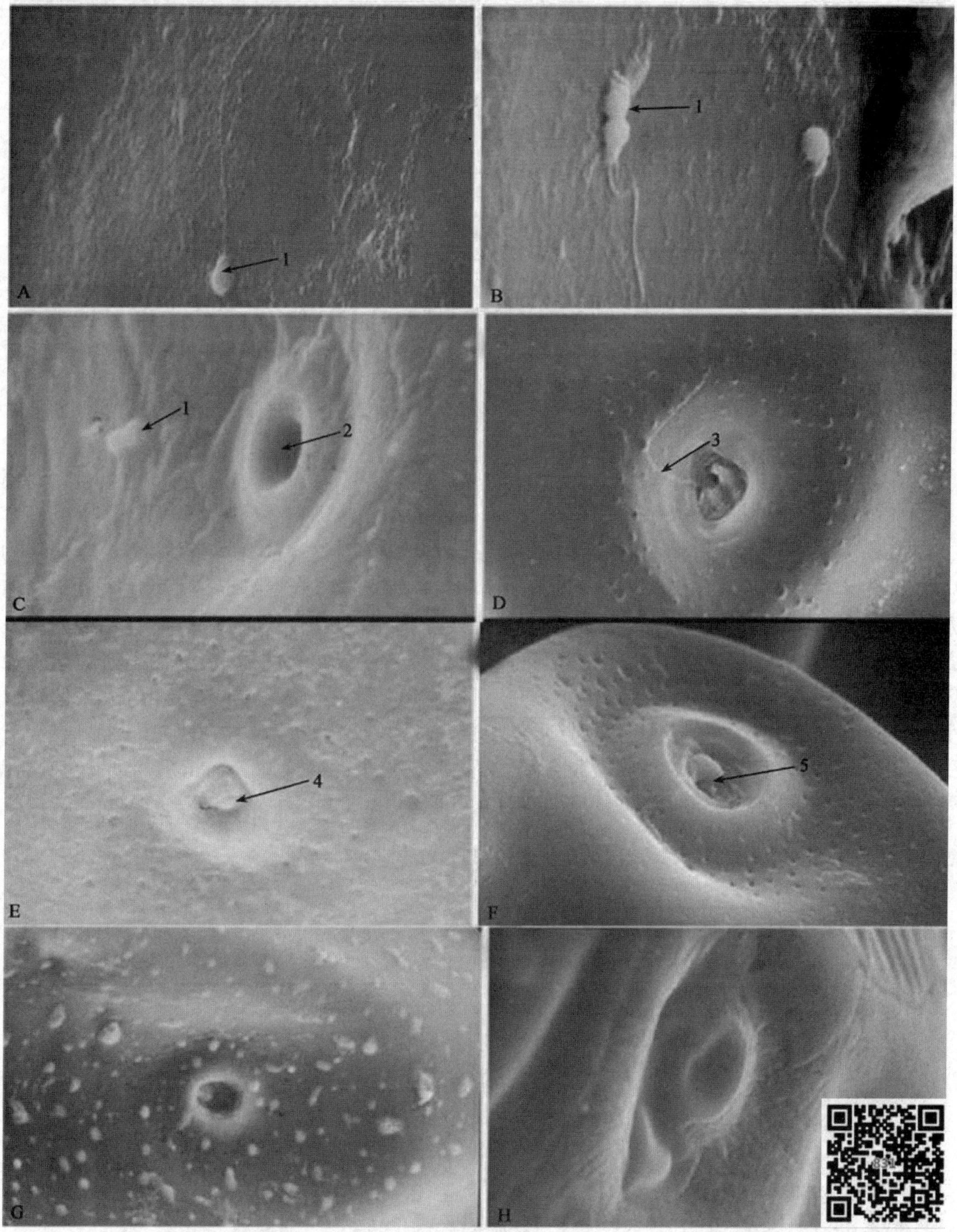

图 10-2-13　七带石斑鱼精子及精子入卵过程(李炎璐等,2014)

A. 七带石斑鱼精子;B. 精子附卵;C. 精子附着在卵子受精孔周围;D. 精子入卵,尾部留在受精孔外;E. 受精孔内的受精锥;F. 受精塞将精子堵在受精孔处（×4 000);G. 受精孔周围呈蜂窝状的分泌物;H. 卵表面开始修复。1. 精子;2. 受精孔;3. 鞭毛;4. 受精锥;5. 受精塞

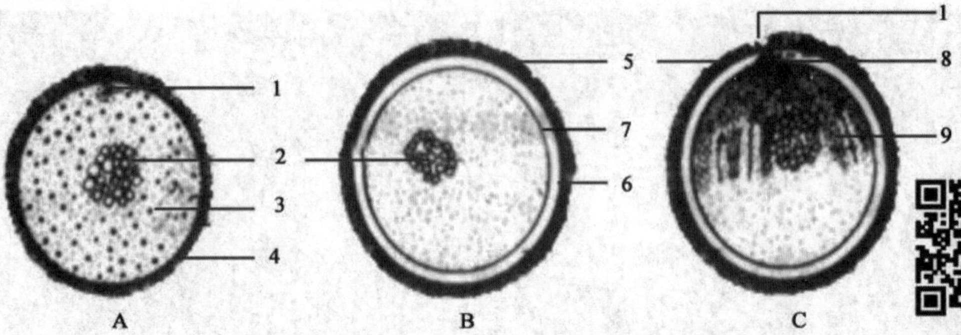

图 10-2-14　赤鳉受精时卵子变化(楼允东,1996)

A. 受精前的卵;B、C. 精子入卵后的变化,B 示卵的收缩、卵黄颗粒的消失和卵周隙的形成,C 示原生质流和胚盘的形成

1. 卵膜孔;2. 油滴;3. 卵黄颗粒;4. 卵膜;5. 受精膜;6. 卵周隙;7. 卵黄膜;8. 胚盘;9. 原生质流

实验案例:南方鲇受精过程观察(一)

透射电镜下观察,南方鲇的卵膜由三层构成,内层具排列整齐的孔小管,中层为半透明均质的胶状物,外层致密。卵膜外层向外形成许多突起,使受精卵能黏附于其他的附着物上。南方鲇精孔器由前庭和精孔管两部分组成,前庭呈浅碟状,精孔管位于前庭底部,精孔器的正下方。此处卵质向内凹陷,形成新月形的空隙,称为新月池。精孔管的内口正对新月池,新月池区只有较少的皮质小泡或无皮质小泡。皮层反应开始于受精后 40 s 左右,这时,大量的皮质小泡移向细胞质边沿,外层皮质小泡与质膜融合,一些皮质小泡膜破裂,在质膜上形成缺口。受精后 60 s,一些部位的质膜与放射膜分离,其间形成较小的卵周隙。受精后 240 s 左右,卵周隙扩大,放射膜完全与质膜分离,形成受精膜。(图 10-2-15)

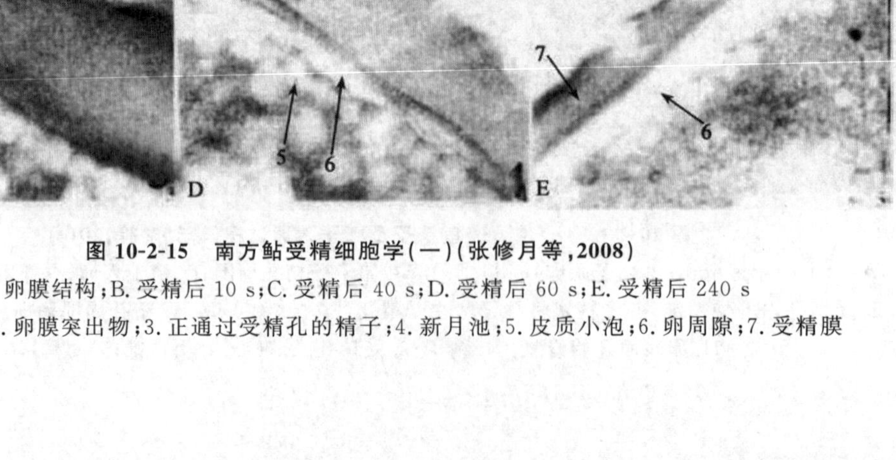

图 10-2-15　南方鲇受精细胞学(一)(张修月等,2008)

A. 卵膜结构;B. 受精后 10 s;C. 受精后 40 s;D. 受精后 60 s;E. 受精后 240 s

1. 卵黄膜;2. 卵膜突出物;3. 正通过受精孔的精子;4. 新月池;5. 皮质小泡;6. 卵周隙;7. 受精膜

二、合子形成

精子进入卵子后，精核开始膨大，核膜解体成泡状，染色质暴露在卵子细胞质中，由致密变得疏松，并利用卵质中的膜材料重新合成核膜，形成形态结构类似于普通细胞核的雄原核。此时卵子很快地完成两次成熟分裂，形成单倍体的卵核，待核膜重新形成后，称为雌原核。

雌、雄原核形成后，开始移动并相互靠拢至接触，最终则完全融合或联合，以建立合子染色体组，至此受精结束。

实验案例：南方鲇受精过程观察(二)

南方鲇成熟卵处于第二次减数分裂中期，核位于受精孔下新月池邻近的细胞质内，靠近质膜边缘。17℃情况下，南方鲇卵子受精后 15 min 左右，卵子处于第二次减数分裂后期，分裂象沿动植物极纵向排列，在此处质膜向外隆起，其中一套染色体位于隆起的质膜内，将来形成第二极体，另一套染色体位于细胞质内，将来成为雌原核的遗传基础。受精后 20 min 左右形成第二极体，并排出卵外；雌原核约在受精后 25 min 形成。受精后 30～35 min，雌、雄原核向胚盘中央移动并相互靠近。受精后 40～45 min，雌、雄原核开始接触并部分融合。受精后 50 min 左右，雌、雄原核完全融合形成合子核。(图 10-2-16)

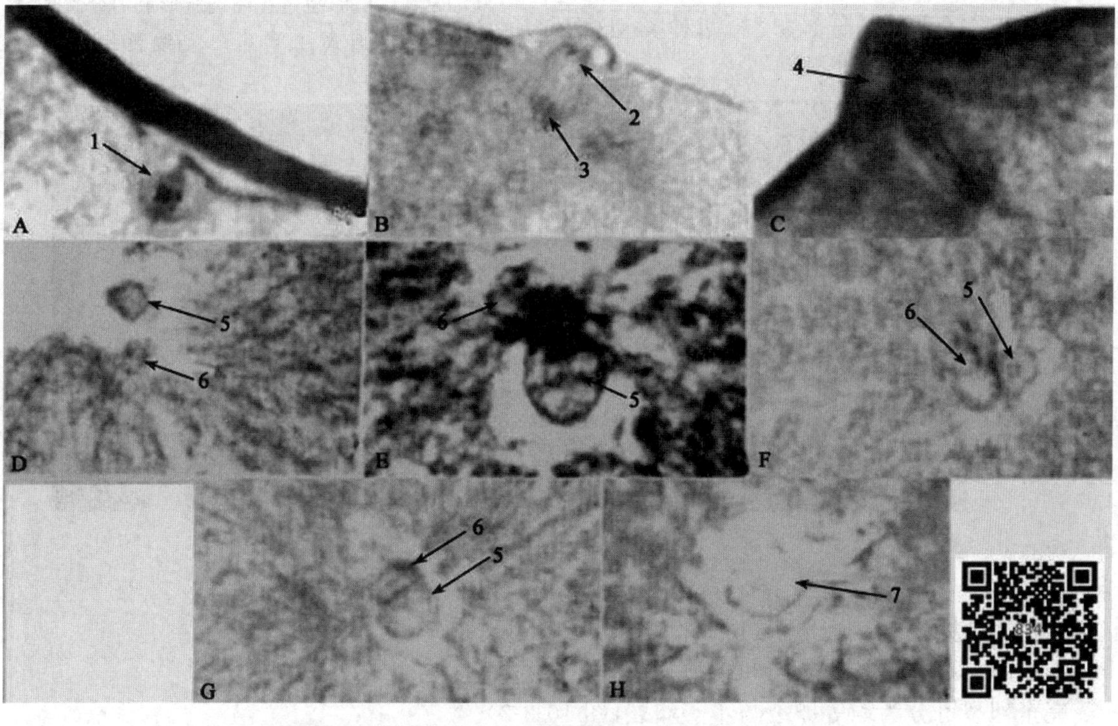

图 10-2-16　南方鲇受精细胞学(二)(张修月等，2008)

A. 成熟卵；B. 受精后 15 min；C. 受精后 20 min；D. 受精后 30 min；E. 受精后 35 min；F. 受精后 40 min；G. 受精后 45 min；H. 受精后 50 min

1. 雌核染色体；2. 第二极体染色体；3. 雌原核染色体；4. 第二极体；5. 雌原核；6. 雄原核；7. 合子核

思考题：

简答受精过程精卵发生的变化。

第三节 早期胚胎发育

目的与要求：

掌握卵裂、囊胚的类型和原肠作用的方式。

一、卵裂

卵子受精后不久，就开始进行若干次连续不断的有丝分裂过程，称卵裂，有经裂、纬裂和切线裂三种方向（图 10-3-1）。经裂分裂面与卵子赤道面垂直，纬裂分裂面与卵子赤道面平行或重合，切线裂分裂面与卵子表面平行。

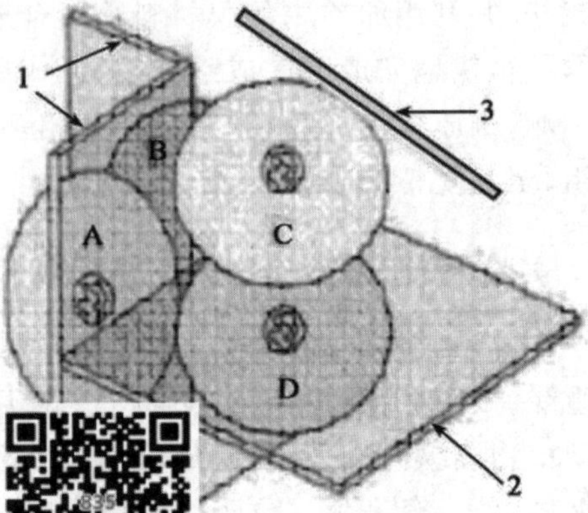

图 10-3-1 卵裂方向示意图

A、B. 第二次卵裂过程经裂所形成的分裂球；C、D. 第二次卵裂过程纬裂所形成的分裂球
1. 经裂；2. 纬裂；3. 切线裂

根据分裂沟能否贯穿卵子表面，将卵裂分为完全卵裂和不完全卵裂（局部卵裂）两种类型（图 10-3-2）。

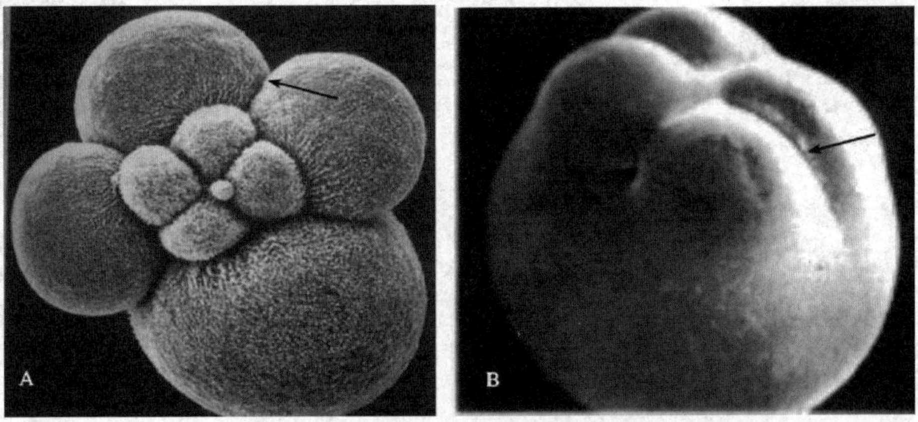

图 10-3-2 卵裂方式

A. 完全卵裂（海蜗牛）；B. 局部卵裂（鱼类）；箭头示分裂沟

（一）完全卵裂

1. 根据分裂球的大小是否相等划分

完全卵裂可分为均等卵裂与不等卵裂（图 10-3-3）。

2. 根据分裂球的排列方式以及与未来体制的关系划分

完全卵裂又可分为辐射卵裂、螺旋卵裂、两侧对称卵裂、两轴对称卵裂和不规则卵裂五种类型。

（1）辐射卵裂：可以是等裂或不等裂。第一、二次均为经裂，第三次是纬裂，分成 8 个细胞，动物极的 4 个细胞排列在植物极 4 个细胞之上。以后不断分裂，每一层的分裂球都整齐地排在下

一层的上面，从动物极看上去，分裂球以卵的主轴为中心，呈辐射状排列。（图 10-3-3，图 10-3-4）

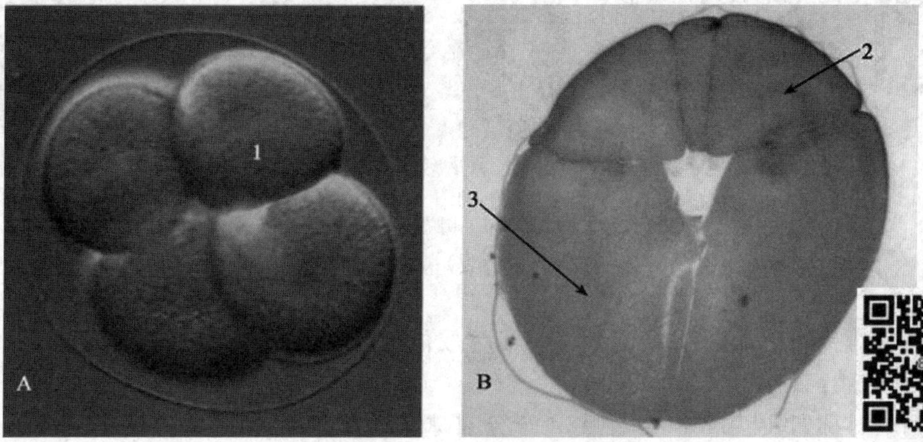

图 10-3-3 完全卵裂方式

A. 均等卵裂（海胆）；B. 不等卵裂（蛙类）

1. 分裂球；2. 动物极小分裂球；3. 植物极大分裂球

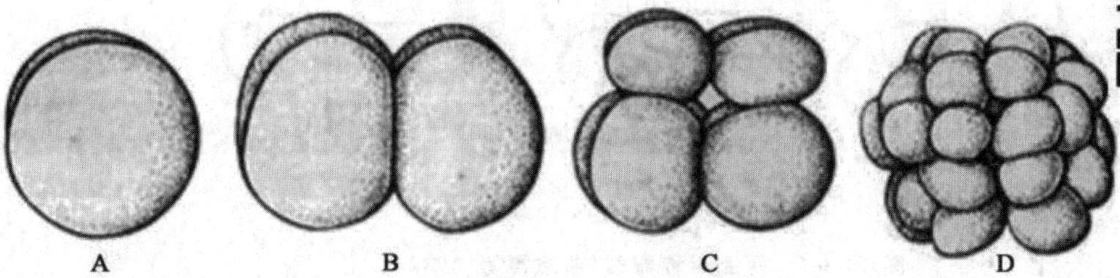

图 10-3-4 辐射卵裂示意图（侧面观）

A. 2 细胞期；B. 4 细胞期；C. 8 细胞期；D. 32 细胞期

（2）螺旋卵裂：前两次的分裂方式同辐射卵裂。第三次分裂时，纺锤倾斜 45°，上端分出的 4 个分裂球位于下端 4 个分裂球的交界处（图 10-3-5，图 10-3-6）。

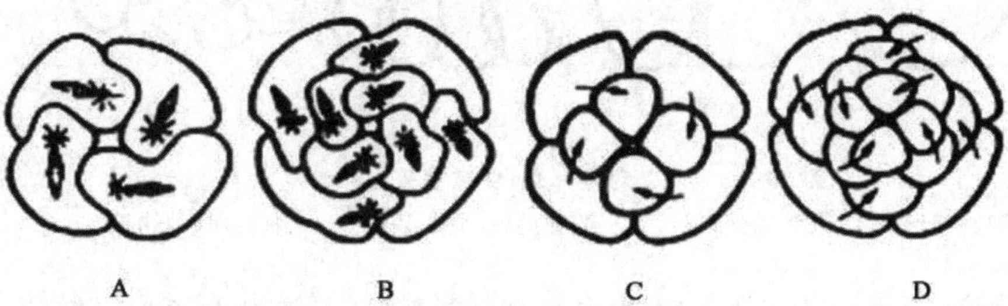

图 10-3-5 螺旋卵裂（动物极观，Gilber，1988）

A. 从 4 细胞到 8 细胞；B. 从 8 细胞到 16 细胞；C. 8 细胞期；D. 16 细胞期

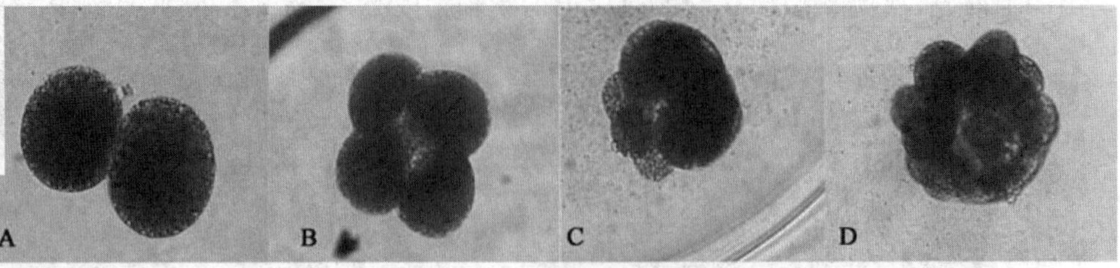

图 10-3-6 螺旋卵裂(捷拉邦囊螺)

A. 2 细胞期;B. 4 细胞期(动物极观);C. 8 细胞期(侧面观);D. 32 细胞期(侧面观)

(3)两侧对称卵裂:第一次的分裂面将成为成体的对称面,以后所有的分裂球都对称地排列在第一次分裂面的两侧(图 10-3-7)。

(4)两轴对称卵裂:第二次卵裂后,4 个分裂球前后左右都对称,故有两个对称面,以后的卵裂仍保持这种对称方式(图 10-3-8)。

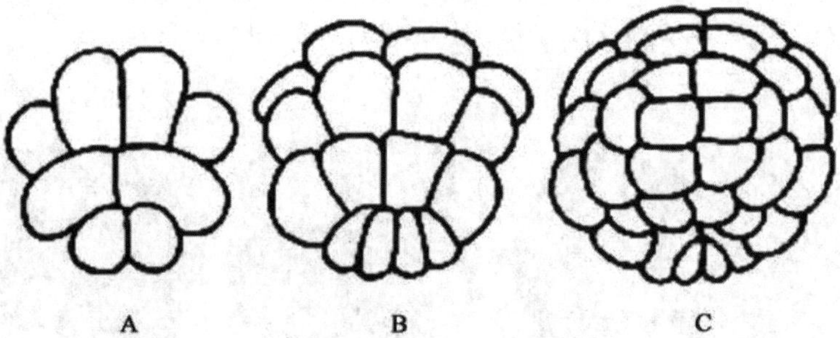

图 10-3-7 两侧对称卵裂(曲漱惠等,1980)

A. 16 细胞期;B. 32 细胞期;C. 64 细胞期

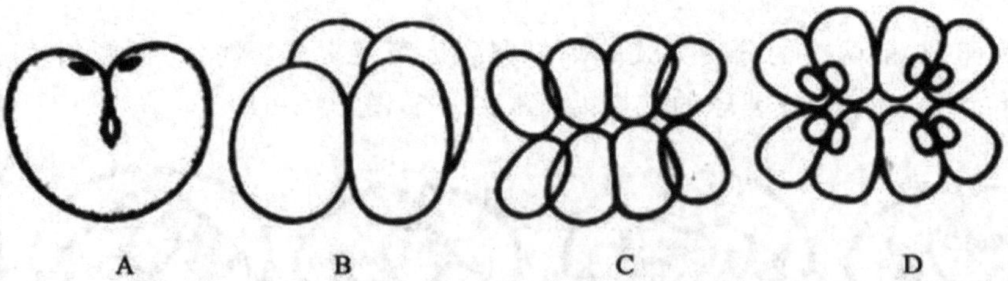

图 10-3-8 两轴对称卵裂(曲漱惠等,1980)

A. 2 细胞期;B. 4 细胞期(侧面观);C. 8 细胞期(动物极观);D. 16 细胞期(动物极观)

(5)不规则卵裂(旋转卵裂):第一次为经裂,其后的 2 个分裂球各采取不同的卵裂方式,分裂球的排列失去规则,并且早期卵裂不同步,出现了 1、2、3、5 和 6 细胞期(图 10-3-9)。

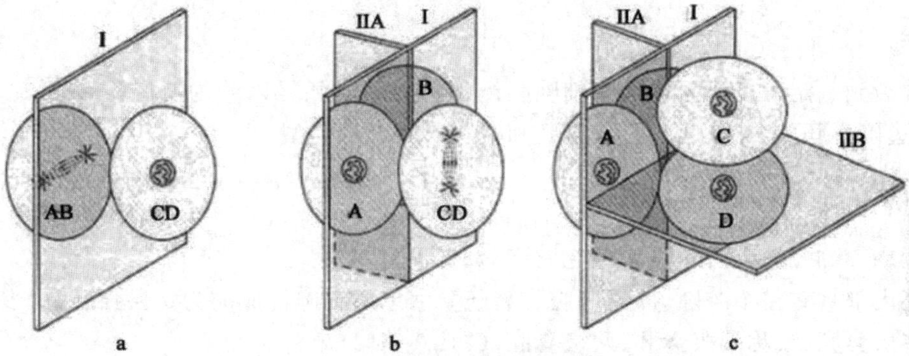

图 10-3-9　不规则卵裂

a. 第一次卵裂；b. 第二次卵裂；c. 第三次卵裂

Ⅰ. 第一次卵裂面；ⅡA. 第二次卵裂的经裂面；ⅡB. 第二次卵裂的纬裂面；AB、CD. 第一次卵裂形成的分裂球，A、B. 第二次卵裂过程经裂所形成的分裂球，C、D. 第二次卵裂过程纬裂所形成的分裂球

(二)不完全卵裂

(1)盘状卵裂：卵裂仅局限在动物极的胚盘内进行，卵黄不参加分裂，端黄卵以此方式进行卵裂(图 10-3-10)。

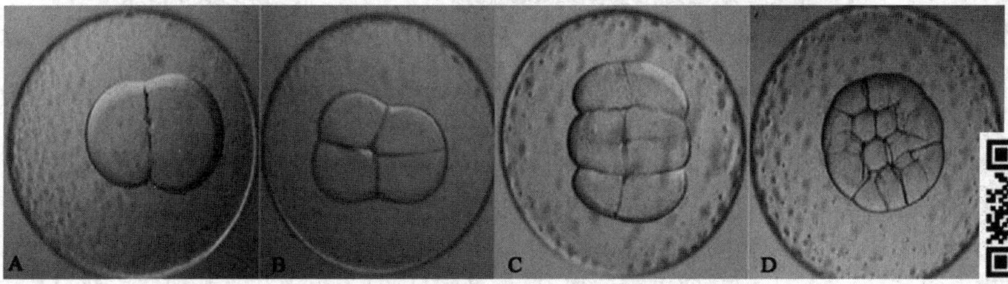

图 10-3-10　盘状卵裂(鱼类卵裂动物极观)

A. 2 细胞期；B. 4 细胞期；C. 8 细胞期；D. 32 细胞期

(2)表面卵裂：卵裂仅发生在卵子表面的细胞质，卵裂时细胞核首先分裂成若干子核，然后迁移到卵子表面，卵质再行分裂，卵黄不参加分裂，中黄卵以此方式进行卵裂(图 10-3-11)。

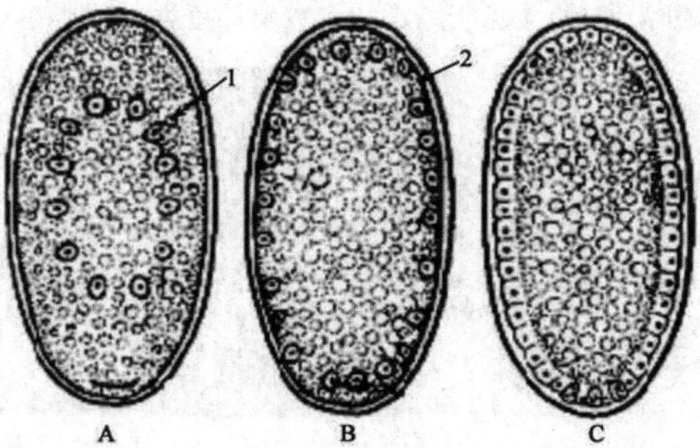

图 10-3-11　表面卵裂

A. 子核形成；B. 子核向周缘移动至细胞质；C. 细胞质分裂。1. 子核；2. 细胞质

二、囊胚

受精卵分裂到一定程度所形成的多细胞胚体称囊胚。囊胚可以分为有腔囊胚、实心囊胚(无腔囊胚)、边围囊胚(表裂囊胚)、盘状囊胚和泡状囊胚五种类型。

实验案例：

1. 有腔囊胚(蛙胚胎切片，H・E 染色；海胆胚胎发育观察)

有腔囊胚内部具有一个腔隙，即囊胚腔。囊胚壁由单层细胞构成的为单层囊胚，由多层细胞构成的为多层囊胚(或称偏极囊胚、两极囊胚)(图 10-3-12)。

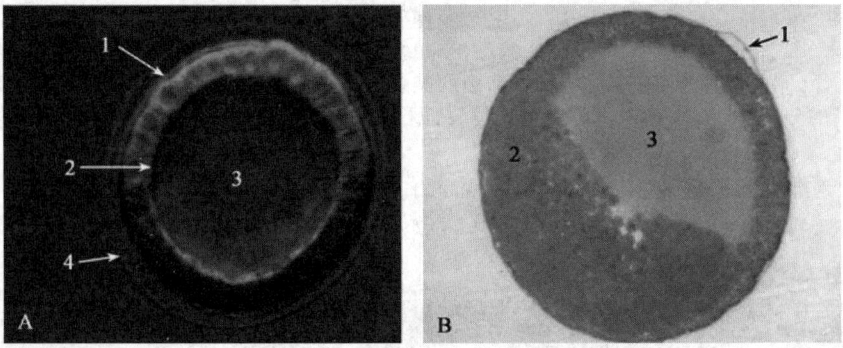

图 10-3-12 有腔囊胚。A. 单层囊胚(海胆)；B. 多层囊胚(蛙类)

1. 卵黄膜；2. 囊胚壁；3. 囊胚腔；4. 受精膜

2. 边围囊胚(昆虫胚胎发育观察)

实心囊胚由单层或多层细胞组成，无清楚的囊胚腔或根本没有囊胚腔，如水螅、水母等。边围囊胚是实心囊胚的一种，由中黄卵表面卵裂而来，囊胚呈球形，内部几乎被卵黄充塞，只在卵黄的表面有一层细胞。囊胚内部无明显的囊胚腔，极性也不明显，如昆虫、虾等。(图 10-3-13A)

3. 盘状囊胚(鱼类胚胎发育观察)

由端黄卵通过盘状卵裂而形成。分裂球呈盘状排列于动物极，称胚盘或囊胚层。它只占卵的很小一部分，大部分为卵黄，常见于鸟类和多数硬骨鱼类。(图 10-3-13B)

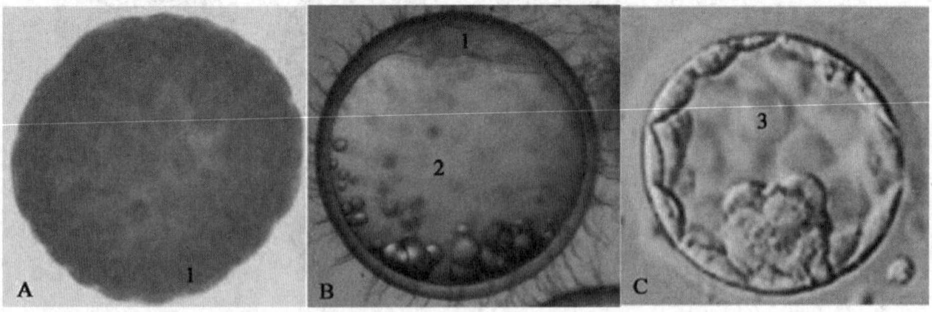

图 10-3-13 囊胚。A. 边围囊胚；B. 盘状囊胚；C. 泡状囊胚

1. 囊胚细胞；2. 卵黄；3. 囊胚腔

4. 泡状囊胚(哺乳动物胚胎发育观察)

由实体的桑葚胚裂开一较大的囊胚腔,腔内充满液体,胚体呈泡囊状,如哺乳类囊胚。(图10-3-13C)

三、原肠胚

囊胚继续发育和分化,部分细胞经过不同方式迁移到囊胚的内部,形成一个双胚层或三胚层的胚胎,称原肠胚。它的外层称外胚层,内层称内胚层,中胚层位于内外胚层之间。形成原肠胚的过程称原肠作用或原肠形成。

原肠作用的方式与卵子的类型有关,主要有移入法(内移法)、内折法(内陷法)、外包法、内卷法(内转法)、分层法,另外还有伸展法、分散法等特殊形式。有些动物可能同时综合几种原肠作用方式。

实验案例:

1. 内移法和内陷法(海参和海胆胚胎发育观察)

内移法和内陷法都是在有腔囊胚的基础上进行的,其中内移法是一部分囊胚腔壁细胞单个地移入腔内,并分裂和分化形成中胚层或内胚层(图10-3-14,图10-3-15)。

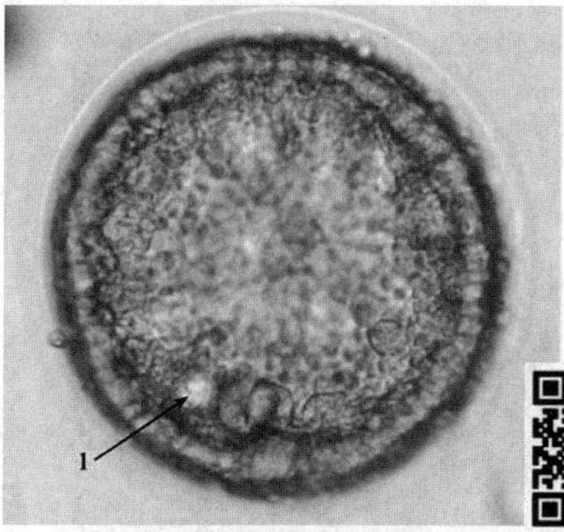

图10-3-14　海参胚胎原肠作用(内移法)

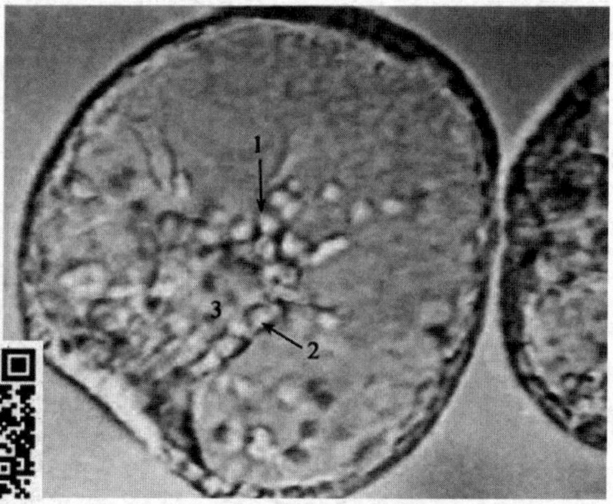

图10-3-15　海胆胚胎原肠作用

1. 内移细胞;2. 原肠;3. 原肠腔

内陷法是植物极细胞整片向囊胚腔陷入,并逐渐加深而成为管状或囊状的构造,叫原肠。原肠的壁层由内胚层细胞构成,原肠的腔叫原肠腔,原肠与外界相通的开口称原口或胚孔。(图10-3-15,图10-3-16)

2. 外包法和内卷法(蛙原肠胚切片,H·E染色;斑马鱼胚胎发育观察)

外包法是胚胎动物极细胞(小,分裂快),逐渐向下包围植物极大细胞的过程(图10-3-17,图10-3-18)。一般伴随着集中和伸展方式。

内卷法是囊胚外层细胞在某一部位向内卷入，并沿外层细胞内面扩展的过程(图 10-3-17，图 10-3-19)。

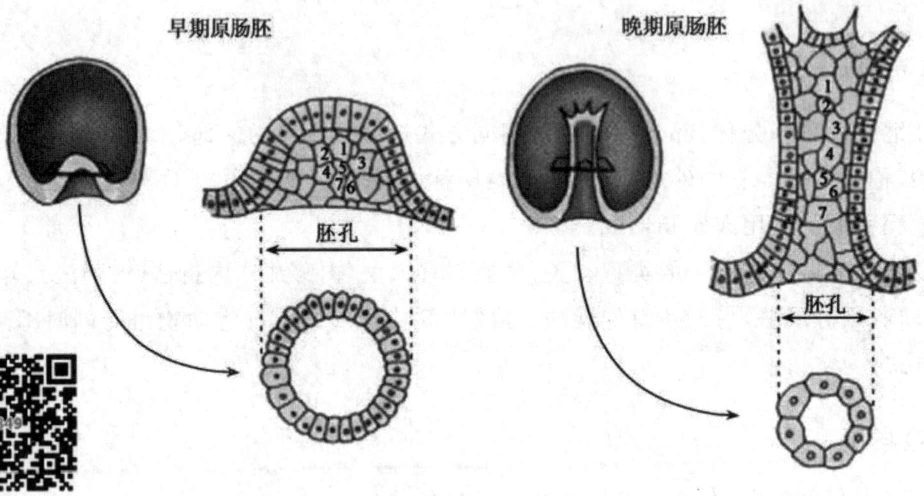

图 10-3-16　内陷法示意图

(http://www.baike.com/wiki/原肠作用？prd＝fenleishequ_jiaodiantuijian_zuocitiao)

1～7 示原肠作用中细胞的重排

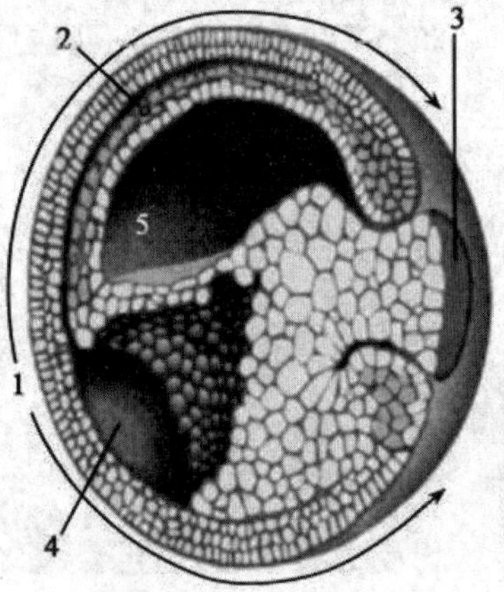

图 10-3-17　外包法、内卷法示意图

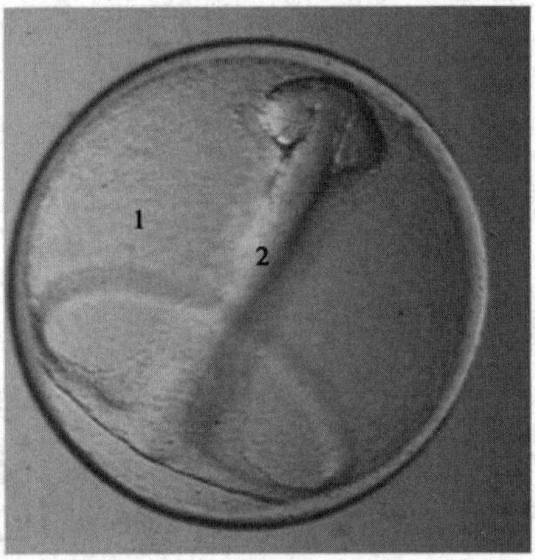

图 10-3-18　斑马鱼胚胎原肠作用

1. 外包细胞；2. 内卷、伸展细胞；3. 卵黄栓；4. 残留囊胚腔；5. 原肠腔

3. 分层法

囊胚壁外层细胞伸长，以切线分裂的方式形成两层，外层发育成外胚层，内层发育成内胚层和中胚层，常见于腔肠动物，尤其是水母类(图 10-3-20)。

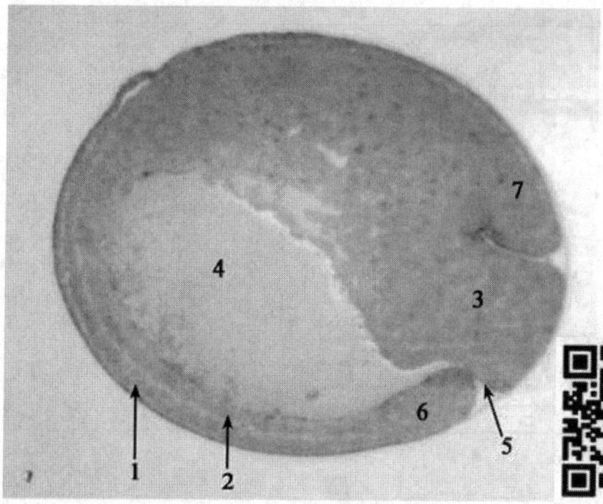

图 10-3-19　蛙胚胎原肠作用

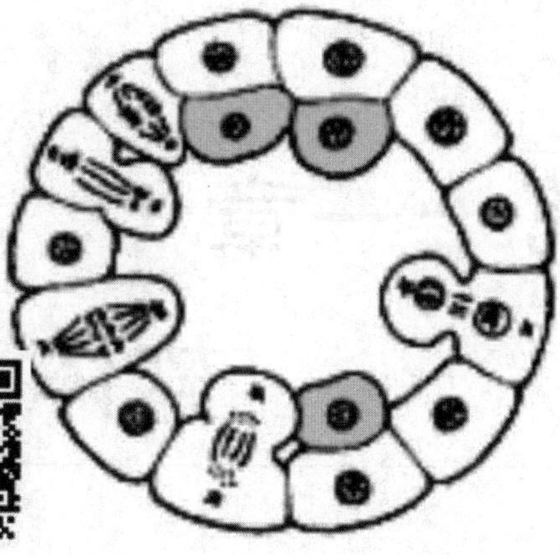

图 10-3-20　分层法示意图

1.外包细胞;2.内卷、伸展细胞;3.卵黄栓;4.原肠腔;5.胚孔;6.背唇;7.腹唇

思考题:

1.回答卵裂的方式和特点。

2.囊胚有哪几种类型?各有什么特点?

3.举例说明原肠作用方式。

第十一章 软体动物的发生

目的与要求:

1. 掌握双壳贝类个体发生特点。

2. 了解捷拉邦囊螺个体发生特点。

软体动物进行体内或体外受精,卵子接受精子的时间在第一次成熟分裂之前或第一次成熟分裂中期。头足类受精卵进行盘状卵裂,其余种类都进行螺旋卵裂。其中均黄卵卵裂形成有腔囊胚,间黄卵卵裂形成实心囊胚,端黄卵卵裂形成盘状囊胚。囊胚通过外包法或内陷法,或两者结合的方式进行原肠作用。软体动物的发生一般要经过担轮幼虫和面盘幼虫两个幼虫阶段。

实验案例:

一、双壳贝类个体发育

1. 卵裂期(图 11-1-1)

双壳贝类成熟卵一般为均黄卵,受精时间在第一次成熟分裂中期,受精后完成两次成熟分裂,排放两个极体,之后开始进行螺旋卵裂。在前几次卵裂过程中伴随植物极细胞质的流动,即极叶的形成过程。

2. 囊胚期和原肠期(图 11-1-2A、B)

双壳贝类受精卵经过卵裂后,形成一个表面具有纤毛的有腔囊胚。接着经过内陷方式进行原肠作用,形成原肠胚,在原肠胚晚期进行孵化。

3. 担轮幼虫期(图 11-1-2C)

早期担轮幼虫体呈双圆锥形或倒圆锥形,顶端有顶纤毛束,有的种类中央有 1~2 根特粗长的顶鞭毛,其下有顶板,由眼点和神经组织构成。有两个纤毛环,位于口前端和后端,分别称为口前纤毛环和口后纤毛环。消化道简单,出现壳腺。

4. 面盘幼虫期(图 11-1-2D、E、F)

面盘幼虫的显著特征是形成面盘与幼虫壳。面盘由口前纤毛环和顶纤毛束形成。面盘幼

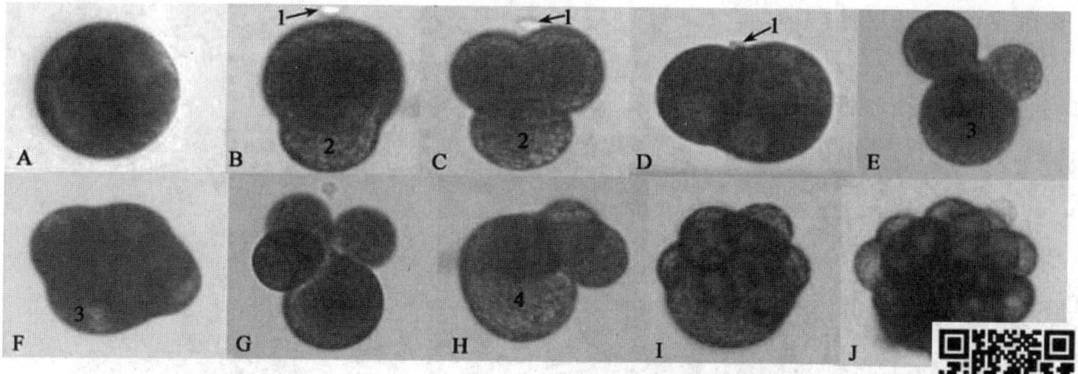

图 11-1-1　马氏珠母贝的卵裂期观察(L. A. Velasco 等,2007)

A. 受精卵;B. 第一次极叶形成;C. 第一次分裂开始;
D. 极叶缩回,第一次分裂结束(2 细胞期);E. 第二次极叶形成;F. 第二次分裂开始;
G. 极叶缩回,第二次分裂结束(4 细胞期);H. 第三次极叶形成;I. 第三次分裂结束(8 细胞期);
J. 桑葚胚。1. 极体;2. 第一次极叶;3. 第二次极叶;4. 第三次极叶

虫又分为 D 形幼虫、壳顶期幼虫和匍匐幼虫,当幼虫进入底栖生活时,面盘等浮游性运动器官消失,色素开始沉淀,最终发育成为稚贝。

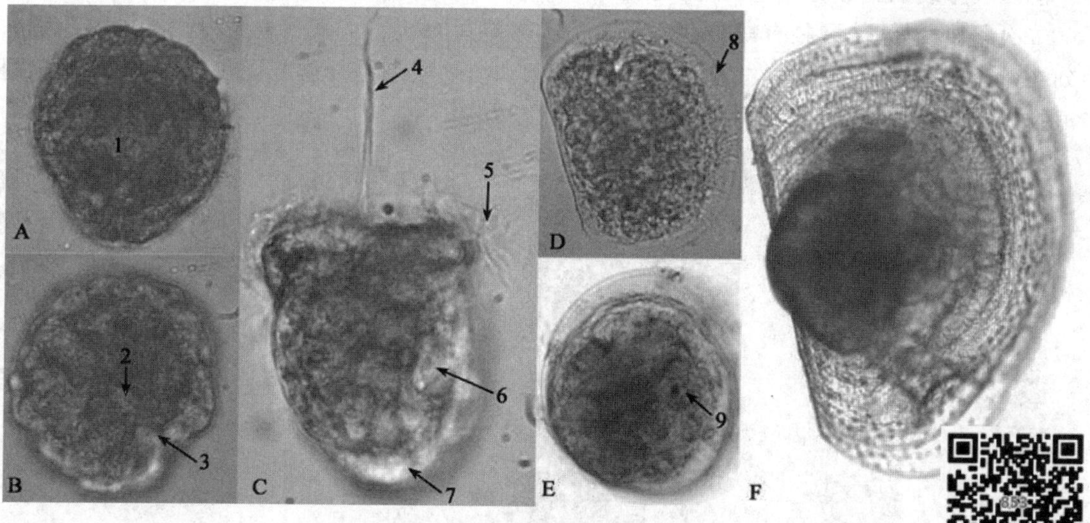

图 11-1-2　海湾扇贝胚胎发育

A. 囊胚;B. 原肠胚;C. 担轮幼虫;D. D 形幼虫;E. 壳顶期幼虫;F. 稚贝
1. 囊胚腔;2. 原肠腔;3. 原口;4. 顶鞭毛;5. 顶纤毛束;6. 原肛;7. 壳腺;8. 面盘;9. 眼点

二、捷拉邦囊螺个体发育(郭恩棉,2012)

1. 卵块结构(图 11-1-3)

囊螺为雌雄同体,但一般需要交配、异体受精,受精后受精卵排出体外进行发育。囊螺所产卵块呈肾形,卵子具有次级卵囊和三级卵膜结构。

刚产出的受精卵扁圆形,淡黄色,卵膜光滑,属间黄卵,卵黄含量较少,较均匀地分布于整个卵细胞中，植物极稍稠密，两极间无明显分界。

囊螺的胚胎发育过程可划分为七个时期，即卵裂期、囊胚期、原肠期、担轮幼虫期、面盘幼虫期、匍匐幼虫期和仔螺形成期，仔螺形成后从卵块中爬出。

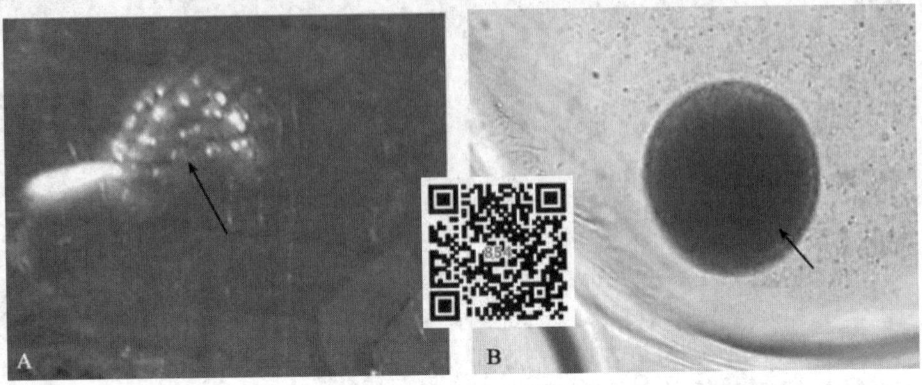

图 11-1-3　捷拉邦囊螺卵块和受精卵。A. 卵块；B. 受精卵

2. 卵裂期（图 11-1-4）

受精卵排出后很快在动物极释放第一极体，第一极体分裂产生第二极体，然后开始进行卵裂。前两次卵裂以经裂方式进行，为完全均等卵裂，每次分裂形成基本等大的圆球形分裂球。从第二次卵裂开始，分裂具有螺旋性质。第三次卵裂为纬裂。从第三次卵裂开始，进行不等螺旋分裂，植物极细胞比动物极细胞大得多，动物极和植物极细胞分裂不同步。第五次卵裂时胚体植物极有极叶伸出。

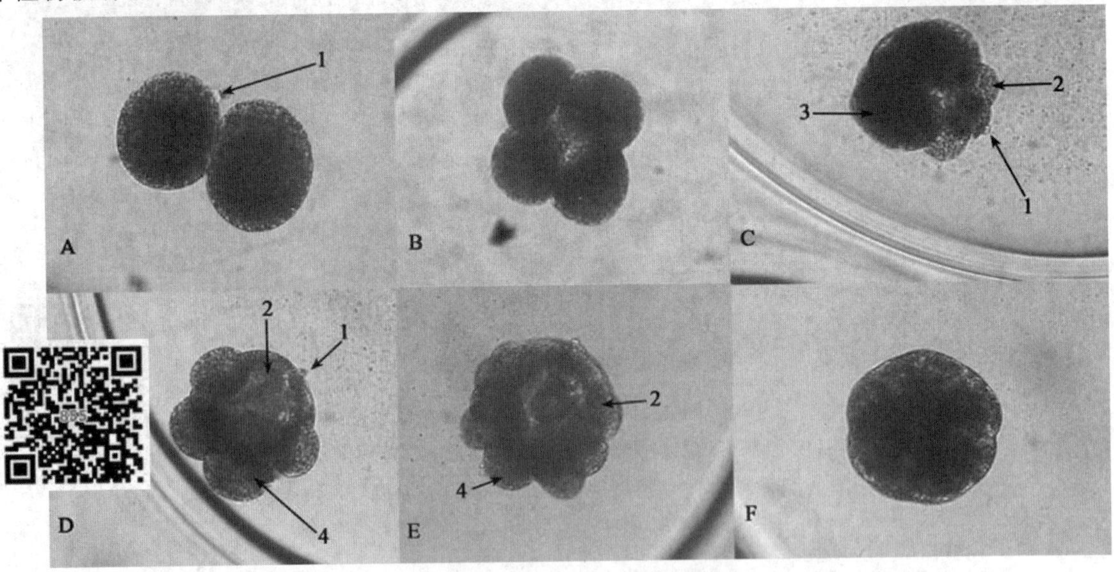

图 11-1-4　捷拉邦囊螺卵裂期观察

A. 第一次卵裂（2 细胞期）；B. 第二次卵裂（4 细胞期）；C. 第三次卵裂（8 细胞期）；

D. 第四次卵裂（16 细胞期）；E. 第五次卵裂（32 细胞期）；F. 多细胞期

1. 极体；2. 动物极；3. 植物极；4. 极叶

3. 囊胚期(图 11-1-5)

胚体细胞不断进行分裂,胚体表面可见此起彼伏的分裂细胞,使得胚体形状处于不断变化之中,表面时常出现突起和凹陷。

4. 原肠期(图 11-1-6)

形态和囊胚区别不大。动物极细胞向植物极外包,同时在动植物极交界处凹陷、内卷形成原肠,凹陷区域形成胚孔。原肠后期,胚孔闭合,胚体由圆形变为近长方形、三角形或僧帽状。发育晚期卵膜破裂,胚体从受精卵膜内孵化,极体随破碎的卵膜悬浮在次级卵囊的蛋白液内。

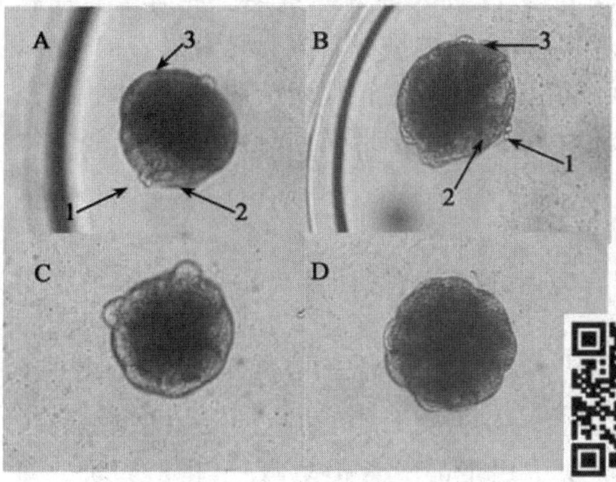

图 11-1-5　捷拉邦囊螺囊胚期观察

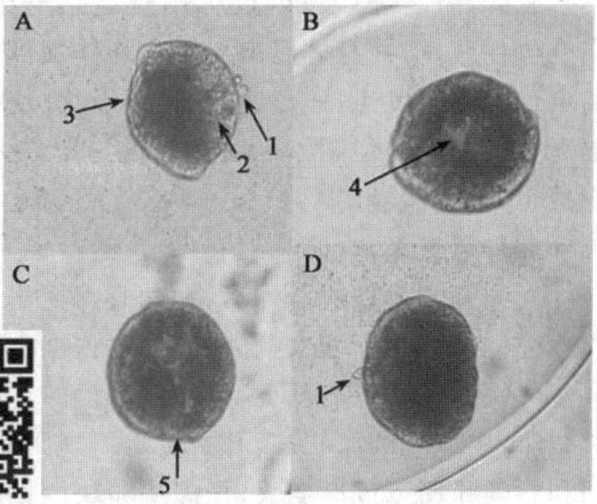

图 11-1-6　捷拉邦囊螺原肠期观察

A、B、C、D 按发育先后顺序排列。1. 极体;2. 动物极;3. 植物极;4. 原肠;5. 胚孔

5. 担轮幼虫期(图 11-1-7)

此期胚胎漂浮在次级卵囊中发育。早期担轮幼虫呈三角锥形,动物极透亮、较小,植物极不透明、宽大,顶端扁平。中后期担轮幼虫逐渐呈倒梨形,未见形成明显的口前和口后纤毛环及顶板。晚期幼虫壳腺开始形成,并形成足和面盘雏形。

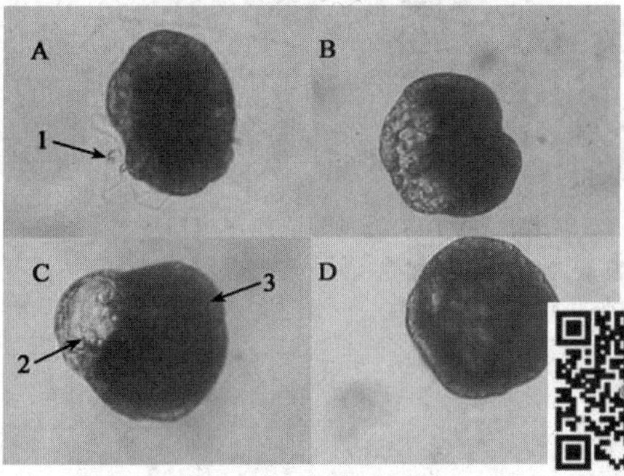

图 11-1-7　捷拉邦囊螺担轮幼虫观察

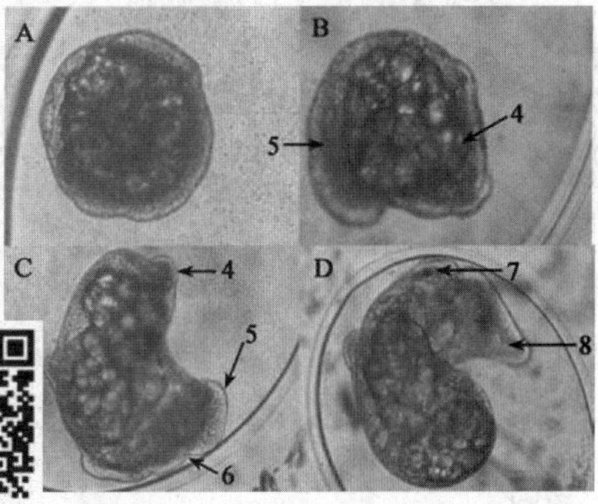

图 11-1-8　捷拉邦囊螺面盘幼虫观察

A、B、C、D 按发育先后顺序排列。1. 脱落的极体与卵黄膜;2. 动物极;3. 植物极;4. 幼虫壳;5. 腹足原基;6. 面盘;7. 眼点;8. 腹足

6.面盘幼虫期(图 11-1-8)

此期最明显的特征是胚体体积明显增大,胚体颜色变浅,形成面盘和贝壳。发育前期,壳腺开始分泌几丁质外壳,膜缘有较短纤毛,口凹周围形成面盘。发育中期,膜缘纤毛逐渐加长;幼体肌肉可以收缩,并牵引螺壳逆时针旋转完成螺壳的扭转;肉足原基呈半球状突出,胚体内部分化出心囊腔和内脏团,形成心囊和红棕色眼点。分化后期,螺壳更加扭转,膜缘纤毛更加加长;眼点变大、棕色,位于触角基部。

7.匍匐幼虫期(图 11-1-9)

螺壳完成 540°旋转,胚体用腹足贴附在卵囊膜上运动,进入匍匐幼虫期。此时螺壳没有完全包住胚体,被身体肌肉支撑在胚体顶部,侧面观察,整个胚体呈蘑菇状。随着发育的进行,幼虫足部逐渐发达,面盘逐渐缩小、退化,幼虫壳逐渐变长、增厚,生长纹逐渐明显。后期,螺壳向下生长完全包住胚体,螺壳中央逐渐出现一条波浪状花纹。由于螺壳和身体的扭转,胚体体积减小,占据卵囊的 1/4～1/2,完全营匍匐生活。

8.仔螺形成期(图 11-1-10)

胚体初步具备成螺外形,触角逐渐伸长,各器官发育逐渐完善,幼虫壳增厚,生长纹更明显。胚体体积逐渐增大,孵化前几乎占据整个卵囊。

仔螺孵化时,卵囊膜由于幼体口齿的吞噬或刮刺,透明度、均一度减小,弹性和柔韧性也逐渐减小,由原先圆胀状态,开始变得不规则和瘪缩,然后在某一区域开始破裂。裂口在螺的转动和吞噬作用下逐渐变大,仔螺从卵块内钻出,在卵块中用足部随意爬动,直至爬出卵块。初孵仔螺呈淡黄色,已具备了成体的大部分结构。

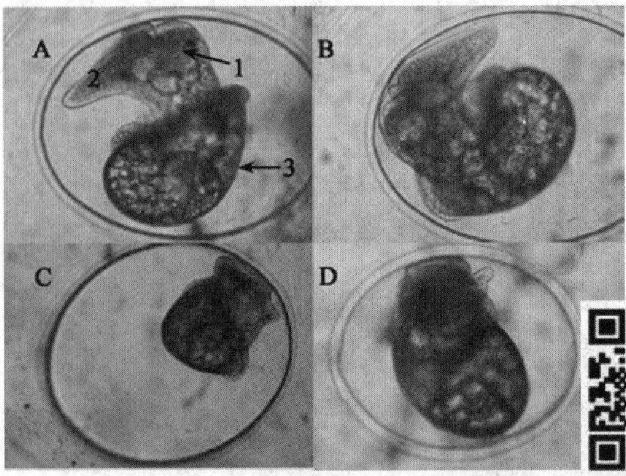

图 11-1-9 捷拉邦囊螺匍匐幼虫观察

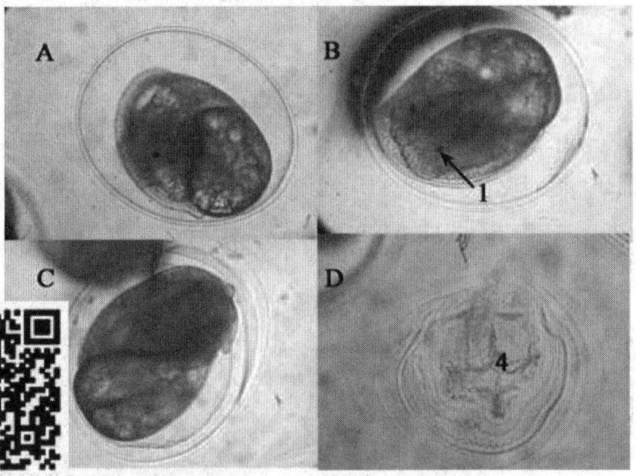

图 11-1-10 捷拉邦囊螺仔螺形成与孵化

A、B、C、D 按发育先后顺序排列。1.眼点;2.腹足;3.螺壳;4.残余卵囊

思考题:

软体动物个体发生过程一般经过哪些阶段?

绘图:

1.扇贝担轮幼虫。

2.8 细胞期捷拉邦囊螺胚胎。

第十二章

甲壳动物的发生

目的与要求：

掌握中国对虾个体发生过程。

甲壳类为体内或体外受精，卵子接受精子的时间处于第一次成熟分裂中期。卵黄少的种类进行完全卵裂，形成有腔或无腔囊胚；卵黄多的种类进行表面卵裂，形成表裂囊胚。通过内陷、外包、单极移入等方法进行原肠作用。甲壳动物一般属于间接发生类型，个体发生过程要经过幼虫时期。

实验案例：中国对虾个体发生

1. 卵裂和囊胚（图 12-1-1）

中国对虾的卵属于低等中黄卵，卵子受精后，释放第一极体和第二极体，同时卵黄膜举起形成受精膜。卵裂为完全均等卵裂，且从第二次卵裂开始表现螺旋卵裂的特点。

当胚胎达 32 细胞时，卵裂腔被完全封闭的囊胚腔所代替，胚胎进入囊胚期。囊胚壁的细胞呈短锥形，细胞核位于囊胚壁的外侧端（锥的顶端），细胞内侧端集中较多粗大的卵黄颗粒。

2. 原肠胚（图 12-1-2）

原肠作用始于 64 细胞期，首先胚胎的植物极稍变扁平，有两个较大的棒槌形细胞内陷（图 12-1-2A）。当发育至 128 细胞，其他细胞开始内陷，原肠腔逐渐形成（图 12-1-2B、C），且上述两个大细胞逐渐移至原肠腔顶端，并继续分裂，其中一些细胞自顶端分离，移至囊胚腔中分化成中胚层细胞，而留在原肠顶端的为内胚层细胞。胚孔在原肠早、中期较大，呈圆形，至原肠末期逐渐变小，近似三角形，并一直维持到原肠胚结束。原肠晚期，胚体动物极也开始变平内陷（图 12-1-2D）。

3. 肢芽期（图 12-1-3）

胚体膜面两侧先后突出三对附肢芽，此期胚孔仍呈开放状，胚体前端内陷的外胚层为神经外胚层，以后发育成神经系统。另外，原来的原肠腔和囊胚腔均已消失，取而代之的是界限不清的中胚层和内胚层组成的细胞团。

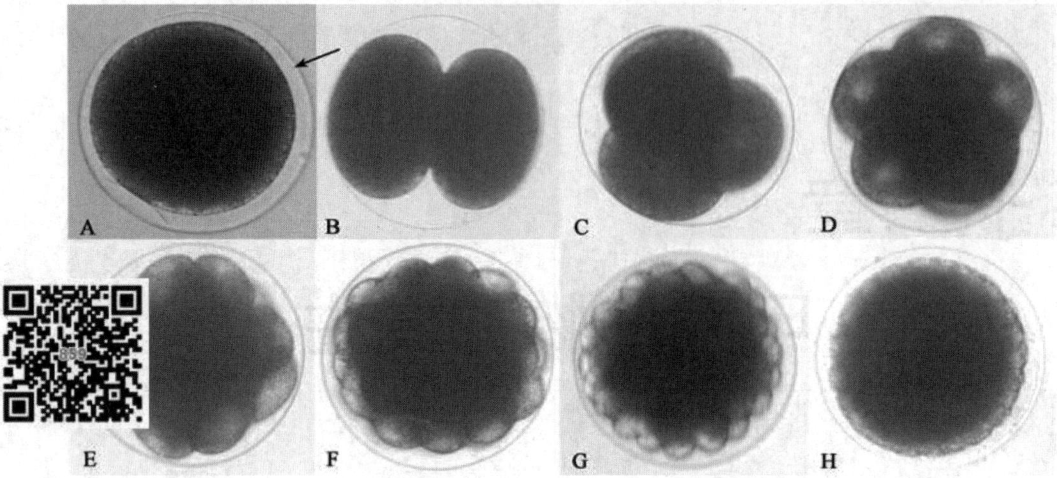

图 12-1-1 中国对虾卵裂和囊胚

A. 受精卵(箭头示受精膜);B. 第一次卵裂(2 细胞期);C. 第二次卵裂(4 细胞期);D. 第三次卵裂(8 细胞期);E. 第四次卵裂(16 细胞期);F. 第五次卵裂(32 细胞期);G. 第六次卵裂(64 细胞期);H. 多细胞期

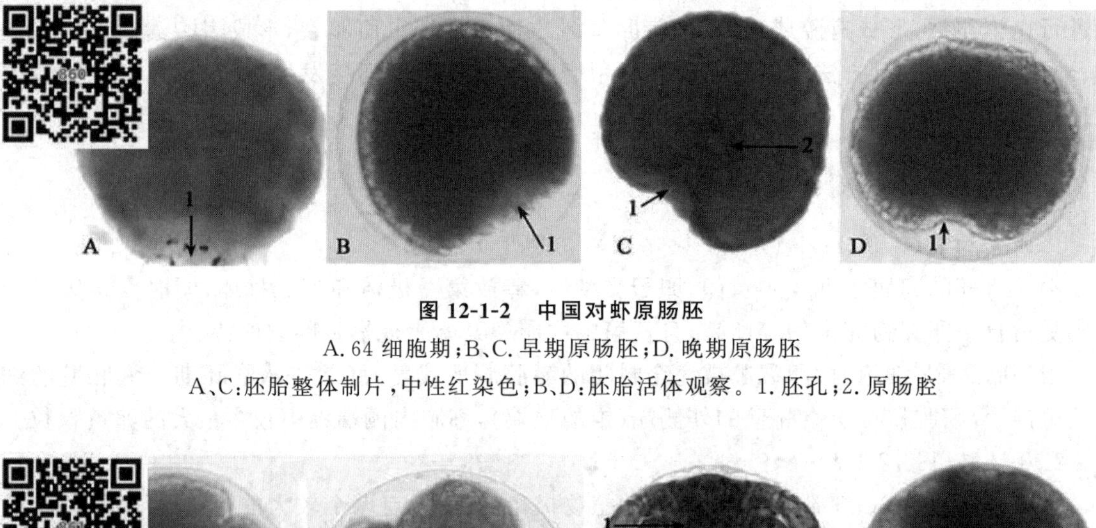

图 12-1-2 中国对虾原肠胚

A. 64 细胞期;B、C. 早期原肠胚;D. 晚期原肠胚

A、C:胚胎整体制片,中性红染色;B、D:胚胎活体观察。1. 胚孔;2. 原肠腔

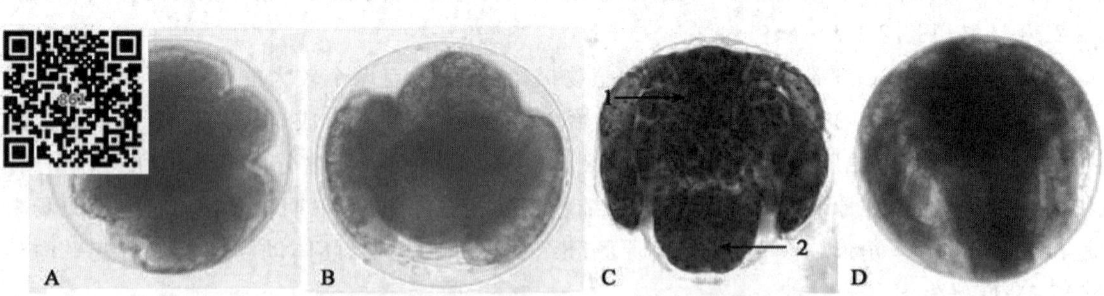

图 12-1-3 中国对虾肢芽期和膜内无节幼虫

A. 肢芽期;B. 早期无节幼虫;C. 晚期无节幼虫;D. 孵化前无节幼虫

A、B、D:胚胎活体观察;C:胚胎整体制片,中性红染色。1. 内胚层;2. 中胚层

4. 膜内无节幼虫期(图 12-1-3)

此期除三对附肢已形成外,在幼虫前端的腹面中央出现一个眼点,胚孔亦在此期闭合。胚体内部仍呈实心状,但中、内胚层细胞界限逐渐明显。内胚层细胞主要分布于幼虫的背部,个体大,胞质着色浅,分裂慢;而中胚层细胞则主要分布在幼虫的腹部及各附肢之间,个体小,胞质着色深,分裂迅速。

5. 幼虫发育期(图 12-1-4)

膜内无节幼虫以尾部刺破包膜,破膜而出,形成自由生活的无节幼虫而进入胚后幼虫发育阶段。中国对虾胚后发育要经历无节幼虫、溞状幼虫、糠虾幼虫和仔虾四个阶段,每一个幼虫发育阶段又可分为数期(表 12-1-1)。

表 12-1-1　中国对虾各期幼虫形态特征比较(李霞,2006)

发育阶段	形态特征	分期	各期主要鉴别特征
无节幼虫	体略呈卵圆,不分节,具三对附肢,在前端腹面正中央有一红色眼点(中眼)。后期无节幼虫出现其他附肢芽突,身体具尾叉,体节增加,有时又称后无节幼虫	Ⅰ	尾棘一对,附肢刚毛光滑,体后背部正中央有小棘;附肢末端的长刚毛光滑
		Ⅱ	尾棘一对,体后背部正中央小棘消失;附肢末端的长刚毛皆由光滑变成羽状
		Ⅲ	尾棘三对,出现尾凹
		Ⅳ	尾棘四对,出现四对附肢芽突
		Ⅴ	尾棘六对,出现头胸甲雏形
		Ⅵ	尾棘七对,头胸甲雏形增大
溞状幼虫	身体头部宽大,后部细长,构成胸腹部。身体明显分节,出现额剑和复眼。颚足双肢型,后期尾肢生出,形成尾扇,消化道打通	Ⅰ	无额角,复眼包被于头胸甲内,不能动。末期出现复眼雏形
		Ⅱ	有额角,复眼形成,具眼柄,能活动
		Ⅲ	尾节增大,生出尾肢
糠虾幼虫	头部和胸部愈合,构成头胸部,腹部发达,出现附肢,胸肢双肢型	Ⅰ	步足无螯,内肢皆短于外肢。头部和胸部愈合为头胸部,游泳足肢芽出现,呈乳突状
		Ⅱ	步足发达,内肢明显增长,第三对内肢已长于外肢,前三对出现钳状构造,后两对出现爪状构造
		Ⅲ	步足更发达,内肢皆长于外肢,其中第三对最为突出,游泳足明显增长
仔虾(后期幼虫)	具有全部体节和附肢,外形与成体基本相似	14 期以上	以额剑齿数及尾节形态作为分期依据

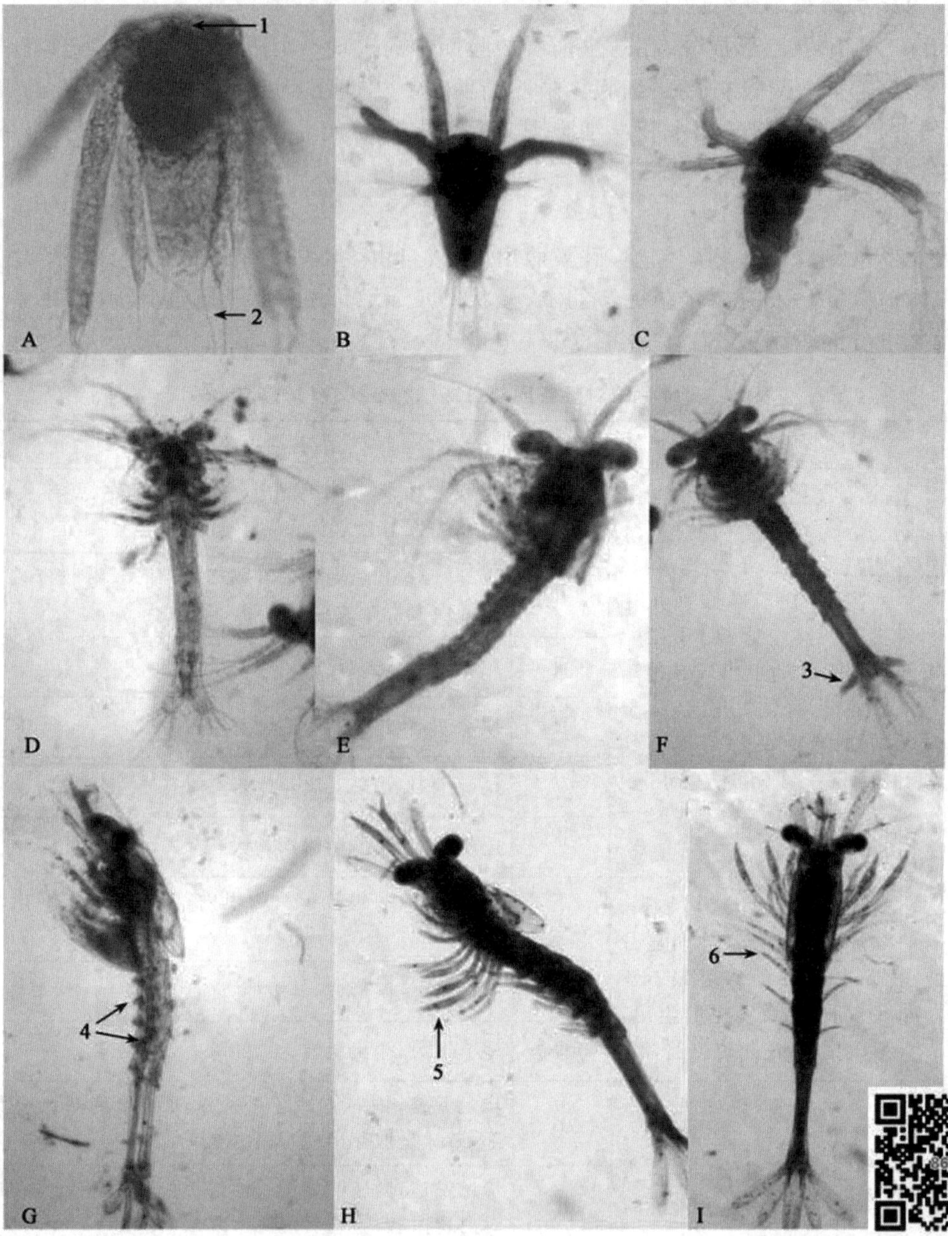

图 12-1-4　中国对虾各期幼虫

A. 无节幼虫(Ⅰ);B. 无节幼虫(Ⅲ);C. 无节幼虫(Ⅵ);D. 溞状幼虫(Ⅰ);E. 溞状幼虫(Ⅱ);F. 溞状幼虫(Ⅲ);G. 糠虾幼虫(Ⅰ);H. 糠虾幼虫(Ⅱ);I. 糠虾幼虫(Ⅲ)

1. 眼点;2. 尾棘;3. 尾扇;4. 游泳足肢芽;5. 钳状步足;6. 游泳足

思考题:

虾蟹类个体发生过程一般经过哪些时期?

绘图:

对虾肢芽期。

第十三章

棘皮动物的发生

目的与要求：

掌握棘皮动物个体发生特点。

棘皮动物为体外受精、单精受精类型，卵子在第一次或第二次成熟分裂中期受精。棘皮动物卵子属于均黄卵，卵裂为典型的辐射均等卵裂，形成有腔囊胚。原肠作用采用内陷方式形成原肠腔，原肠顶端分出中胚层母细胞，分裂形成成体的骨片、肌肉和结缔组织等。

实验案例：刺参胚胎及幼体发育

一、胚胎发育(周朝生，2015)

1. 受精卵和卵裂(图 13-1-1)

刺参卵子在第一次成熟分裂中期受精。受精后，卵黄膜从卵子表面举起形成受精膜，并依次释放第一极体和第二极体。受精后大约 60 min 开始第一次卵裂，分裂面纵向通过受精卵的动、植物极。此后每隔 30 min 分裂一次。第二次分裂也是经裂，分裂面与第一次分裂面垂直，形成 4 细胞。第三次为纬裂，分裂面位于受精卵赤道附近并与卵轴垂直，形成 8 细胞。第四次为经裂，两个分裂面垂直相交并与卵轴平行，形成 16 细胞。第五次为纬裂，两个分裂面分别位于受精卵赤道上、下方并与卵轴垂直，形成 32 细胞。随着卵裂的进行，分裂球越来越小，细胞数目呈几何级数增长，但分裂球的排列整齐规则。

2. 囊胚(图 13-1-2)

分裂球数目达到 512 个时形成单层有腔囊胚，囊胚壁由一层细胞组成，中央为一个囊胚腔。同时，囊胚周身长出纤毛，纤毛摆动使囊胚在卵膜内转动。(图 13-1-2A)3 h 后，囊胚脱膜而出，继续以右旋方向在海水中自由旋转游动。刚开始时，脱膜囊胚呈圆形，后变为椭圆形，此时，植物极细胞层变厚，动物极细胞层变薄。(图 13-1-2B)

3. 原肠胚(图 13-1-3)

受精后 17 h 左右，囊胚逐步沿动、植物极方向拉长，植物极变扁平形成原肠原基并逐渐向内凹陷行原肠作用，此时为原肠初期。原肠中期开始形成原肠腔，原肠腔最终深度可达胚体的 2/3 左右，其与体外相通的口为原口。原肠后期，胚体上方朝腹面弯曲，原肠顶端亦呈直角弯

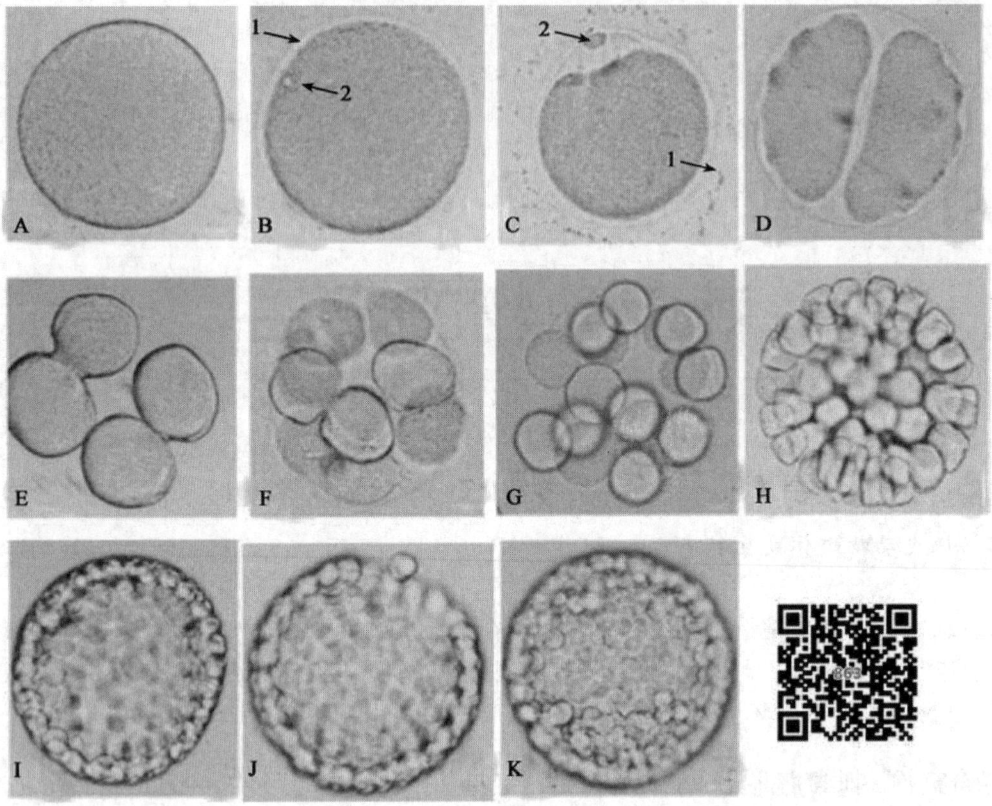

图 13-1-1 刺参受精卵和卵裂

A. 受精卵；B. 第一极体释放；C. 第二极体释放；D. 2 细胞；E. 4 细胞；F. 8 细胞；G. 16 细胞；H. 32 细胞；I. 64 细胞；J. 128 细胞；K. 256 细胞。1. 受精膜；2. 极体

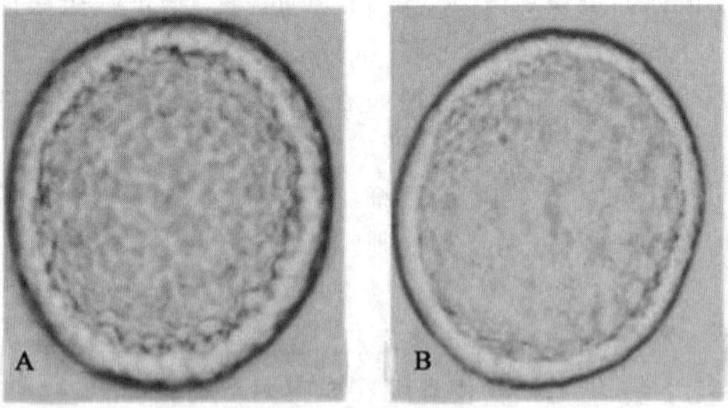

图 13-1-2 刺参囊胚

A. 膜内囊胚；B. 脱膜囊胚

曲增长，逐渐与腹面的凹陷贴近并贯通形成口。原肠与体轴平行的部分形成胃和肠，而原口形成肛门。同时，原肠上部向胚体背面突出形成圆球状体腔囊，在此基础上形成体腔。体腔囊逐步增大并向胚体背部长出长管，最终开口通向体外形成水管，其下部囊状结构将在耳状幼体时

分化成水体腔。

在原肠作用的同时，原肠顶端分出中胚层母细胞，在囊胚腔内分裂形成原始间叶细胞和火焰状原始间充质(图 13-1-3B)，将来形成幼虫的骨片。

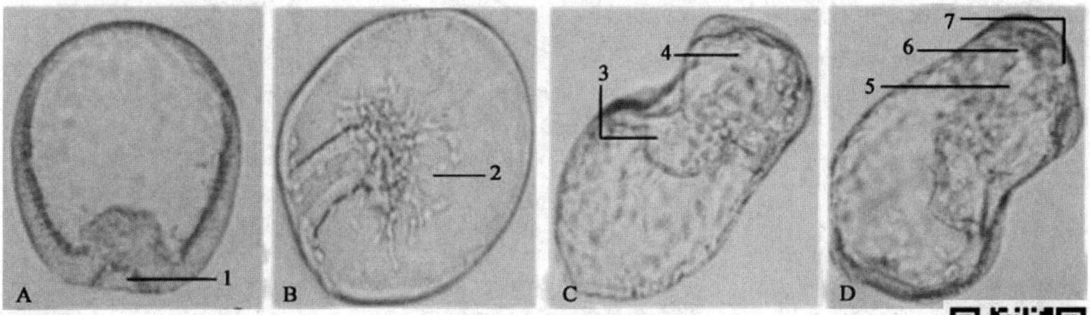

图 13-1-3　刺参原肠胚

A. 原肠初期；B. 原肠期；C. 腹部下凹；D. 原肠后期侧面观

1. 胚孔；2. 间叶细胞；3. 口；4. 体腔囊；5. 胃；6. 肠；7. 肛门

二、幼体发育(周朝生，2015)

1. 耳状幼体(图 13-1-4)

受精后 31 h，出现带状纵纤毛带，幼体从侧面看近似耳状，为小耳幼体(图 13-1-4A)。35 h 时隐约可见口前环和肛前环，37 h 时形成口前臂和肛前臂，39 h 时观察到胃开始节奏性收缩，肠道亦开始蠕动，42 h 时水体腔与消化道完全分离，44 h 时口前环及肛前环被纤毛包围的腹面呈 H 形。3 日龄幼体各体臂已经形成雏形(图 13-1-4B)。4～5 日龄，各体臂形成并逐渐增大，形成左体腔、水体腔和后体腔，为中耳幼体初期(图 13-1-4C)。6 日龄可见右体腔，为中耳幼体期(图 13-1-4D)。7 日龄水体腔外侧形成 3 个初级口触手，球状体开始形成，最末端 1 对球状体最先形成，其次为最上面的额区前背臂的 1 对球状体(图 13-1-4E)。8 日龄发育到大耳幼体，形成 5 对球状体(图 13-1-4F)，出现了 5 个初级口触手和 5 个与其相间排列的辅水管。

2. 樽形幼体(图 13-1-5)

9～10 日龄个别已有樽形幼体的雏形，球状体逐步增大，水体腔腹面长出囊状波里氏囊。10 日龄达到樽形幼体初期，个体急剧收缩变小，5 对球状体明显增大，口前臂和口后臂聚集在一起。11 日龄为樽形幼体，五触手形成，幼体外侧后腹部形成与其相对应的小孔，进而延伸为第一管足。

3. 五触手幼体(图 13-1-6)

12～14 日龄纤毛环消失，五触手开始伸展出，为五触手幼体，幼体体外可见零散的骨片，并逐渐连接成片。身体开始拉长，背部出现肉刺。

4. 稚参(图 13-1-7)

15～18 日龄发育到稚参，次级触手及管足数目不断增加，身体进一步拉长。

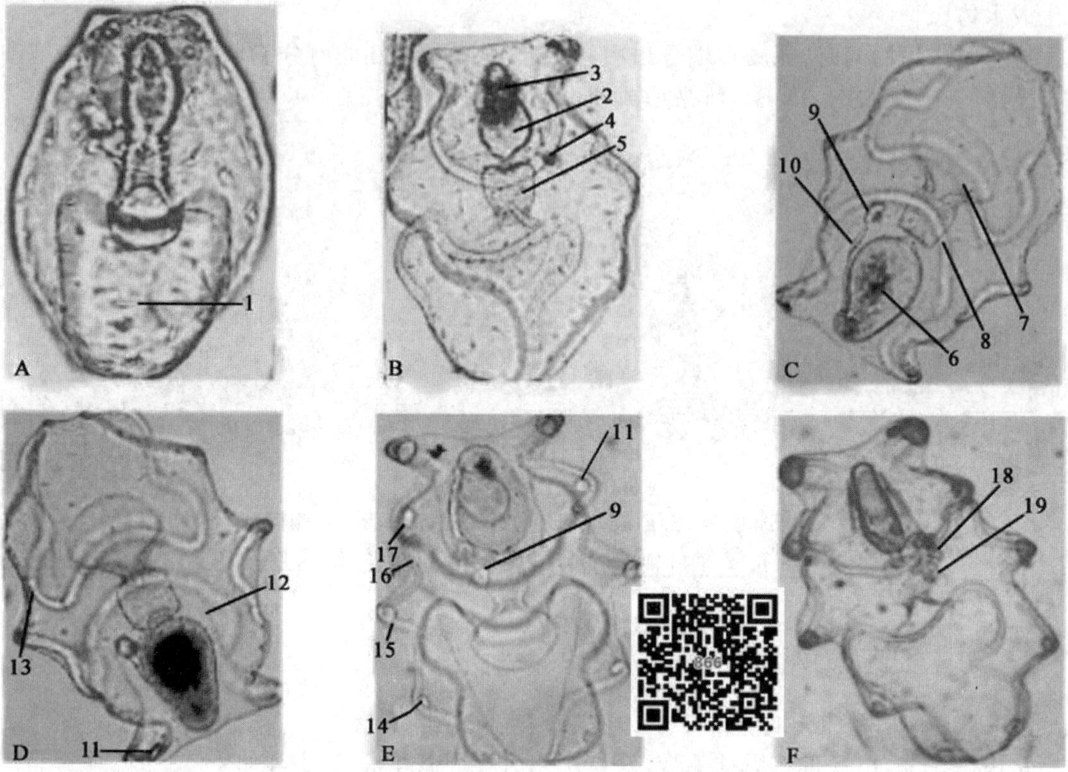

图 13-1-4 刺参耳状幼体

A. 小耳幼体初期;B. 小耳幼体;C. 中耳幼体初期;D. 中耳幼体;E. 中耳幼体后期;F. 大耳幼体

1. 间质细胞;2. 胃;3. 肠;4. 水管;5. 食道;6. 肛门;7. 口前环;8. 肛前环;9. 水体腔;10. 左体腔;11. 钙质骨片;12. 口后臂;13. 口前臂;14. 前背臂;15. 间背臂;16. 后背臂;17. 后侧臂;18. 初级口触手;19. 辅水管

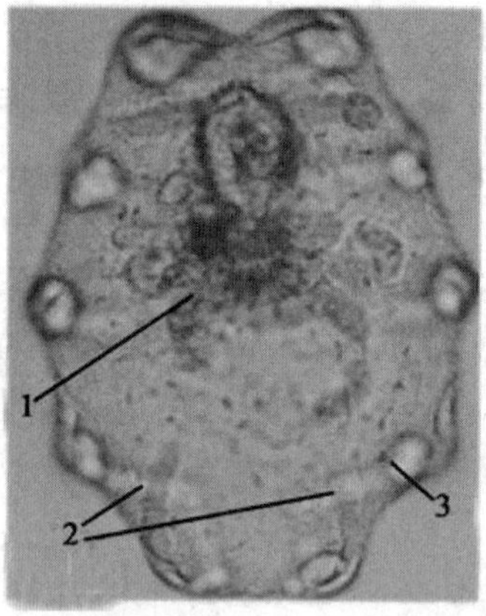

图 13-1-5 刺参樽形幼体

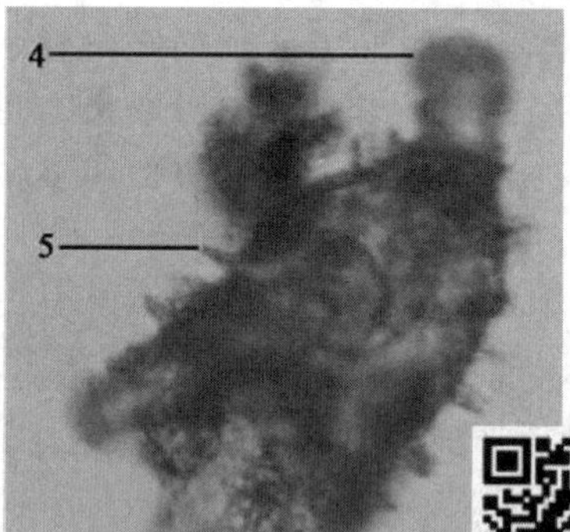

图 13-1-6 刺参五触手幼体

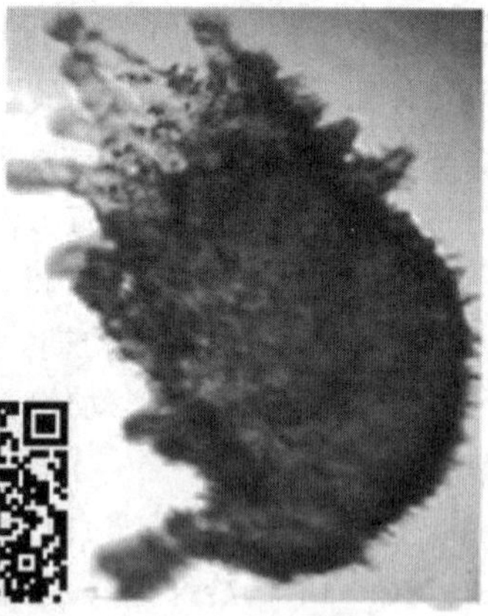

图 13-1-7 刺参稚参

1. 口触手;2. 环状纤毛带;3. 球状体;4. 第一管足;5. 棘状肉刺

思考题:

简答棘皮动物发生的主要过程及特点。

绘图:

后期原肠胚。

第十四章

硬骨鱼类的发生

目的与要求：

掌握硬骨鱼类胚胎发生特点。

硬骨鱼类为体内或体外受精，卵子接受精子的时间处于第二次成熟分裂中期。硬骨鱼类卵子一般属于端黄卵，卵裂几乎都采用盘状分裂类型，形成盘状囊胚，分裂腔合并扩大为囊胚腔。原肠作用采用外包、内卷、集中、伸长等方式，形成各种器官原基，并分化形成幼体器官，产生新的个体。

实验案例：斑马鱼胚胎发育观察

1. 受精卵和卵裂（图 14-1-1）

斑马鱼受精卵外有较厚的透明胶膜，受精后完成第二次成熟分裂释出第二极体。随后受精卵动物极端向外膨出形成一明显的亮区，此即胚盘，卵裂就在胚盘上进行。前 4 次卵裂均为经裂，奇数卵裂面、偶数卵裂面各自相互平行，且奇数卵裂面与偶数卵裂面相互垂直。随着卵裂的进行，分裂球愈来愈小，规则地排列于胚盘表面，并渐向胚盘外表面推移，但细胞界限仍能分辨。

2. 囊胚（图 14-1-2）

随着卵裂的进行，胚盘分裂球数目渐增，分裂球间界限渐变模糊，进入囊胚期。囊胚早期，胚盘高立于卵黄上，解剖镜下有一较“平坦”的区域即卵黄多核体。此后，细胞界限消失，胚盘愈来愈矮即囊胚中期。囊胚晚期，囊胚表面细胞向卵黄部分下包，胚盘变成弓状，卵黄多核体变为钟形或圆顶形，预示原肠作用将开始。

3. 原肠胚（图 14-1-3）

胚盘细胞下包至卵黄 1/2 处时，整个囊胚边缘处形成略厚的胚环，标志着原肠作用的开始。胚环上层细胞为上胚层，下层细胞为下胚层。胚环背侧增厚形成胚盾，以后胚体就在这里形成，其长轴就是胚体的主轴。胚盾处的内卷边缘为背唇，背唇相对一侧是腹唇，其两侧边缘是侧唇，由背唇、腹唇和侧唇共同围成的孔为胚孔，胚孔处裸露的卵黄为卵黄栓。原肠作用结束于胚孔的闭合。

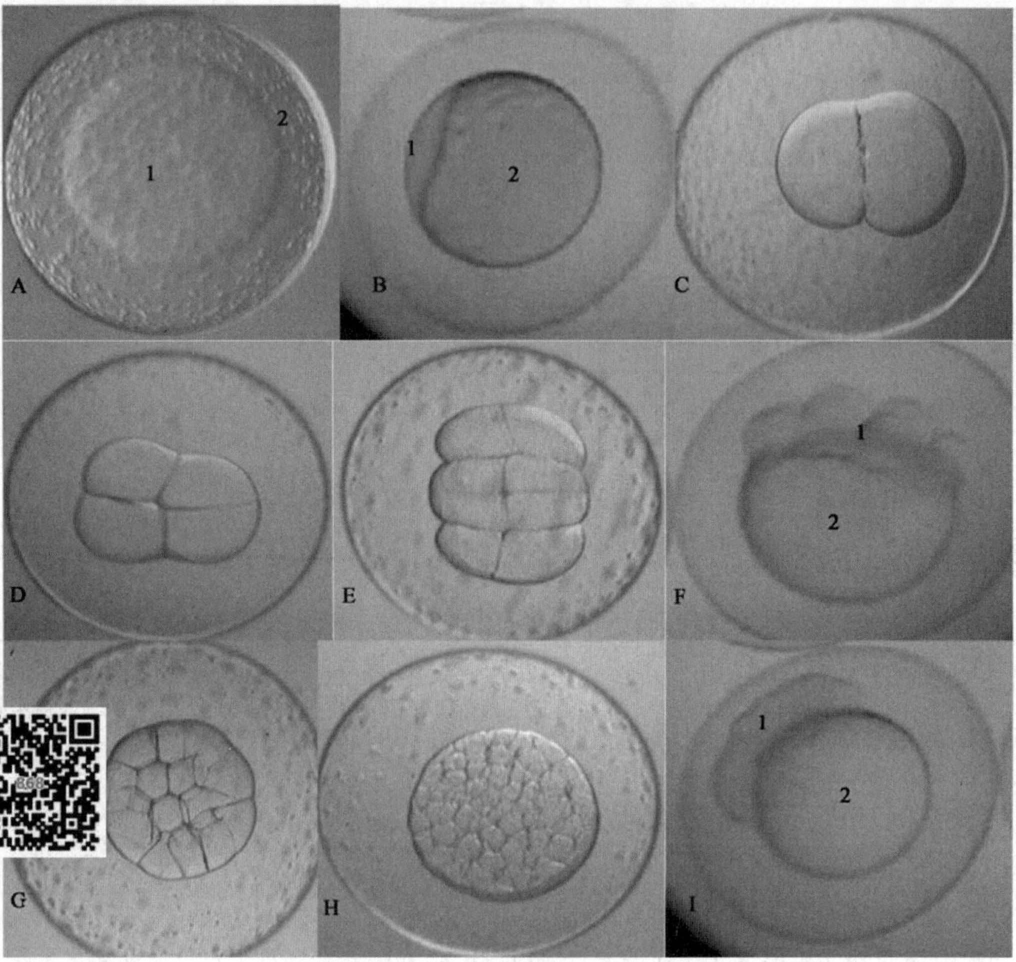

图 14-1-1　斑马鱼受精卵和卵裂

A. 受精卵顶面观；B. 受精卵侧面观；C. 第一次卵裂顶面观；D. 第二次卵裂顶面观；E. 第三次卵裂顶面观；F. 第三次卵裂侧面观；G. 第五次卵裂顶面观；H. 第七次卵裂顶面观；I. 多细胞期侧面观

1. 胚盘；2. 卵黄

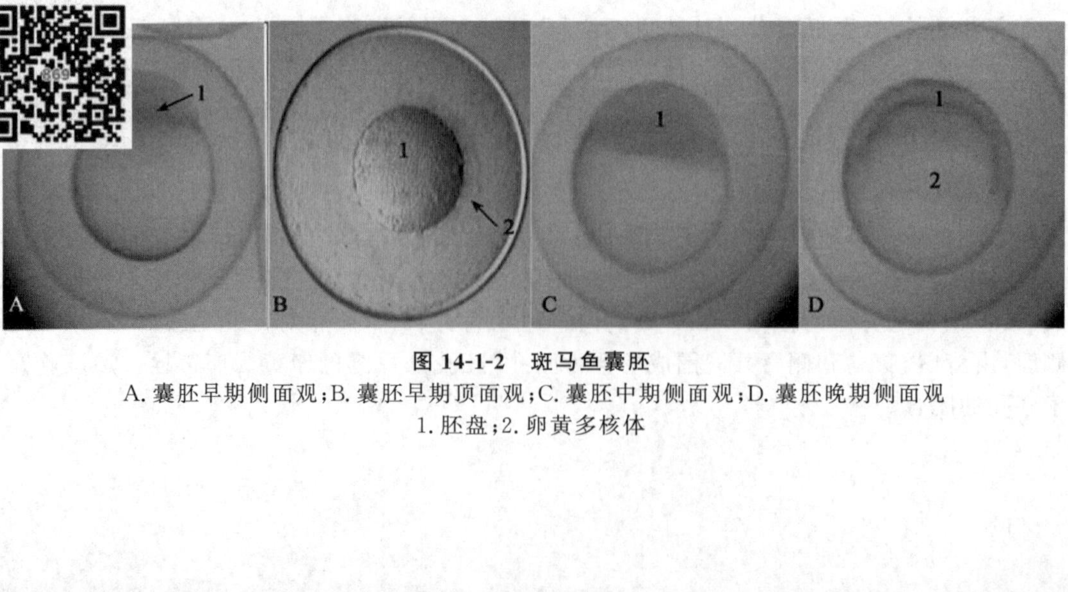

图 14-1-2　斑马鱼囊胚

A. 囊胚早期侧面观；B. 囊胚早期顶面观；C. 囊胚中期侧面观；D. 囊胚晚期侧面观

1. 胚盘；2. 卵黄多核体

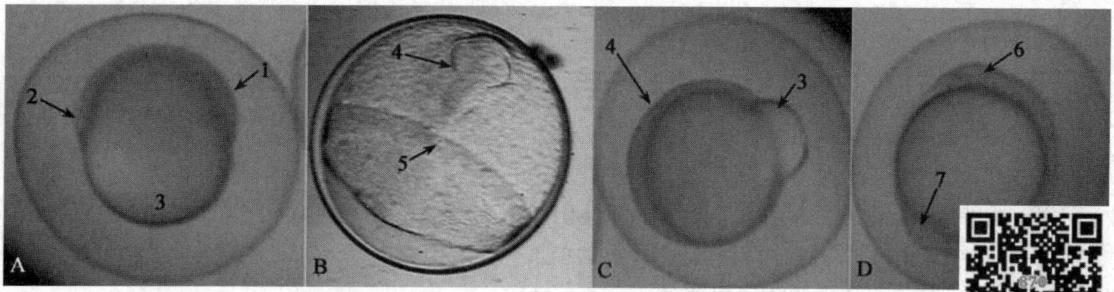

图 14-1-3　斑马鱼原肠胚

A. 早期原肠胚侧面观；B. 早期原肠胚（示胚盾）；C. 中后期原肠胚侧面观；D. 晚期原肠胚侧面观

1. 背唇；2. 腹唇；3. 卵黄栓；4. 胚盾；5. 胚环；6. 眼囊；7. 末球

在胚孔将要闭合时，胚盾的最前端两侧出现泡状结构，称眼囊，是眼睛发生的原基。胚盾的末端较粗厚，称末球。胚孔闭合后，末球就成为胚体的末端部分，包含所有的胚层成分，它是将来尾部的原基，不久尾芽即从这里突出。

4. 器官发生（图 14-1-4）

胚孔闭合后，胚体以外的胚层呈薄膜状覆盖在卵黄多核体表面而包被着卵黄，称胚外膜，通常把它和卵黄及卵黄多核体合称为卵黄囊。在胚孔闭合后，胚体进一步增长、发展，开始分化出各种器官，出现肌节，色素形成，卵黄囊逐渐减小，最后在胚体的翻转缩动下，卵膜破裂，幼体孵化。

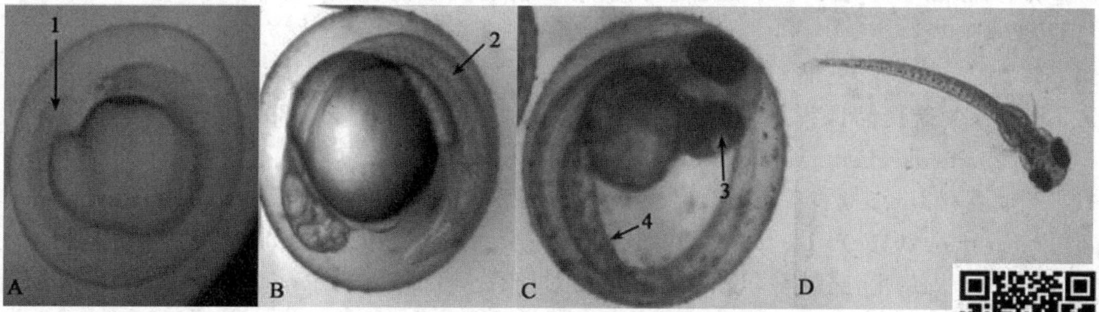

图 14-1-4　斑马鱼器官发生

A. 尾芽伸出；B. 肌节形成；C. 孵化前期；D. 初孵仔鱼

1. 尾芽；2. 肌节；3. 眼睛；4. 色素

思考题：

简答硬骨鱼类胚胎发生过程的主要时期及特点。

绘图：

早期原肠胚。

参 考 文 献

[1] 常见病1晶状体病之白内障. http:// analgin. blog. 163. com/blog/static/164046284201177953314 41/, 2015-09-15.

[2] 陈大元. 受精生物学. 北京: 科学出版社, 2000.

[3] 陈飞飞, 黄桂菊,油九菊,等. 合浦珠母贝鳃的显微与超微结构. 动物学杂志,2012,47(6): 78-84.

[4] 成令忠. 现代组织学. 上海:上海科学技术文献出版社,2003.

[5] 崔龙波,陆瑶华,刘传林,等. 栉孔扇贝(*Chlamys Farreri* Jones et Preston)鳃的形态学研究. 烟台大学学报(自然科学与工程版),1998,11(4):279-284.

[6] 甘肃农业大学.《兽医解剖学》课程体系建设. http://jwjxcg. gsau. edu. cn/dwyxy/dwjpx/kzkt_view. asp? id=192,2015-09-15.

[7] 广西医科大学精品课程. 组织学与胚胎学. http://jpk. gxmu. edu. cn/2010/3/wlkc/study/Content/zkxqg/01. htm,2015-09-15.

[8] 郭恩棉. 石蟹光感受器组织结构的研究. 中国农学通报,2012,28(26):76-80.

[9] 郭恩棉. 捷拉邦囊螺早期发育研究. 安徽农业科学,2012(27):13410-13414.

[10] 郭恩棉. 红玛丽雄性生殖器官组织结构和精子发生的研究. 水产科学,2013(12):734-737.

[11] 郭恩棉,申端祥,王琳. 刀额新对虾复眼组织结构的研究. 水产科学,2013(7):416-419.

[12] 海南医学院精品课程. 组织学与胚胎学资源图库. http://gzy. hainmc. edu. cn/jingpin/zupei/jinrukecheng/tuku/tuku. htm. 2015-09-14.

[13] 互动百科. http://www. baike. com/wiki/原肠作用? prd=fenleishequ_jiaodiantuijian_zuoci tiao. 2015-09-14.

[14] 胡利华,周朝生,吴洪喜,等. 温度和盐度对南移养殖刺参(*Apostichopus japonicus*)胚胎和幼体发育的影响. 宁波大学学报(理工版),2015(1):8-14.

[15] 吉林大学网络课程. 组织学与胚胎学. http://dec3. jlu. edu. cn/webcourse/T000138/files/tuition/7_14. JPG,2015-09-15.

[16] 吉林大学网络课程. 组织学与胚胎学. http://dec3. jlu. edu. cn/webcourse/T000138/files/chapters/tuition14_1. html,2015-09-15.

[17] 康现江,梁春光,郭明申,等. 半滑舌鳎精子发生和精子形成的超微结构. 动物学报,2008,54(2):356-365.

[18] 李飞,万全,黄鲜明. 大鳞副泥鳅精子结构研究. 生物学杂志,2011,28(4):26-30.

[19] 李富祥,孙宝田. 组织学图谱. 2版. 上海:上海医科大学出版社,1992.

[20] 李文姬,滕炜鸣,王笑月,等. 黄海北部虾夷扇贝性腺发育及繁殖规律研究. 水产科学,2012(12):703-707.

[21] 李霞. 水产动物组织胚胎学. 北京:中国农业出版社,2006.

[22] 李炎璐,王清印,陈超,等.云纹石斑鱼(♀)×七带石斑鱼(♂)受精过程的观察.海洋科学,2014,38(4):39-43.

[23] 栗治国,张成松,李富花,等.脊尾白虾的性腺发育及组织结构观察.水产学报,2014,38(3):362-370.

[24] 楼允东.组织胚胎学.2版.北京:中国农业出版社,1996.

[25] 路易斯·金·奎拉.组织胚胎学.济南:山东科学技术出版社,1982.

[26] 曲漱惠,李嘉泳,黄浙,等.动物胚胎学.北京:人民教育出版社,1980.

[27] 王苓,耿继梅,刘艳华,等.石蟹消化系统组织结构研究.水产科学,2016,已接受.

[28] 王瑞霞.组织学与胚胎学.北京:高等教育出版社,1993.

[29] 王晓艳,王莎莎,赵玉超,等.孔雀鱼雌性生殖器官组织结构及卵子发生的研究.南方水产科学,2014,10(1):16-20.

[30] 西安交通大学医学院网络课程.组织学与胚胎学. http://zupei.xjtu.edu.cn/jxzl_img.asp? pg=4&cataid=A0002,2015-05-03.

[31] 许星鸿,孟学平,阎斌伦,等.西施舌消化系统形态学、组织学与组织化学的研究.大连水产学院学报,2007,22(6):409-414.

[32] 许星鸿,阎斌伦,徐加涛,等.体外诱导日本蟳精子顶体反应的形态变化与诱导条件.水产学报,2010,34(12):1821-1828.

[33] 叶婧,姜建湖.魁蚶精子发生的超微结构.上海海洋大学学报,2012,21(2):199-203.

[34] 鱼鳃的构造及其生理机能,http://www.longyaojy.gov.cn/renjiao/冀教初中/sw/jjxkb7s/1-3-3-1/kw3.htm,2015-09-15.

[35] 张修月,刘智皓,王德寿.南方鲇受精细胞学观察.四川动物,2008,27(1):7-11.

[36] 中山大学网络课程. http://jpkc.sysu.edu.cn/2006/xdsmkx/netcourse/pic/9-24.jpg,2015-09-15.

[37] 周美娟,段相林.人体组织学与解剖学.3版.北京:高等教育出版社,1999.

[38] 朱峰.仿刺参 *Apostichopus japonicus* 胚胎发育和主要系统的组织学研究:博士论文.中国海洋大学,2009.

[39] 竺俊全,杨万喜,焦海峰.疣荔枝螺精子的超微结构.水产学报,2005,29(5):643-648.

[40] Velasco L A,Barros J,Acosta E. Spawning induction and early development of the Caribbean scallops *Argopecten* nucleus and *Nodipecten nodosus*. Aquaculture,2007(1-4):153-165.

附　　录

第一节　学生实验手册

一、实验总体要求

(1)实验前要认真预习实验指导或课本，明确实验目的要求、原理、内容和操作规程，复习有关理论，以便提高实验过程中的主动性和效率。上课时要先核对设备，做好记录，发现问题要及时报告。

(2)实验器材要摆放整齐，布局合理，便于操作。要保持清洁卫生，随时清除污物。实验桌上不得放置与实验无关的物品。

(3)爱护仪器与实验动物，注意节约各种实验材料。公用物品在使用完毕后应放回原处，以免影响别人使用。

(4)实验结束后，学生应将实验用具整理就绪，放回原处，所用手术器械必须擦洗干净。实验用具如有损坏或缺少，应报告指导教师。及时做好实验室的清洁卫生工作。

(5)整理实验记录，认真书写、及时提交实验报告。实验报告应注明姓名、专业、组别、日期、实验序号及实验题目等。

二、组织学实验的注意事项

(1)显微镜是本课程学习的主要工具，同学们应了解显微镜的基本原理，熟练掌握显微镜的各部结构及使用方法，以正确使用、减少误差，保证实验的顺利进行。

(2)实验过程中，学生应认真、仔细地进行各项操作。对切片要严加爱护，观察切片前一定要区别其正反面，切忌盖玻片朝下。必须按肉眼→低倍镜→高倍镜的顺序进行观察，在低倍镜下先观察整体结构，然后转换高倍镜观察局部微细结构，切忌集中于切片某一部位，未加详细观察与思考就转入高倍镜。一定要做到既认真仔细，又实事求是地观察每张切片。观察标本时要配合必要的绘图和记录，以增强理解和记忆。但必须在全面观察并掌握主要结构和弄清主要结构与次要结构关系的基础上，选择器官或组织中比较典型的部分进行绘图，切忌盲目临摹挂图或书本的插图。观察制片标本时要注意联系器官的解剖结构与生理机能去理解显微结构特点。充分运用比较法，对比各种组织和器官组织结构的异同，有助于识别各种组织、器官的特点和掌握鉴别它们的要点。

(3)观察切片要注意切面与整体的关系。在显微镜下观察的切片，只是一块组织或一个器官的一个平面或一个薄片的一小部分，我们要从这个薄片或连续的许多薄片，经过观察与思考，建立起三维空间的立体结构概念(附图 1，附图 2)。

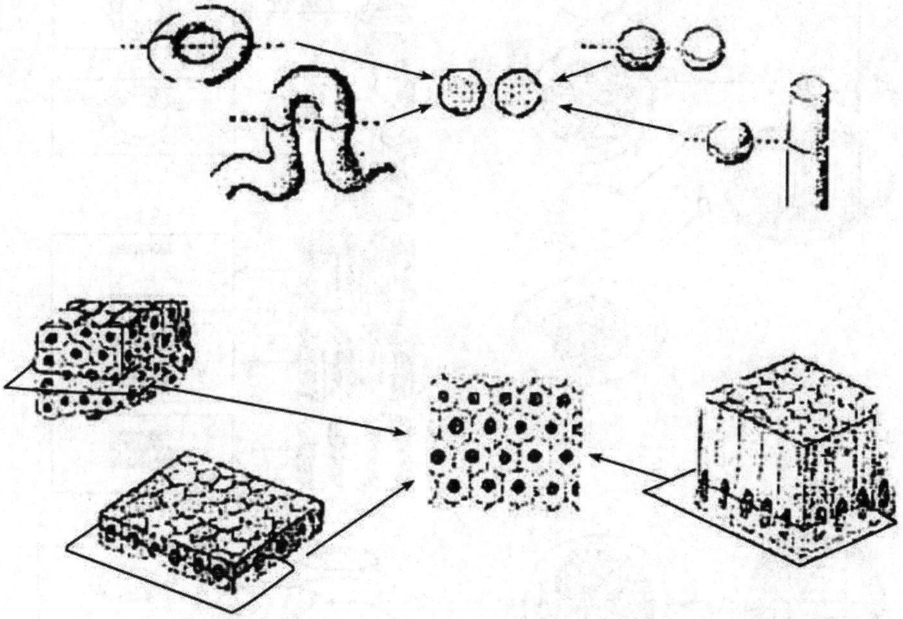

附图 1　不同组织不同切面显示出的相似图像(李富祥等，1992)

(4)实验课主要是用显微镜观察组织切片标本，切片标本只是组织的一个切面，此切面又是经过一系列人工处理制成的标本。因此，了解标本的基本制作过程，有利于正确地分析与认识整体的显微结构。

(5)课程一般要有绘图训练，组织学绘图要求用点和线绘制半模式图。用线条绘细胞膜、核膜和纤维等连续性结构，而细胞质、核质则用点来表示。线条要粗细均匀，点要大小一致，圆、细、密而不重叠。绘图要求真实反映显微镜下的结构和比例，用横线指明结构，并注字说明。一般要求在绘图纸的左边绘图，右边注释。注释要字体工整，字迹清楚，无错别字。在图下方要注明标本(图)名称、染色方法和放大倍数等。(附图 3)

第二节　光学显微镜的使用

光学显微镜是生物学研究中一种十分重要的工具，也是本课程应用的主要仪器。光学显微镜已经有 400 多年的发展历史，自从有了光学显微镜以后，人们看到了过去所看不到的许多微小生物和构成生物的基本单位——细胞，使人们对自然界的认识有了质的飞跃。后来虽有电子显微镜等新技术的发明，但是光学显微镜仍是现代非常重要的研究工具。

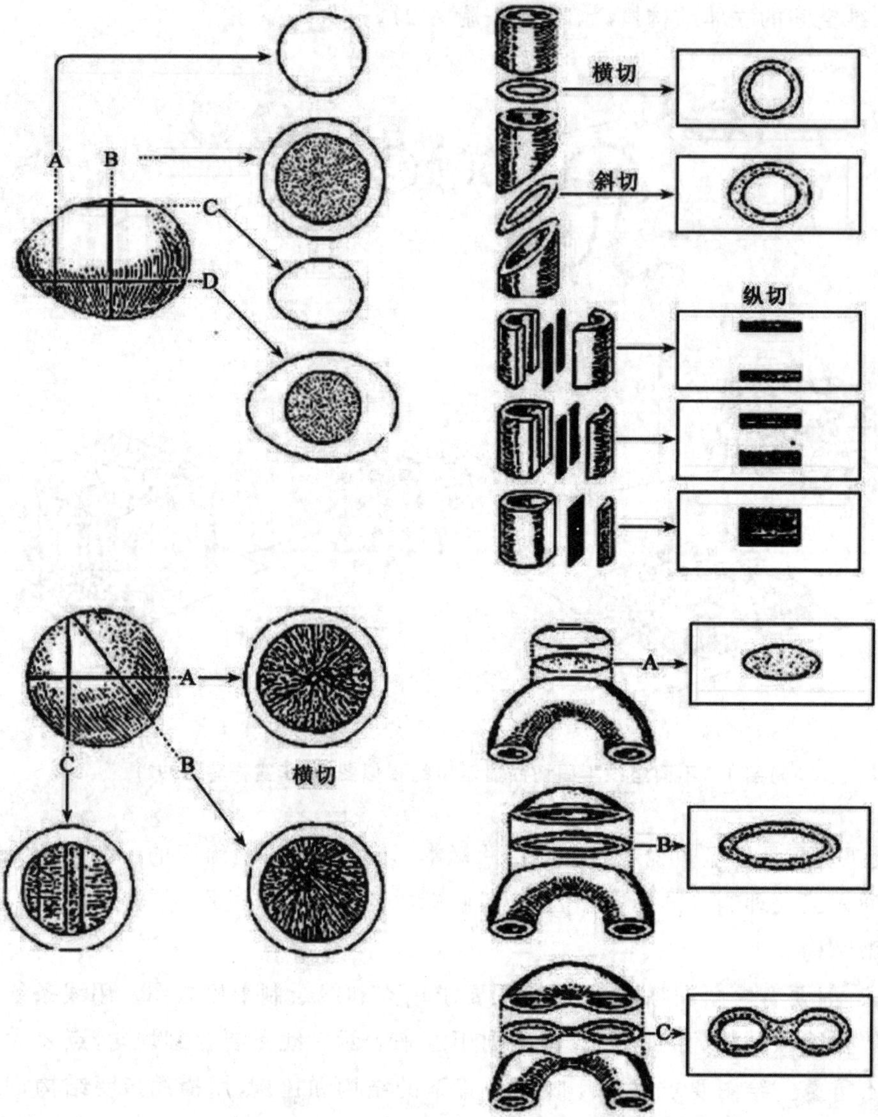

附图 2 同一组织不同切面显示出的不同图像

一、光学显微镜的构造

光学显微镜是一种精密的光学仪器，只有了解和掌握其基本构造和工作原理，才能正确地使用和进行保养，更重要的是可以充分发挥显微镜的性能，尽可能地减少误差，更好地为学习和科研服务。

实验室常用的是复式显微镜，它的光学放大系统基本上是由两组透镜组成，先由物镜形成实像，再通过目镜观察到物体的虚像。复式显微镜的结构可以分为机械部分和光学部分(附图4)。

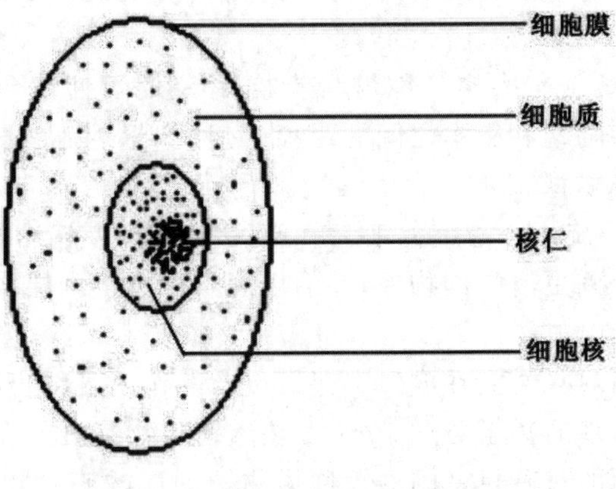

附图3　细胞光镜模式图(400×)

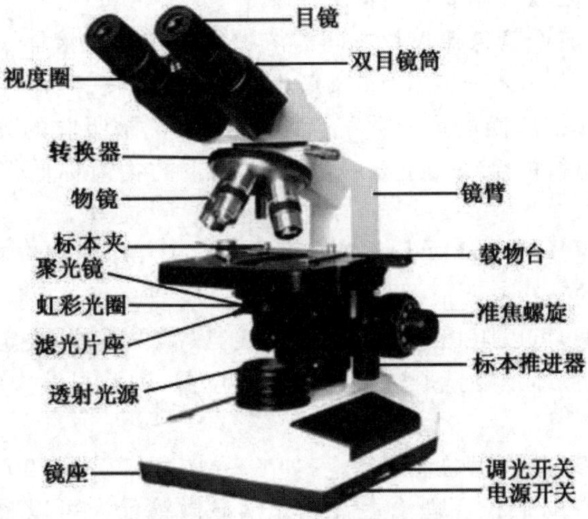

附图4　光学显微镜结构图

1.机械部分

(1)镜座:一般呈蹄铁状或方形,有稳固和支持镜体的作用。

(2)镜臂:是镜座与镜筒的连接部分,呈弓状,便于手握,有的在基部具一关节螺旋,可使镜筒倾斜,便于观察。在镜臂的上端或下端两侧有准焦螺旋,可调节镜筒或载物台的升降。

(3)载物台(镜台):方形或圆形,用以放置标本和安装标本推进器。载物台中央有一透光孔。

(4)标本推进器(推片器):安装在载物台上,推进器左侧有弹簧夹,用以夹持标本,载物台下有推进器调节轮,可使标本前后、左右方向移动。在推进器的纵、横坐标上标有刻度,以便确定某一结构的方位。

(5)物镜转换器:呈圆盘状,上有4～5个物镜螺旋口,供物镜按放大倍数高低顺序嵌入,以便根据观察需要把物镜推到正确的使用位置上。

(6)准焦螺旋：是装在镜柱上的大小两种螺旋，调节时使镜台或镜筒作上下方向的移动。分粗调和细调两个螺旋。

① 粗调节器(粗准焦螺旋)：大螺旋称粗调节器，移动时可使镜台或镜筒作快速和较大幅度的升降，所以能迅速调节物镜和标本之间的距离，使物像呈现于视野中，通常在使用低倍镜时，先用粗调节器迅速找到物像。

② 细调节器(细准焦螺旋)：小螺旋称细调节器，移动时可使镜台或镜筒缓慢地升降，多在运用高倍镜时使用，从而得到更清晰的物像，并借以观察标本不同层次和不同深度的结构。

2. 光学部分

(1)物镜：安装在物镜转换器上，在成像中起最重要的作用。由于需要校正各种误差，因此物镜是由多块透镜组成的，多的甚至可达 10～12 块透镜。物镜最前面的对着盖玻片的透镜称为物镜的前透镜；而最后面的对着目镜的透镜称为物镜的后透镜。物镜复合透镜组的总焦距称为物镜的焦距。物镜对焦后，前透镜与物体之间的距离称为物镜的自由工作距离。根据使用时物镜与盖玻片中间的媒质不同，有干物镜和油浸物镜(泛称油镜)之分。

①干物镜：物镜的前透镜与盖玻片之间为空气。

②油镜：使用时物镜前透镜与盖玻片之间为浓稠的香柏油或液体石蜡。

物镜的放大率(如 4×、10×、40×、100×)、焦距、工作距离、数值孔径 (N. A，是指光线经过盖片引起折射后所成光锥底面的口径数字。此数字愈大，被吸收的光量也就愈多，观察起来也愈清楚)，往往都刻在镜头的金属筒上。一般 20×以下的物镜称低倍镜，20×以上的称高倍镜，100×是油镜。

(2)目镜：目镜的作用是把物镜放大的实像再放大一次，并把物像映入观察者的眼中。目镜也是由一组透镜组成的。

在目镜上有一个光圈，可以阻挡透镜周围的光线，以减少误差，决定了视野的范围，因此是一个视野光圈，光圈的位置即是物镜所造成的实像的位置，因此目镜中的指示标志及测微尺应该放在这个位置。

目镜的放大倍数，也刻在目镜的金属筒上，如 5×、10×、15×和 20×等。物体最后放大倍数为目镜和物镜放大倍数的乘积。理论上普通光学显微镜最大可以放大到 2 250 倍，但是目前由于分辨率和制造工艺上的限制，最好的普通光学显微镜的最高有效放大倍数，只能达到 1 400 倍左右。

(3)聚光器：在镜台下方，能聚集光线，增强视野的亮度。聚光器一般可以升降，升高时增强反射光，下降时减弱反射光。聚光器底部附有虹彩光圈，可开大或缩小，以调节进入镜头的光线。光圈大小适当，能取得物像变得更清晰的效果。

(4)调光开关：用于调整照明亮度。注意每次用完显微镜后应将亮度调节钮置于最暗的位置，然后关闭电源。

(5)滤光片：在虹彩光圈下方有一金属圈，可安放滤光片，借以改变光源的色调和强弱，便于观察和摄影。常用滤光片有三种：①毛玻片——减弱光强度，使光漫射而柔和；②蓝玻片——白炽灯光照明时用，将黄色灯光校正成白光；③绿玻片——通常适用于黑白照片，显微摄影用。

(6)光源：有自然光源和人工光源之分。

二、光学显微镜的使用方法

1. 取用、放回或搬动显微镜

一手握持镜臂，一手托住镜座，使镜身正立，不可用一只手倾斜提携。要轻取轻放，放时要略偏左方，距实验桌的边缘至少有 7～10 cm 的距离，以便右侧放记录本或绘图纸等。用擦镜纸轻轻擦拭接目镜和物镜，若有脏物，则用擦镜纸蘸少许二甲苯或无水酒精擦拭干净，并用纱布擦拭显微镜的机械部分。

2. 对光

使用前应对显微镜先检查一次，看镜头是否旋紧，其他部件有否损伤或失灵。插上电源，打开开关，然后转动转换器使 4×物镜对准镜筒(对准时可以觉察到轻微地卡住的感觉和有轻轻的"咔"声)，打开光圈，上升聚光器使它与镜台平齐。再将粗调节器向内旋转，使镜筒上升或载物台下降，使物镜距载物台面约 1.5 cm。用左眼接近目镜上方(双目镜的，两眼同时观察)，往下观察，调节光亮至适当亮度。结束时应将光强调至最低再关闭开关，拔掉电源。

3. 找物像

观察应从低倍镜(4×或 10×)开始，用粗调节器调节物镜与载物台保持一定距离，取一切片标本放在镜台上，有盖片的一面朝上，标本应摆在载物台透光孔上，也就是正对物镜。用压片夹压住载玻片。从侧面观察物镜，转动粗调节器，使物镜和标本最低限度接触。然后在目镜稍上方观察，左手用粗调节器慢慢升起镜筒(或下降载物台)，直至见到清晰物像为止。

4. 40×物镜的使用

进一步观察标本，将要放大观察的部位移入视野中央，直接顺时针转换至 40×物镜，然后稍稍调动一下细调节器，就能得到清楚的物像。

5. 油镜的用法

油镜比较精密，价格也贵，在使用上要注意轻拿轻放。

(1)在 40×物镜下看清标本之后，把需要进一步放大观察的部分移入视野中央。把聚光器的光圈充分打开，并用粗调节器使镜筒向上提升或载物台下降约 1.5 cm。

(2)在标本上滴一滴香柏油，把油镜转换到光轴上，然后从侧面观察油镜，用手细心拧动粗调节器，使油镜前端与油滴接触。

(3)眼看目镜，慢慢拧动细调节器 1～2 圈，直到观察到清楚的物像。如果 1～2 圈还不能看清，有两个可能：①物像不在视野中；②物像低于聚焦水平。根据分析再做调整。

(4)观察完毕后，调节物镜与载物台之间相距约 1 cm，把油镜转离光轴，用擦镜纸擦拭油镜头，再用二甲苯滴湿的擦镜纸擦拭，最后用干的擦镜纸再擦一次。标本片上的油也应擦干净，然后复原。

6. 注意事项

为了使物体清晰可辨，不论在低倍镜还是高倍镜下，均可以随时调节聚光器或光圈，不同性质的标本，形成清晰物像所需要照明也不一样，透明或色淡的物体，若光度过强物像反而模糊不清。

每一种标本在观察完毕后，必须在低倍镜下取出，若在高倍镜下观察，也必须转换至低倍镜下再取出，这样可避免损坏标本玻片和镜头，也便于继续观察另一张标本片。

实验全部完成，在将显微镜收起之前，首先应将低倍物镜对着透光孔，然后轻轻将镜筒下降(或将载物台上升),使镜筒复原。将显微镜拭净,随后罩上镜套,小心地放回镜橱中。

三、光学显微镜的保护

(1)不得任意拆卸显微镜,遇到机件失灵或阻滞现象,不应强力扭动,应及时向教师提出,以便检查修理。

(2)显微镜应经常保持整洁,严防潮湿,防止水滴、溶剂及染液等接触显微镜任何部分。

(3)在每次使用显微镜之前,金属部分应用干的软布揩拭灰尘。光学部分如透镜表面等应用擦镜纸从镜片中心开始向边缘作螺旋形单向揩拭,切忌用指头、手帕等物擦拭,否则会磨损镜片。

(4)使用显微镜必须按照前述操作规程进行。

第三节 血涂片制作与观察

一、鱼血涂片、贝血涂片的制作

用 2 mL 一次性注射器在鱼的胸鳍基部斜插入心脏,或在蛤蜊的闭壳肌取血。取一滴新鲜的血液,置于载玻片的一端,取另一边缘光滑的推片,放在血滴前面,使两玻片成约 45°角慢慢后移,接触血滴后稍停至血滴在两玻片接触处成一血线,然后保持角度,向前平稳均匀推动推片,在载玻片上留下一薄层血膜。涂片在空气中干燥后用蜡笔在血膜两头画线,以防染液溢出,然后将玻片水平置于染色架上,滴加染色液,使血膜被染色液覆盖,染 1 min 后,再加等量的缓冲液于染色液上(对于制片要求不严格时,可用蒸馏水替代缓冲液),浸染 5～10 min。此时涂片表面呈现一层古铜色,用蒸馏水迅速冲洗,见涂片呈粉红色后,以吸水纸吸干。如颜色过蓝,可用醋酸一滴加入 200 mL 蒸馏水快洗数秒,至血膜呈粉红色或橘黄色为宜。

二、血涂片观察

肉眼观察:制作良好的血涂片厚薄适宜,血膜分布均匀,呈粉红色。有些血片涂抹厚薄不均匀,主要是推片不齐、用力不均及玻片不洁所致。选一厚薄适宜部位置显微镜下观察。

低倍镜观察:可见到大量的红细胞。白细胞很少,稀疏地散布于红细胞之间,具有蓝紫色的细胞核。选白细胞较多的部位(一般在血膜边缘和血膜尾部,因体积大的细胞常在此出现),换高倍镜观察,必要时在油镜下观察。

高倍镜观察:区别血液中各种有形成分时,应注意血细胞的形态不仅因动物而异,而且常因制片技术和染色偏酸、偏碱使细胞形态或染色反应异常。如血膜过厚,细胞重叠而细胞直径缩小,血膜太薄,白细胞多集中于边缘。染色结果偏酸,则红细胞和嗜酸性颗粒偏红,白细胞的细胞核呈极浅蓝色或不着色。染色结果偏碱,所有的红、白细胞呈灰蓝色,颗粒深暗等。故观察时一定要根据具体情况,灵活掌握,对比分析,才能做出正确的判断。

三、血涂片染液配制

1. Wright's 染液

Wright's 染料(粉末)	0.1 g
甲醇(分析纯以上)	60 mL

先把染料放入研钵研细后，加入少量甲醇反复研磨，以使染料充分溶解，用吸管将溶解的部分吸入棕色瓶内。研钵内剩余的未溶解的染料，再加入少许甲醇细研，如此反复多次，直至染料全部溶解，甲醇用完为止。密闭保存。Wright's染液是最常用的血涂片染料。

2. 磷酸盐缓冲液(pH 6.4～6.8)

磷酸二氢钾(KH_2PO_4)	0.3 g
磷酸氢二钠(Na_2HPO_4)	0.2 g

蒸馏水加至 1 000 mL，配好后用磷酸盐溶液校正 pH。

血涂片的染色对染液酸碱度要求比较严格，用蒸馏水作为稀释液，难以得到满意结果，最好用缓冲液来调节染液的酸碱度，效果较好。

第四节　石蜡切片的制作

石蜡切片技术是组织学、胚胎学、病理学等学科最基本的研究方法。制备步骤是：从动物体取下小块组织，经固定、脱水、透明、浸蜡、包埋和切片等处理，把要观察的组织或器官切成薄片，再经不同的染色方法，以显示组织的不同成分和细胞的形态。石蜡切片既易于观察、鉴别，又便于保存，所以该技术是教学和科研常用的方法。

一、取材与固定

选择健康动物，放血或其他方法致死，取出所需部位材料，取材的大小一般为 0.5 cm×0.5 cm×0.2 cm、1 cm×1 cm×0.3 cm 或 1.5 cm×1.5 cm×(0.3～0.5) cm，最厚不能超过 0.5 cm。

柔软组织不易切成小块，可先取较大的组织块，固定数小时后再分割成小块组织继续固定。取材时要注意保持器官的完整性。小器官如淋巴结、肾上腺、脑垂体等要整体固定。

固定的目的在于借助固定液中化学成分，使组织、细胞内的蛋白质、脂肪、糖和酶等各种成分沉淀或凝固而保存下来，使其保持生活状态时的形态结构。固定液的种类很多，有单一固定液和混合固定液之分。实验室常用的单一固定液是：5%或 10%福尔马林固定液(即市售甲醛溶液 5 mL 或 10 mL，加蒸馏水 95 mL 或 90 mL)；混合固定液如波恩氏(Bouin's)固定液等。此外，酒精、重铬酸钾也是切片制作常用的固定药品。

固定时，固定液的体积为材料体积的 10～15 倍，固定时间根据材料种类和大小而定，一般为 12～24 h。

二、修组织块与冲洗

生鲜组织柔软，不易切成规整的块状。组织固定后因蛋白质凝固产生一定硬度，即可用单面刀片把组织块修整成所需要的大小。

冲洗的目的在于把组织内的固定液除去，否则残留的固定液会妨碍染色，或产生沉淀，影响观察。甲醛固定的材料，常用自来水冲洗，若同时冲洗多种组织块，则可分别包于纱布内，同时标记清楚，以免混淆。冲洗时间与固定时间相同。波恩氏液固定的材料，用 70%乙醇浸洗。乙醇中加入几滴氨水或碳酸锂饱和水溶液，可除去苦味酸的黄色。

三、脱水与透明

1. 脱水

脱水的目的在于用脱水剂(常用乙醇)完全除去组织内的水分。一般的材料常从70%乙醇开始脱水,经80%、95%至无水乙醇逐级更换,最后完全把组织中的水分置换出来。脱水必须在有盖瓶内进行,高浓度乙醇很容易吸收空气中的水分,应定期更换。每级乙醇脱水时间根据组织类型和组织块大小决定,一般1~3 h,尤其是无水乙醇能使组织变脆,应控制在2 h左右(即经两次无水乙醇,每次各1 h)。

2. 透明

组织块脱水后,须经既可与乙醇相溶,又可与石蜡相溶的透明剂(如二甲苯、苯)所透明,使组织中的乙醇被透明剂所替代,才能浸蜡包埋。

脱水和透明的一般步骤如下:

70%乙醇(45 min~1 h)→80%乙醇(45 min~1 h)→95%乙醇(45 min~1 h)→95%乙醇(45 min~1 h)→无水乙醇(45 min~1 h)→无水乙醇(45 min~1 h)→1∶1无水乙醇和二甲苯(30~45 min)→二甲苯(30~45 min)→二甲苯(45 min~1 h)→浸蜡

四、浸蜡与包埋

1. 浸蜡

浸蜡的目的在于除去组织中的二甲苯而代之以石蜡。石蜡作为一种支持剂浸入组织内部,凝固后使组织变硬,便于切成薄片。

浸蜡需在温箱内进行,先将市售石蜡(熔点54~56℃)放入60℃温箱内熔化,再把透明好的组织块投入熔化的蜡中,经3~5次更换石蜡,每次30~45 min,总浸蜡时间为2~3 h,便可完全置换出组织内的二甲苯。浸蜡前可在石蜡、二甲苯等量混合液内处理40 min左右。注意浸蜡时间不宜过长,否则会使组织变脆,难以切成薄片。

浸蜡一般过程如下:

1∶1二甲苯和石蜡(30~45 min)→石蜡(30~45 min)→石蜡(30 min)→包埋

2. 包埋

包埋是把浸好蜡的组织块转入包埋的石蜡中,使其冷却凝固形成包有组织的蜡块。

包埋前准备:包埋用石蜡(其温度应比浸蜡用的石蜡温度稍高,冬季尤应如此)、数个包埋器、小镊子、一盆冷水(夏季可放入冰块)、酒精灯和火机等。

方法:先从温箱取出包埋用石蜡倒入包埋器中(勿外溢),再用温热镊子把浸好蜡的组织块迅速移入包埋器蜡中(切忌组织块暴露于空气中时间过长,否则组织表面的蜡凝固会影响切片),用镊子调整好切面以及组织块间的距离,最后向蜡面吹气,待蜡面形成一层薄膜时,将包埋器迅速浸入水中(或先将包埋器平移至水面再吹气亦可),完全凝固后取出待用。

五、修蜡块和切片

以组织块为中心,用单面刀片修整蜡块为正方体或长方体,组织块周围应留2 mm左右石蜡,蜡块相对的两个边必须平行,否则切片不成规整的蜡带。

石蜡切片常用的是手摇切片机,把修整齐的蜡块先固着于木块上,或直接固定在金属台座上，再把磨好的切片刀固定于刀架上，切片刀与蜡块切面间的倾角以 4°～6°为宜，角度太小或太大均不能切成薄片。最后调整刻度到要求的厚度，一般组织器官切片厚度为 6～8 μm。松开转轮固定器，移动刀架，使刀口接近蜡块，即可进行连续切片。转动速度要均匀，40～50 次/min。

六、展片、贴片与烤片

把从切片机上取下的蜡带，用单面刀片在两蜡片间分开，在涂有甘油蛋白的载玻片上，滴加 1～2 滴蒸馏水，用昆虫针、大头针或小镊子提取蜡片，光面（与刀接触面）朝下，置于载玻片的水面上，然后在酒精灯上稍加热（或放在展片台上加热，亦可把蜡片直接置于 40℃水中展片），待蜡片的皱褶完全展平时（勿使蜡片溶解），倾斜载玻片除去多余的水分（或用载玻片捞取水中蜡片），放入烘箱内烘干待用。烤片时间根据烘烤温度而定，40℃左右需烤 12 h 以上，55～60℃烤 0.5～1 h，70℃左右 3～5 min 即可。

七、染色

先把染料配成水溶液或醇溶液，然后把烘干经脱蜡后的切片浸于其中。其目的在于使组织或细胞的不同结构着色各异，产生明显的对比度，便于在光学显微镜下进行观察。教学和科研最常用的染色方法之一是苏木精-伊红（H·E）染色法。H·E 染色法有两种，一种是片染法，另一种是块染法，分别简介如下：

1. 片染法

烘干的切片在二甲苯中溶蜡，在各级浓度乙醇中逐步获水，方可染色。

方法：切片经二甲苯Ⅰ、Ⅱ各 10 min 脱蜡→无水乙醇Ⅰ、Ⅱ，95％、80％、70％乙醇各 1～2 min→蒸馏水 2 min→苏木精染液染 10～20 min（染 5～10 min 后可取样镜检，胞核着蓝色，清晰可见即可）→自来水 2 min→蒸馏水 2 min→70％酸酒精分色 30～60 s→自来水蓝化 20 min→置于 70％、80％乙醇中逐级脱水各 1～2 min→醇伊红 1～2 min→95％乙醇Ⅰ、Ⅱ，无水乙醇Ⅰ、Ⅱ各 1～2 min→二甲苯Ⅰ、Ⅱ各 2 min。

2. 块染法（整体染色）

取材、固定、冲洗及除去苦味酸黄色等方法同前。

70％乙醇 30 min→50％乙醇 30 min→30％乙醇 30 min→蒸馏水 30 min→苏木精 3～4 d→自来水 30 min→蒸馏水 30 min→酸酒精 10 h→自来水蓝化 3～4 d→70％、80％乙醇逐级脱水各 3 h→伊红溶液染 2 d→95％乙醇Ⅰ、Ⅱ各 1 h→无水乙醇Ⅰ、Ⅱ各1 h→二甲苯Ⅰ、Ⅱ各 1 h→浸蜡、包埋、切片同前。切片烘干后只需经过 2 次二甲苯脱蜡，便可用树胶封片。

八、封片

从上述二甲苯Ⅱ中逐个取出载玻片，分辨出正面（有组织一面）和底面，用纱布迅速擦去组织切片周围和底面的二甲苯，然后向组织切片上滴加 1～2 滴树胶（封片剂）。用镊子夹取一干净盖玻片，倾斜地盖在树胶上即可（注意防止气泡侵入组织内）。然后平放于木盒内，烘干或自然干燥均可。

第五节　组织学常用药品及配制方法

一、常用固定液的配制

1. 10%福尔马林

市售甲醛(40%)10 mL 与 90 mL 蒸馏水或自来水混合而成，中性(pH 7.5～8)固定效果最好。

甲醛是一种应用广泛，使用简单的固定液，渗透力中度，固定均匀，组织收缩小，也不太硬，适用于一般病理组织、组织化学、脂肪等切片，但由于渗透较慢，一般小块组织需固定 24 h，固定后可直接由固定液移入 70%酒精进行脱水，如固定时间过长，则需水洗后再脱水。

2. 波恩氏(Bouin's)固定液

苦味酸(饱和水溶液)	75 mL
甲醛(40%)	25 mL
冰醋酸	5 mL

适用于一般组织，固定 4～16 h，时间延长，组织也没有损害，固定后用 50%酒精冲洗数次。此液适合初学切片者，因为对固定时间、洗涤都无严格要求。但要注意固定后组织不宜直接水洗，否则，会引起组织中的胶原纤维膨胀，使组织疏离。

3. 岑克氏(Zenker's)固定液

重铬酸钾	2.5 g
氯化汞	5 g
蒸馏水	100 mL
硫酸钠	1 g
冰醋酸	5 mL

冰醋酸在用前再加入。此固定液适用于细胞学、组织学的研究工作。固定时间一般需 12～24 h。固定后要用流水冲洗 12 h。用碘去汞。

4. 卡氏(Carnoy's)固定液

100%酒精	60 mL
冰醋酸	10 mL
氯仿	30 mL

此液穿透力很强。小块组织只需 15～30 min，一般材料 1～2 h 即可。固定后的组织直接放入 95%酒精中，适合多种染色，为细胞学上最常用的固定液。最适用于固定糖原和神经细胞的尼氏体。

5. 酒精福尔马林(简称 A-F)固定液

95%酒精	90 mL
甲醛(40%)	10 mL

此液有固定兼脱水作用，适用于病理快速诊断制片。2～3 mm^3 组织，在 50℃固定 30 min 后，直接浸入 95%酒精脱水，一般室温固定 12～20 h 均可。

二、常用染色剂的配制

1. Delafield's 苏木精染色液

苏木精	4 g
无水乙醇	25 mL
铵矾(硫酸铝铵)	40 g
蒸馏水	400 mL

配制时先把苏木精溶于无水乙醇;铵矾溶于蒸馏水(加热使之完全溶化)。冷却后将两液混合装入瓶中,瓶口包以双层纱布,静置于阳光下或窗前阳光处数天,使苏木精充分氧化,过滤,在滤液中加入甲醇和甘油各 100 mL,摇匀再放数日,过滤即成。

2. 碘酸钠苏木精染色液

苏木精	25 mg
硫酸铝钾(钾矾)	1.25 g
碘酸钠	5 mg
蒸馏水	75 mL

配制时先将硫酸铝钾溶于蒸馏水,加热使之完全溶解后加入苏木精和碘酸钠,配好即可使用。

3. 铁矾苏木精液(又名 Heidenhain's 铁苏木精液)

甲液:铁矾	2～4 g
蒸馏水	100 mL
(必须保持新鲜,最好临用前配制)	
乙液:苏木精	0.5 g
95% 酒精	10 mL
蒸馏水	90 mL

将苏木精先溶于 10 mL 酒精中,然后慢慢倒入重蒸馏水中,瓶口用纱布扎紧,静置于有光处。1～2 个月后,苏木精被氧化,溶液变为深琥珀色,即可使用。此时要将瓶塞塞好。此液可以放置很久,是较好的染核结构的染色剂,但要注意甲液与乙液在任何情况下绝不能混合。

切片需先经甲液媒染,并充分水洗后才能以乙液染色,染色后经水稍洗再用另一瓶甲液分色至适度。

4. 爱氏(Ehrlich's)苏木精液

苏木精	2 g
纯酒精	100 mL
冰醋酸	10 mL
甘油	100 mL
蒸馏水	100 mL
钾矾	2～3 g

先将苏木精溶于 25 mL 酒精,再加甘油和冰醋酸,然后将其余 75 mL 酒精加入。将钾矾溶于水中,加热使其溶化,然后慢慢加入苏木精液中,随加随搅,混合后,应放在有光通风处 3 周使其成熟为深红色,即可使用。

5. 伊红(曙红)染色液

酒精伊红:0.5 g 伊红溶于 99 mL 95%乙醇即成。水伊红:0.5 g 伊红溶于 99 mL 蒸馏水即成。

三、其他药剂的配制

1. 生理盐水

原液:食盐(NaCl)	7 g(蛙)或 9 g(哺乳类)
蒸馏水	100 mL

用时再加蒸馏水 9 倍冲淡,原液浓度很高,可避免菌类滋生,冲淡后 0.7%的适用于两栖类,0.9%的适用于哺乳类。

2. 甘油蛋白胶

新鲜鸡蛋白	25 mL
甘油	25 mL
防腐剂	0.5 g

配制方法:将鸡蛋白打入较大的量筒(100 mL)中,再加入甘油与防腐剂(水杨酸钠、麝香草酚或石炭酸)然后用力摇荡。可以看到形成很多泡沫。放置一些时候,泡沫上升到表面,这时亦将鸡蛋白中的一些杂质带到面上,去掉上面一部分或用纱布过滤,贮于玻璃瓶中。此剂不能保存很久,可用 1～2 个月。

3. 配制 80%、70%乙醇及酸乙醇

方法:分别取 95%乙醇 80 mL 和 70 mL,分别加入 15 mL 和 25 mL 蒸馏水即成。酸乙醇则在 70%乙醇中加入几滴浓盐酸即成。

4. 洗液的配制

$K_2Cr_2O_7$	20 g
水	100 mL
浓硫酸	100 mL

配制时将 $K_2Cr_2O_7$ 20 g 溶于 100 mL 水中,然后慢慢加入浓硫酸,切不可将水倒入浓硫酸中。